LA

PLANTE ET SA VIE.

BRUXELLES. — TYPOGRAPHIE DE Ve J. VAN BUGGENHOUDT,
Rue de Schaerbeek, 12.

LA

PLANTE ET SA VIE

LEÇONS POPULAIRES DE BOTANIQUE

A L'USAGE DES GENS DU MONDE

PAR M. LE Dr J. SCHLEIDEN,

Professeur à Iéna.

TRADUIT DE L'ALLEMAND D'APRÈS LA 5e ÉDITION, AVEC L'AUTORISATION
DE L'AUTEUR ET DE SES AYANTS DROITS.

PAR M. SCHEIDWEILER,

Professeur de Botanique et d'Horticulture, etc., etc.

ET

M. LE Dr P. ROYER.

Illustré d'un grand nombre de gravures exécutées par les meilleurs artistes.

PARIS,
SCHULZ & THUILLIÉ.
Rue de Seine, 12.

BRUXELLES,
AUG. SCHNÉE, ÉDITEUR.
Rue Royale, 2, impasse du Parc.

1859

AU LECTEUR.

L'homme, placé au sein de la nature, soumis à l'action incessante de ses divers phénomènes, se trouvant avec elle dans un commerce intime de tous les instants, aspire à connaître le milieu dans lequel il s'agite, le domaine qu'il est appelé à régir. Mais de toutes les sciences celle qu'il accueille avec prédilection, c'est sans contredit l'étude des plantes, source inépuisable de jouissances, objet de la contemplation assidue de tous les âges. Dès l'enfance, en effet, il conserve le souvenir de cette succession d'impressions ravissantes, d'émotions vives, qu'a laissées dans son âme le spectacle de la végétation qui l'environne, avec ses aspects si multiples, avec ses formes si variées, tantôt admirables de ténuité, tantôt imposantes de grandeur; unissant la grâce à la fraîcheur, l'éclat du coloris à la suavité des parfums ; si nuancé, si accidenté, mais toujours ordonné avec tant d'harmonie ; gai aux bords des ruisseaux et des lacs, pittoresque dans la vallée, luxueux dans la plaine, âpre dans le désert, rugueux dans la forêt, lugubre sur la montagne où dorment les glaces séculaires.

Pénétrer la confusion apparente de ce chef-d'œuvre auquel préside en fait une entente merveilleuse ; découvrir les lois infinies de cette mécanique, de cette chimie qui concourent à sa création ; saisir l'ensemble des végétaux, leurs rapports entre eux, l'office, la fonction de chacun ; mettre à nu les ressorts qui leur donnent la vie, les organes intérieurs qui en développent toutes les parties ; savoir les liqueurs qui les vivifient, les abreuvent, les nourrissent ; surprendre le secret, soulever le voile de tous ces mystères, tel est l'objet de la botanique, branche immense des connaissances humaines, longtemps séquestrée dans les bornes compassées des académies ou de quelque enclos réservé à de rares *initiés*, mais dont il importe de rendre le sanctuaire accessible à toutes les intelligences.

L'utilité de la botanique a été longtemps méconnue. On n'y voyait qu'un accouplement barbare de vocables corrompus et inintelligibles, de pratiques vaines, transformant l'herbier en reliquaire, où se celait avec préciosité quelque plante ou quelque fleur çà ou là recueillie, puis séchée, puis dénommée, puis étiquetée, puis classifiée avec plus ou moins de méthode. Aujourd'hui, ce dédain, dont la raison se rencontrait peut-être dans l'enfance de la science, a cessé d'exister. La botanique a repris le rang important qui lui appartient dans l'ensemble des sciences humaines ; on ne discute plus ses titres, on ne désavoue plus ses relations nombreuses avec la philosophie de l'homme et la philosophie de la nature.

Les ouvrages élémentaires de botanique ne manquent pas ; mais il en est peu qui aient pris à tâche de présenter d'une manière lucide, concise, attrayante et rapide, l'exposé des principes généraux de cette science immense, dédale effrayant où l'on tremble de s'engager. Populariser l'étude des plantes, la rendre usuelle, la rendre vulgaire, la répandre dans toutes les classes, la mettre à la portée de tous les esprits, faire pour la botanique ce que Lalande d'abord, ce qu'ensuite Arago ont essayé pour l'astronomie, ce que Zimmermann vient de réaliser pour l'histoire du monde avant la création de l'homme, pour l'étude des sciences physiques, telle était la lacune qu'il s'agissait de remplir, tel était le problème dont la solution était impérieusement réclamée.

Cette solution a été obtenue, avec un succès immense, par M. le docteur J. Schleiden, professeur à Iéna, l'un des botanistes les plus distingués de l'Allemagne. Son ouvrage *la Vie de la Plante*, tiré à un nombre considérable d'exemplaires, a été accueilli avec un vif enthousiasme. Plusieurs éditions, rapidement épuisées, s'en sont succédé à des intervalles rapprochés. C'est qu'en effet, ce savant professeur a su réunir, dans son œuvre, une méthode facile et pleine de charmes, une division nette, une harmonie remarquable, une expression élégante, une rare profondeur de vues, une admirable lucidité d'exposition.

Nous avons cru faire œuvre utile en publiant une traduction française de cet ouvrage important. Nous avons voulu contribuer à la propagation de la science qu'il importe le plus de connaître. Nous nous sommes efforcé avant tout de rendre, dans toute leur précision, la pensée et le style de l'éminent écrivain.

ck. S.

PREMIÈRE LEÇON.

L'OEIL ET LE MICROSCOPE.

« De la lumière! de la lumière! » s'écriait Gœthe au moment de mourir, et par ces paroles il prouvait qu'il se sentait encore appartenir à la vie d'ici-bas. La lumière est le premier élément de l'homme sur la terre, elle lui permet à la fois de s'isoler du monde extérieur et d'entrer dans un commerce intime avec lui. C'est le lien invisible qui dans le monde le rattache à ce qui est proche ou éloigné, la voie aérienne qui transporte son esprit d'un objet à l'autre. La lumière lui apprend à connaître la vaste étendue du monde à l'horizon ; elle lui révèle la richesse des formes et de leurs relations réciproques. Mais l'homme ne se contente point de ce que la nature lui offre spontanément, il se sert de la lumière pour éclairer les instruments qui lui servent à mesurer les distances insaisissables à l'œil nu ; il la confie à l'instrument enchanteur qui prête des formes gigantesques à l'atome qui s'évapore devant nos yeux. La planche ci-jointe, représentant le cabinet d'un astronome du xviie siècle, a pour but d'éveiller en nous ces idées qui peuvent servir d'introduction à la leçon suivante.

L'ŒIL ET LE MICROSCOPE.

Oculus ad vitam nihil facit , ad vitam
beatam nihil magis.
                              SENECA.

De tous les organes, l'œil sert le moins
à la vie, mais le plus à sa félicité.
                              SÉNÈQUE.

Certes le mot du sage ancien que nous inscrivons en tête de ce
chapitre pourra être parfois contesté ; mais une expérience presque
générale nous démontre que la plupart des gens complétement sourds
sont mélancoliques, tristes, hypocondriaques ; qu'au contraire les
aveugles sont plus gais, plus joyeux ; l'œil nous introduit dans le
monde matériel, mais l'oreille dans notre foyer véritable, dans la société des êtres intellectuels. Il n'en est pas moins incontestable que,
de tous les sens, il n'en est point qui nous serve autant à connaître
le monde qui nous environne, auquel nous attribuions, en exagérant
même, une plus large part de nos connaissances, que le sens visuel.
C'est lui surtout qui nous initie dans la science du monde matériel,
qui nous y fait marcher plus avant, et à ce titre on peut l'appeler à
bon droit le sens du naturaliste. Sans lui, la physique deviendrait
imaginaire, et de ce chef, il mérite avant tout autre un examen scru-
puleux, dont les résultats seront d'autant plus féconds, que les lois
générales qui en découlent ne sont pas seulement applicables à

lui-même, mais aux sens en général, en tenant compte des propriétés
spéciales à chacun d'eux.

Si nous parcourons l'histoire du développement successif de nos
sciences naturelles, nous rencontrons un phénomène qui a exercé la
plus grande influence, qui, mettant presque toujours obstacle à nos
méditations et troublant notre vue sur la simple et pure légalité, s'est
immiscé dans nos recherches. Quand l'homme réfléchit à lui-même,
il se sent pour ainsi dire habitant de deux mondes. Le monde matériel
n'embrasse point tout son être et toute son existence. Un autre monde,
un monde intellectuel, dans lequel il poursuit l'immortalité et dont un
Dieu lui paraît le suprême ordonnateur, en réclame une part. L'âme
et le corps, l'immatériel et le matériel se trouvent confondus dans
notre nature d'une manière mystérieuse, que notre conception
humaine ne peut pénétrer. Où est la limite de l'une, où le commencement de l'autre? La plupart des gens, et souvent même de profonds
penseurs, nous répondent qu'ils n'en savent rien, qu'il n'est point
de limite, que chacun de ces états passe dans l'autre et le pénètre. Là
gît l'erreur; l'homme qui se livre à des recherches s'en rapproche de
si près, qu'il lui devient on ne peut plus difficile de l'éviter; elle égare
jusqu'aux plus perspicaces; l'erreur n'en est pas moins dangereuse:
il n'y a aucun intermédiaire entre l'esprit et le corps et de l'un
à l'autre on ne saurait jeter aucun pont. Ce n'est point ici le lieu de
développer ce sujet dans toute son étendue, de l'approfondir dans
toute sa portée; mais un examen sévère de ce que nous appelons la
vue nous permettra du moins d'établir toute la distance qui sépare le
matériel du spirituel et de montrer comment, en méconnaissant cette
distinction par rapport à l'œil, les plus grands esprits se sont égarés.

Qu'est-ce que le monde dans lequel l'œil se meut, quel est le domaine de la vue? C'est le monde de la lumière et des couleurs. Or la
lumière —

> C'est d'un corps qu'elle émane afin qu'il embellisse,
> Mais, tout en rayonnant, un corps peut l'arrêter;
> Il faudra donc, je pense, un jour qu'elle périsse
> Quand ce monde de corps cessera d'exister.

Méphistophélès nous donne ici en quelques traits énergiques toute la théorie de la lumière. La lumière, lorsque nous la considérons en elle-même, n'est ni claire, ni jaune, ni bleue, ni rouge; la lumière est le résultat du mouvement d'un corps très-ténu, très-dilaté — de l'éther. — Ce sont des vibrations, qui s'y propagent parallèlement, comme les ondes sonores dans l'atmosphère. Dans leur cours régulier, elles heurtent des corps qu'elles trouvent sur leur chemin, sont repoussées comme les vagues qui battent le rivage, lorsque le corps est de ceux que nous appelons opaques, traversent le corps comme la lame fait dans un canal qui se jette dans la mer, lorsque le corps appartient à ceux que nous nommons transparents. — L'hydrogène carboné brûle, et, pendant son union avec l'oxygène, met l'éther en vibration : la lumière apparaît ; l'hydrogène carboné est brûlé, et tandis que le corps *disparaît*, la lumière s'éteint. Une mer infinie d'éther, qui remplit tout l'univers, et en lui des mille et mille flots, coulant dans les directions les plus opposées, se croisant, s'annihilant ou se renforçant, — telle est la nature matérielle de la lumière et des couleurs. Qui pourrait dire qu'il a vu cette lumière, ces couleurs ? Nous en sommes si peu capables, qu'il a fallu la pénétration des plus éminents esprits pour découvrir la vraie nature de la lumière.

Un rayon de soleil traverse en vacillant la voûte touffue de la treille et se dessine dans l'ombre bienfaisante ; vous croyez voir le rayon lumineux lui-même, mais loin de là, ce que vous apercevez ne sont que des groupes d'atomes de poussière, voltigeant et dansant dans l'air, agités par la brise la plus douce ; ce ne sont pas les ondes, qui se pourchassent à travers l'immensité de l'éther avec une rapidité de 40,000 milles à la seconde. Si le physicien pouvait se dépouiller de son esprit sensitif et ne regarder qu'avec l'œil de la science le monde qui l'entoure, il ne rencontrerait qu'une masse chaotique, terne, obscure, un rouage immense, peu rassurant, dans lequel des milliers d'atomes et de forces actives sont combinés pour fournir un jeu éternel changeant et se modifiant sans cesse. Ce serait là l'aspect unique, scientifique et matériel du monde.

Mais considérons aussi le beau côté de la médaille. La nuit est passée, le rayon vivifiant du soleil levant se projette au loin sur les

hauteurs de l'horizon. Les prés verdoyants s'échauffent sous l'ardeur
de la lumière céleste. Ici la fleur ouvre sa corolle aux couleurs brillantes pour aspirer l'élément lumineux; là l'oiseau se réveille,
agitant ses ailes dans l'air azuré; le brillant papillon voltige autour
de la rose odorante, et l'insecte aux reflets d'émeraude s'élance et
court sur la mousse brunâtre pour se désaltérer aux étincelantes
perles de la rosée. Un monde complet, plein, beau de lumière
et de splendeur, de couleurs et de formes, se déroule devant nous;
dans tout mouvement respire la vie, la beauté; le mouvement est
beau dans sa liberté. « Je vois tout cela, » se dit l'homme et il
remercie avec effusion le donateur de tout bien. Mais qu'est-ce
que la vision? Ce n'est pas l'appréhension des réalités extérieures au
moi, mais une fantasmagorie féerique que l'esprit évoque, qu'il se
crée librement, s'attachant, par un lien mystérieux, à ce qui est en
dehors de lui, sans qu'il en ait véritablement la conscience. Quand le
voyageur qui traverse les mers parvient aux latitudes inférieures, la
scène majestueuse de la Croix du Sud s'étale devant lui dans un
horizon lointain, brillant sur un fond noir d'un éclat que nous
avons de la peine à concevoir. « Gloire et reconnaissance à l'auteur
tout-puissant de ces beautés ! » s'écrie-t-il, et, dans l'effusion de son
enthousiasme, involontairement, irrésistiblement, ses genoux flé-
chissent; il prie. — Oh! oui! elle lui est bien due cette reconnaissance, au Dieu saint, source de tout être, non point parce qu'il a fait
le monde si beau, car celui-ci n'est en lui-même ni beau, ni laid,
mais parce que, comme dit la tradition, il a animé l'homme de
son souffle divin, et lui a départi le don de sentir tout ce qui le
touche comme étant la vie, la liberté, la beauté.

Autant il y a de distance entre ces deux tableaux, autant il s'en
trouve entre le monde matériel et le monde spirituel. Lorsque la
jeune et fraîche verdure du printemps nous remplit d'un espoir
serein, lorsque la feuille morte et jaune de l'automne pénètre notre
âme de découragement comme un dernier adieu, cette feuille est
pour nous soit verte, soit jaune, et dans ces couleurs nous reconnaissons un symbole des rapports moraux avec notre être sensible;
mais à la feuille elle-même, à l'arbre qui la porte, à la terre sur

laquelle elle tombe, en un mot, dans la nature matérielle, la feuille n'a pas de couleur ; elle contenait une substance susceptible de rejeter certaines ondes lumineuses, qui ensuite venaient frapper notre œil ; en automne elle rend quelques atomes d'oxygène, et les mêmes ondes lumineuses la traversent alors sans obstacle, tandis qu'elle reflète des rayons d'une autre nature, d'une autre apparence.

Arrêtons-nous un instant encore devant cet exemple. Si nous portons sur notre langue la feuille fraîche et verte et si plus tard nous goûtons la feuille décolorée, nous découvrons bien la différence de la nature chimique des deux états, mais elle n'éveille en nous aucune idée quant à leur couleur respective. Si nous froissons, en l'approchant de notre oreille, une feuille fraîche ou desséchée, le son nous prouve bien que la feuille sèche a perdu le suc qui la vivifiait, mais rien ne nous dit que la lumière est reflétée différemment par chacune de ces deux feuilles. En un mot, nous trouvons que chacun de nos sens n'est sensible que pour des influences extérieures bien déterminées et que l'excitation de chacun d'eux dans notre âme appelle des images entièrement distinctes.

Ainsi, entre ce monde extérieur et inanimé que la science seule peut nous ouvrir et nous rendre accessible, d'un côté, et ce monde sublime dans lequel s'agite notre esprit, de l'autre, les organes des sens servent d'intermédiaires. Ils reçoivent les premières impressions, ils traduisent ces émotions à l'esprit qui, lui, prête des couleurs et des formes au tableau que les sens ont perçu. Si alors nous recherchons l'essentialité de ces organes — cette charpente osseuse si habilement disposée, si ferme et si mobile à la fois, ce muscle puissant qui, par sa contraction, met en mouvement ce système de leviers osseux, ce cœur avec sa multitude de canaux, de veines, cette machine aspirante si artistement exécutée, qui conduit le liquide nourricier, le sang, dans toutes les parties du corps ; cet organisme compliqué de réservoirs et de canaux recevant les substances nutritives, les décomposant et les recomposant de la façon la plus variée, tantôt mélangées au sang, tantôt expulsées comme inutiles, ces fibres et ces membranes multipliées qui réunissent toutes les parties et revêtent l'ensemble, le moulent et en composent cette belle forme humaine, ce ne sera pas là qu'il pourra la trouver ; car rien de tout cela ne tient au monde intellectuel. Mais des millions de fibres les plus ténues traversent ces formes, y pénètrent de toutes parts : ce sont les fibres nerveuses qui tantôt divergent en rayonnant, tantôt se réunissent en un hémisphère unique, la cervelle. Ce sont ces fibres qui, sous l'impression des mouvements et des variations du monde extérieur, sont affectées et transmettent leur impression au cerveau. Là est en effet le lieu mystérieux où se rencontrent le spirituel et le matériel. Tout changement dans le cerveau est accompagné d'une modification dans le jeu de nos perceptions ; toute pensée qui se rapporte au monde extérieur a dans le cerveau sa corrélation, qui, de là, par les fibres nerveuses, est transmise aux organes destinés à obéir à sa volonté. Les nerfs constituent donc la partie réelle de tout organe des sens ; c'est en eux qu'on doit chercher le chaînon intermédiaire entre le monde matériel et l'esprit ; aussi nous faut-il avant tout connaître les lois de leur action si nous désirons nous instruire de nos rapports avec le monde matériel.

Nous avons, avant tout, à examiner deux points importants, dont les propriétés sont assez particulières. Bien étranges sont les rapports du maître aux serviteurs ; celui-là, l'esprit, traduit dans sa langue ce que ceux-ci, les nerfs, lui transmettent, et en effet, il en a une différente pour chacun des serviteurs. Toute action que subissent les fibres du nerf optique, soit qu'une onde lumineuse les ébranle, que le doigt les comprime, que les veines gorgées les heurtent, qu'une étincelle électrique les traverse, l'esprit traduit toutes ces impressions distinctes dans la langue de la lumière et des couleurs. Que le sang agité gonflant les veines vienne presser les nerfs, nous l'éprouvons dans les doigts par la douleur, nous l'entendons dans l'oreille par un bourdonnement, nous le voyons dans l'œil par un éclair vacillant. Et ici nous avons une preuve décisive que nos perceptions sont de pures créations de notre esprit, que nous ne saisissons point le monde extérieur tel qu'il est, mais que l'action qu'il nous fait subir est une simple occasion d'exercer notre esprit, dont les produits sont tantôt en rapport avec le monde extérieur, et en sont tantôt entièrement indépendants. Fermons les yeux, un cercle lumineux flottera devant nous, et cependant il n'y a là aucun corps visible matériel. On voit donc aisément quelle source abondante et dangereuse d'erreurs de toute nature peut découler de ces faits.

Depuis les formes folâtres et agaçantes qui se dessinent d'un paysage nébuleux éclairé par les pâles rayons de la lune, jusqu'aux fantômes délirants du visionnaire, il est une longue suite de déceptions qui toutes n'appartiennent point à la nature, ni à sa stricte légalité, mais au domaine libre, et partant sujet à l'erreur de l'esprit. Il lui faut une grande circonspection, une étude immense, avant qu'il parvienne à se détacher de ses erreurs et apprenne à se gouverner. La vision, dans le sens le plus large du mot, nous paraît d'abord si facile, et néanmoins c'est un abri bien difficile. On n'apprend que peu à peu quels sont les messages transmis par les nerfs auxquels on peut accorder sa confiance et d'après lesquels on peut formuler ses idées. Les hommes de science mêmes sont ici sujets à erreur et s'y trompent souvent, et d'autant plus, qu'il est plus difficile de reconnaître les sources de leur erreur.

Mais ce qu'il y a de plus étonnant, c'est que le maître, c'est-à-dire l'âme, reçoit des messages des nerfs, ses serviteurs, leur transmet des ordres, sans avoir d'ailleurs la conscience immédiate de leur existence. Ce n'est qu'à la longue, après avoir acquis de vastes connaissances, que l'homme apprend qu'il existe des nerfs doués de fonctions spéciales et déterminées. Je ne sais ni ne vois rien des nerfs qui président aux fonctions de la vision ; la douleur avertit l'homme quand il s'est brûlé la main, mais il ignore par quelle fibre il parvient à la ressentir ; il remue avec volubilité la langue, mais il n'apprend rien de la voie que parcourent les nerfs qui déterminent ce mouvement. En un mot, nous ne ressentons jamais l'état d'un nerf, mais nous nous formons aussitôt, quand le nerf agit, l'idée d'un objet en dehors de nous, et il nous faut une certaine expérience scientifique avant d'être en état de reconnaître dans cet objet la cause de l'irritation d'un nerf.

Si, cependant, pour nous tenir à la même comparaison, les rapports du maître à ses serviteurs sont d'une nature toute spéciale, les serviteurs n'en ont pas moins une nature à eux propre. Aucun d'eux ne

sait rien de l'autre, n'apprend rien de l'existence de son camarade,
ni du genre de service qui lui incombe; il ne lui fait pas la moindre
communication. Il y a plus: aucun d'eux, c'est-à-dire aucune fibre
nerveuse, ne peut transmettre plus d'un message à la fois, semblable
en ce point encore aux serviteurs à esprit borné. Deux ordres qui
leur sont donnés à la fois se confondent et se réduisent en un
ordre unique. Il est facile de s'en rendre compte en touchant avec
les deux pointes d'un compas ouvert une partie du corps où les nerfs
sont plus isolés et disposés à une certaine distance l'un de l'autre,
par exemple l'avant-bras ou la ligne mitoyenne du dos. Bien que les
deux pointes se trouvent à un pouce de distance, on ne ressentira
qu'une seule piqûre, les nerfs se trouvant tellement éloignés l'un de
l'autre, que les deux piqûres n'agissent que sur une seule fibre et
celle-ci étant incapable de recevoir plus d'une impression à la fois.

Après ces explications générales sur la nature de l'action des nerfs,
nous pouvons nous rapprocher davantage de notre sujet principal et
nous occuper spécialement du nerf de la vision. Ce nerf, tel qu'il se
présente dans le globe de l'œil, est un faisceau assez considérable de
fibres nerveuses qui s'étendent dans le globe en forme d'hémisphère,
de sorte que chacune de ces fibres forme une partie de cette surface.
Le globe lui-même ressemble à un appareil d'optique, à une chambre
bre obscure, et la surface hémisphérique du nerf optique, la rétine,
en d'autres termes, correspond à la feuille blanche de papier qui
reçoit l'image de la chambre obscure. Toute fibre rencontrée par

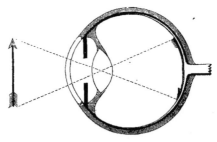

La figure ci-dessus représente une coupe idéale de la petite chambre obscure que nous appelons
le globe de l'œil. La flèche et les lignes en points servent à faire voir de quelle manière l'image
d'un objet se reproduit sur la rétine, qui est le plan de l'appareil destiné à le recevoir.

l'image en reçoit en même temps un élément et en transmet l'aver-
tissement au cerveau, où l'âme intellectuelle a son siége, et ce n'est
qu'alors que de tous ces points celle-ci doit se construire l'image
dans sa totalité. Cette image sera parfaite ou imparfaite, selon le
degré de culture de l'âme. — On pourrait nous objecter que nous
n'avons aucune conscience de cette construction et que, par cette
raison, la vision doit être chose bien simple. Mais nous pouvons
aisément démontrer, par quelques faits, que l'exercice seul nous
rend cette opération si facile, que nous ne nous apercevons plus
même de l'intervention de l'esprit.

En effet, l'enfant, chez qui cet exercice n'a point encore eu lieu,
opère d'ordinaire d'une manière fautive ce travail de construction; il
voudrait saisir les étoiles, comme il touche les boutons brillants de
l'habit de son père; il essaye d'éteindre la lune en soufflant dessus,
comme il le fait souvent sur la chandelle placée sur la table.

Nous rencontrons les mêmes phénomènes chez les aveugles-nés
qu'on opère, et les annales ophthalmologiques nous en ont conservé
quelques cas remarquables. Des aveugles-nés, arrivés à un âge où
leur esprit s'était assez développé pour se rendre compte de ce qui se
passait dans leur intérieur, ont, après avoir recouvré la vue, raconté
comment ils ont successivement appris à composer un ensemble
régulier des différentes notions de lumière et de couleurs. Mais l'argument le plus péremptoire en faveur de la thèse que nous soutenons,
réside notamment en ce fait, que lorsque les circonstances y aident,
nous construisons faussement, sans que l'image réfléchie sur la
rétine y ait donné lieu. La lune, par exemple, nous semble plus
grande à son lever que lorsqu'elle flotte au-dessus de nos têtes dans
un ciel noir. Or, les calculs astronomiques démontrent que dans les
deux cas sa grandeur réelle est la même, et que son image, reproduite
sur la rétine, a le même diamètre. La cause de notre inexactitude de
construction provient de ce que nous déterminons l'éloignement de
la lune, que nous voyons se lever entre des collines, des arbres, des
maisons, qui nous sont connus, d'après des objets qui nous semblent
l'environner et dont nous connaissons l'éloignement. Au contraire,
lorsque la lune nous apparaît au milieu de la voûte céleste, nous la

croyons plus rapprochée de nous ; c'est qu'entre elle et nous il n'est plus d'objets d'après lesquels nous puissions évaluer son éloignement. Ainsi, induits en erreur dans l'appréciation de l'éloignement, nous construisons différemment d'après une seule et même image reproduite sur la rétine, et nous nous trompons à chaque instant.

Le résultat de cet examen, plutôt indiqué et esquissé qu'approfondi, se résume de la manière suivante :

Il est dans le monde réel un grand nombre de substances et de forces dont l'action est réciproque ; celles-ci, lorsqu'elles se trouvent en contact avec les fibres nerveuses de notre corps, en modifient l'état, et ce sont ces modifications qui disposent notre esprit à créer une image totale du monde qui nous entoure.

Ce monde, ainsi créé par nous-mêmes, nous paraît des plus animés, lorsque l'action est subie par les nerfs de la vision ; mais ici encore nous pouvons démontrer avec certitude que notre monde idéal, bien qu'il se rapporte au monde en dehors de nous-mêmes, ne lui ressemble ni ne lui est identique en aucune manière.

Un dernier exemple rendra cette assertion plus évidente encore et nous servira en même temps de transition à des considérations ultérieures.

Rien n'est plus facile à déterminer dans le monde extérieur que les corps, la matière, la substance ou quel que soit le nom qu'on veuille donner à tout ce qui occupe un certain espace. Si donc notre idée du monde s'accordait avec le monde réel, il nous faudrait savoir avant tout quelle est l'étendue de l'espace, et de la portion de l'espace qu'occupe l'objet matériel en question, soit, par exemple, un rocher. Mais nous n'avons point de mesure pour déterminer l'étendue de l'espace, et partant aucune idée de la grandeur du monde. Quand nous disons : « Cet homme a six pieds de haut, » cela signifie simplement dans le monde de notre idée : « Cet homme que nous voyons est six fois plus grand que le pied que nous percevons ; » ce n'est qu'une comparaison de deux perceptions.

De là surgit naturellement cette demande : « Quelle est la grandeur d'un pied, d'un pouce, d'une ligne ? » et ainsi de suite ; et nous répondons toujours par des comparaisons avec d'autres grandeurs aussi peu déterminables en elles-mêmes. D'autre part, nous voyons que, dans les cas les plus ordinaires, le jeu de nos perceptions ne nous peut faire arriver à la connaissance du monde réel; l'idée de grandeur n'a pour le monde même aucune signification réelle, elle n'en a que pour nos perceptions.

L'homme qui se sert du microscope parle de grossissements, et s'imagine pouvoir à leur aide connaître mieux les objets. Pour comprendre ceci, il nous faut discourir davantage des grandeurs et donner à cette idée vague plus de précision et plus de fermeté. Nous disons, par exemple, que le pied de la Bavaria, la célèbre statue exécutée par Schwanthaler, est colossal, que celui d'un homme fait est grand, que le pied d'une dame est petit; mais pourquoi? Ceci est facile à expliquer. Si nous partageons chacun de ces pieds en 12 pouces, chacun de ces pouces en 12 lignes, chacune de ces lignes en 12 parties nouvelles, ces douzièmes de ligne ne sont plus visibles sur le pied féminin : sur le pied de l'homme ils se distinguent très-bien ; mais dans la Bavaria, chacun de ces douzièmes pourra de nouveau être divisé en 12 parties, qui toutes seront encore très-visibles.

Nous avons ainsi trouvé une définition claire de la grandeur. La grandeur d'un objet est en raison des parties que nous pouvons distinguer du même objet.

Mais une autre considération peut encore nous conduire à la définition de cette idée. Nous avons accompagné jusqu'à la colline qui domine la ville l'ami qui nous quitte ; une dernière fois nous l'avons pressé sur notre cœur; une dernière fois nous l'avons longtemps contemplé avec la plus grande attention pour imprimer dans nos souvenirs ses traits si chers, si aimés. Enfin il s'arrache à nous ; il part, nos regards le suivent dans sa marche. Il tourne la tète, et nous reconnaissons ce visage que nous n'oublierons plus. Mais d'instant en instant la distance s'accroît, les traits particuliers s'effacent. Une sinuosité du chemin le dérobe pour un instant à notre vue; mais il reparaît parfois encore à l'horizon, sur le penchant de la colline, comme un point noir mobile; il s'arrête, agite une dernière fois son mouchoir, mais nous ne nous trouvons plus même en état de distinguer ce mouvement. Enfin il disparaît complétement. Plus cet ami s'éloigne de nous, moins nous pouvons le distinguer, plus il nous paraît petit, jusqu'à ce que finalement une tète d'épingle, présentée à nos yeux, nous paraîtrait plus grande que lui. Mais en remarquant comment les objets les plus connus deviennent insensiblement moindres à nos regards, et disparaissent enfin complétement, nous trouvons en même temps que le moyen de grossir un objet, pour le mieux reconnaître, pour mieux distinguer les diverses parties qui le composent, se réduit à le rapprocher de nos yeux. L'expérience nous démontre jusqu'à quel point ce moyen est applicable; car bientôt nous comprenons qu'il s'établit une certaine limite au delà de laquelle nous ne pouvons plus rapprocher les objets de l'œil sans qu'il nous devienne impossible de les voir clairement. La raison s'en trouve dans la structure de cette petite chambre obscure, que nous appelons œil. Celui-ci ne porte, comme d'ailleurs tout instrument d'optique analogue, qu'à des distances déterminées; si nous voulons voir plus loin, nous devons lui faire subir une modification en appliquant à l'œil un corps diaphane, construit d'après un système indiqué, et qui consiste d'ordinaire en une lentille de verre poli. Mais ce verre, cette lentille n'est autre chose que la loupe, ou le microscope simple, dont l'effet consiste à nous permettre de voir un objet très-clairement, rapproché de nous, alors que de toute autre manière il nous devenait impossible de le distinguer. Il est inutile d'entrer ici dans des détails sur le développement de la loi d'optique d'où résulte cette action; nous tenons simplement à établir qu'il est aisé de préciser combien l'objet doit paraître grossi à l'aide d'un tel microscope. On admet que, terme moyen, l'œil humain peut voir encore distinctement à 8 pouces de distance, mais qu'à un plus grand rapprochement cela n'est plus possible. Que maintenant nous nous servions d'un verre qui nous permette de voir un objet distinctement à 4 pouces de distance, cet objet nous paraîtra de grandeur double; à 2 pouces de distance, il sera 4 fois plus grand; à 1/10 de pouce de distance, 80 fois plus grand, et ainsi de suite; en un mot, un objet grossit en raison de la distance qui le rapproche de l'œil. Autrefois, la science faisait un grand et presque exclusif usage du microscope simple, parce que les microscopes complexes étaient encore si mauvais qu'ils étaient dépassés de loin par les microscopes simples. Le célèbre Leeuwenhoek a fait toutes ses remarquables recherches microscopiques à l'aide de petites boules de verre, que lui-même avait fondues, au feu de la lampe, d'un fil de verre très-fin. De nos jours, on emploie encore le microscope simple pour des grossissements très-faibles, mais on se sert presque toujours, dans tous les autres

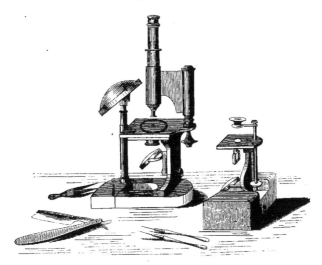

La vignette ci-dessus représente les ustensiles du vétilleur scientifique, ou de l'homme qui se sert du microscope : au milieu un microscope composé, exécuté à la dernière perfection par l'excellent opticien Oberhaüser, à Paris ; à droite, un microscope simple, par le mécanicien Zeiss, à Iéna ; à côté, des couteaux, des pinces, etc.

cas, de microscopes composés. Ces derniers exerçant comparativement moins de fatigue sur les yeux, l'usage du microscope simple, pour des objets que l'on veut grossir fortement, nécessite des efforts si pénibles, qu'il provoque fort souvent des affections ophthalmiques.

Le principe sur lequel repose la construction du microscope composé est également facile à expliquer. Il réside dans la combinaison de la chambre obscure ordinaire avec le microscope simple. La chambre obscure ordinaire n'est en fait qu'une combinaison de verres

biconvexes lenticulaires ; les rayons lumineux émanant d'un objet
traversent ce verre et dessinent derrière lui l'image de l'objet, que,
dans une boîte d'optique ordinaire, on a coutume de recevoir sur
une table de verre dépoli ou sur une feuille de papier blanc. Plus
l'objet est éloigné du verre, plus l'image paraîtra petite. Si l'on
rapproche l'objet, l'image grossit, jusqu'à ce que l'image et l'objet
soient d'égale dimension. Si, à ce point, l'on rapproche encore l'objet
du verre, l'image devient plus grande que l'objet. La chambre obscure
ne nous présente guère cette dernière circonstance ; mais nous la rencontrons dans la lanterne magique, qui, au fond, ne diffère en rien de
la première. Or, dans le microscope composé, on a introduit un appareil qui fait voir l'image grossie de l'objet, non pas directement par
l'œil, mais par un microscope simple, qui le grossit de nouveau considérablement. Si donc l'image est cent fois plus grande que l'objet,
et que nous la grossissions encore 10 fois, l'objet nous paraîtra mille
fois plus grand. Le microscope composé est formé d'un double appareil d'optique. D'abord des verres, qui sont tournés vers l'objet, en
reflètent l'image grossie : pour ce motif, on les appelle *verres objectifs* ;
en second lieu, un microscope simple, qui grossit une seconde
fois l'image de l'objet, est tourné vers l'œil : il s'appelle de ce chef
verre oculaire. On pourrait croire qu'il est possible de faire croître
le grossissement, de cette manière, à tel degré qu'on voudra,
puisque la grandeur de l'image dépend uniquement du degré de
rapprochement vers l'objectif, et que, pour grossir l'objet, il suffit
simplement de rapprocher l'œil de l'image. Mais à cette possibilité
théorique s'opposent tant d'obstacles pratiques, que tous les instruments construits jusqu'ici sont bien loin d'atteindre aux limites de
la possibilité théorique.

Nous ne voulons examiner ici que les points importants, et, pour
les élucider, en faire l'application à un fait des plus communs. Les
livres qui sont destinés à passer dans les mains de tout le monde,
comme les Bibles, les livres de cantiques, s'impriment, pour se
répandre, en caractères différents, tantôt très-petits, tantôt moyens,
tantôt d'une grandeur très-apparente pour les vieillards qui ont la
vue faible. Dans les impressions de la dernière espèce, un seul mot

est six fois plus grand que dans la première, ce qui se voit aisément; mais, en même temps, on ne trouve pas plus de lettres dans l'un que dans l'autre. Ce mot peut aussi être écrit par un calligraphe d'une manière tellement imperceptible que l'œil nu n'y voie plus qu'un petit point noir. Dans le cas qui nous occupe, si l'on grossit le point, on en décomposera les diverses parties, on en reconnaîtra les diverses lettres et leurs traits; si l'on pousse ce grossissement plus loin, on accroîtra bien la dimension des diverses parties du mot, mais sans faire voir les traits plus fins que dès l'abord on n'a pu distinguer. Or, ce fait s'accomplit à l'aide du microscope. L'image que l'objectif projette de l'objet est jusqu'à un certain degré telle, que l'oculaire la reproduit et rend apparentes les diverses parties qu'il renferme. Mais bientôt on arrive au point où l'objectif permet bien encore de grossir l'image qu'il projette, mais où il est insuffisant pour en faire paraître les parties distinctes.

De là ce fait remarquable, que d'ordinaire un grossissement plus faible, produit par un microscope meilleur, fait mieux voir l'objet, c'est-à-dire en découvre plus de détails qu'un grossissement plus considérable, produit par un instrument de moins bonne facture. Mais comme les recherches scientifiques ne s'appliquent guère qu'aux détails de structure, ces grossissements n'ont de valeur que pour autant qu'ils répondent à cet objet. Or, dans tous les instruments construits jusqu'à ce jour, la limite s'arrête à un grossissement d'environ 400 à 700 fois en diamètre. Tous les grossissements, plus élevés sont ou des jeux sans utilité, ou de pures prétentions, comme ces grossissements d'un million de fois, produits à l'aide du microscope au gaz hydroxygène, que des charlatans ambulants vantent à tue-tête et qui, d'ordinaire, ont moins d'effet que le grossissement au multiple 50 d'un bon microscope ordinaire.

Ces considérations démontrent combien il importe à l'observateur scientifique de bien connaître sous ce rapport la valeur de son instrument. Aussi a-t-on mis tout en œuvre pour reconnaître le moyen d'y parvenir. On a fini par avoir recours à ce qu'on nomme des *objets d'essai*, c'est-à-dire des objets dont la structure offre des parties très-petites et perceptibles. Tout objet, soit naturel, soit artificiel, peut

3

être choisi comme objet d'essai. Les premiers et les seuls jusqu'ici
ont été fournis par Nobert, mécanicien à Kœnigsberg. C'est un instrument composé de cent lignes tracées au diamant sur le verre, plus
rapprochées, plus fines de dix en dix. La plupart des instruments
font distinguer chacune des lignes du premier au sixième ou septième groupe, ceux de facture meilleure parviennent au huitième ou
au neuvième. Les meilleurs des microscopes peuvent seuls décomposer dans ses détails le dixième groupe.

Ce système de lignes fit, à son apparition, grande sensation ; néanmoins il a le défaut que tous les exemplaires n'en sont pas absolument
identiques et qu'ainsi chaque observateur se base sur une mesure
différente. — Mais les œuvres de la nature sont incomparablement
plus précises que celles de l'homme, et pour ce motif les ailes de
papillons passent pour les meilleurs objets d'essai. Ce sont d'ordinaire des lames délicates et oblongues pourvues d'un pédicule,
garnies à leur surface de minces nervures disposées dans le sens de
la longueur, et reliées par d'autres nervures transversales excessivement subtiles. Or, ces deux espèces de nervures sont d'une ténuité
qui varie chez les divers papillons et particulièrement chez l'*Hip-
parchia Janira*, papillon brun et très-commun, dont les nervures
transversales sont si délicates, que les plus remarquables instruments de nos premiers opticiens peuvent seuls les faire apercevoir.

Indépendamment de ces écailles communes, il en est un nombre
considérable, tantôt variant de formes, tantôt présentant une surface
différemment dessinée ; et lorsqu'on s'est occupé quelque temps de
ces recherches, on est étonné de la richesse infinie de formes qu'ici
encore la nature a développées dans les dimensions des parties les
plus petites, les plus imperceptibles.

Un grand nombre de naturalistes, surtout au siècle dernier, ont
pris plaisir à considérer des images élégantes sans se douter de
l'importance des recherches microscopiques pour la science, comme
l'attestent, malgré leurs titres, bon nombre d'ouvrages de ce temps.
Telles sont les *Récréations de l'esprit et des yeux* de Ledermüller
(Nuremberg, 1761), les *Récréations entomologiques* de Roesel de Ro-
senhoff (Nuremberg, 1746-1761), etc. — Mais il s'est aussi rencontré

anciennement des observateurs qui ont compris toute l'importance de ce genre d'investigation pour l'étude des siences naturelles. On se souvient du fanatisme de Swammerdam, qui, dans ses dernières années, livra au feu la plus grande partie des résultats qu'il avait obtenus après les recherches les plus laborieuses, en prétendant que le Créateur n'avait point celé toutes ces particularités à l'homme sans un sage dessein, et qu'il y aurait crime à profaner les secrets de la Divinité. — Animé d'une telle idée, si l'on s'efforçait de la mettre en pratique, on devrait considérer comme coupable toute élévation de l'homme au-dessus de l'état naturel le plus sauvage, le plus brutal.

Il était réservé à notre siècle de donner au microscope sa véritable place dans l'étude de la nature, et nous voyons avec plaisir que l'usage de cet instrument se répand de plus en plus et opère dans les sphères les plus élevées les résultats les plus intéressants.

On comprend aisément que l'étude de la structure intime des animaux, et même de l'homme, a dû jeter un éclat plus vif sur les phénomènes physiologiques des corps, et l'on peut en effet dater une nouvelle période dans toutes les branches des sciences médicales depuis l'emploi du microscope. On comprend également que le microscope a dû être d'un puissant secours pour la connaissance des organes minimes du règne animal et du règne végétal. — Mais il est moins aisé de déterminer comment l'observation microscopique a trouvé place dans le domaine de la chimie, de la minéralogie, de la géognosie. Cependant, dans ce domaine, son importance est déjà reconnue par les savants les plus distingués, et ne saurait guère tarder à l'être généralement. Dans la chimie surtout, il fallait absolument un instrument pour décider si nous avions affaire à un corps simple ou à un composé mécanique de plusieurs éléments. Que de soi-disant corps n'auraient point été connus de la science, que de forces n'auraient point été étudiées par les savants, si l'on n'en avait, à l'aide du microscope, examiné la nature avec plus de précision !

Nous trouvons même que les chimistes les plus renommés, comme Berzelius, Liebig et autres, parlent souvent de corps qui n'ont jamais existé. Ainsi, la fibre amylacée — on nomme ainsi ce qui reste de la pomme de terre après qu'on en a extrait la fécule — n'est qu'un alliage d'amidon ordinaire et de la fibre ligneuse ou de la cellulose; ainsi, la pollénine, nom par lequel on désigne le principe du pollen de la fleur, est un mélange d'un grand nombre de substances très-connues. Nous pourrions citer encore d'autres exemples de cette nature.

L'importance du microscope est plus évidente encore dans la minéralogie et dans la géognosie. Il s'agit ici d'une connaissance tout autre et plus précise de la nature particulière des systèmes de montagnes, de plus grandes formations ou de substances minérales plus spéciales que celles qui pouvaient jusqu'ici nous être fournies par les sciences.

Tandis qu'autrefois, dans les chaînes de montagnes qui descendent de l'Asie occidentale, qui forment un cordon autour de l'Allemagne méridionale et de la France, et qui reparaissent ensuite dans l'archipel Grec, nous trouvions des masses de carbonate de chaux, couvert de coquilles, auquel nous donnions, d'après son état particulier, le nom de craie; tandis que nous regardions le schiste à polir, le guhr, la farine fossile, comme de la terre silicée dans ses divers états; tandis que nous ne trouvions dans le dysodile qu'un alliage de terre siliceuse et de bitume, et dans la plupart des opales et des pierres à fusil que de la terre silicée de nature vitreuse, les recherches microscopiques d'Ehrenberg sont venues nous ouvrir un monde nouveau plein de vie. Nous savons aujourd'hui que des parties considérables de la croûte solide de notre globe terrestre se rattachent admirablement à l'existence d'animalcules invisibles à l'œil nu, qui, par leur prodigieuse reproduction et l'indestructibilité de leurs restes, suppléent à leur exiguïté.

Outre les infusoires dont l'organisation est presque exclusivement composée de substance animale gélatineuse, il en est d'autres qui, comme les mollusques bivalves et les limaces, ont pour propriété de se vêtir d'une carapace solide de forme élégante, faite de carbonate de chaux ou de terre siliceuse. L'animal mort ne peut échapper à la décomposition; mais les demeures qu'il s'est construites, les coquilles, restent et s'accumulent de telle sorte, qu'on trouve des systèmes entiers de montagnes exclusivement formés par elles. Les coquilles de terre siliceuse se figent par un procédé particulier, encore inconnu, et deviennent des pierres à fusil ou des opales. Le botaniste ne peut dédaigner de connaître ces animalcules à écaille siliceuse; car la question en litige depuis longtemps et poursuivie même avec une certaine aigreur, la question de savoir si ces organismes minimes sont ou des animaux ou des plantes, n'a point encore obtenu de solution définitive.

Les formations géologiques produites par les infusoires à écaille calcaire sont, par rapport à la masse, plus considérables encore. Une grande partie de la Russie près du Volga, de la Pologne, de la Poméranie (comme Riga), du Mecklenbourg, du Danemark, de la Suède, de l'Angleterre méridionale, de l'Irlande septentrionale, de la France du nord, de la Grèce, de la Sicile, du nord-ouest de l'Afrique, et de l'Arabie possède ces montagnes et ce sol crayeux, et le diamètre vertical de celles-là mesure, par exemple en Angleterre, près de mille pieds. L'imagination s'effraye devant ces masses de vie organique, quand elle se rappelle qu'une simple carte de visite recouverte d'une couche de craie représente un cabinet zoologique de près de cent mille coquillages d'animaux.

De même que Galilée, Kepler, Newton, Herschel, nous ont introduits dans un monde infini de masses énormes, de même que Colomb, Magellan et ses successeurs nous ont découvert l'une des moitiés du globe terrestre, de même, à une époque plus récente, Ehrenberg, ne s'épargnant aucun labeur, nous a ouvert le monde merveilleux de la vie organique qui, pour renfermer des êtres petits, inapparents, imperceptibles à l'œil le mieux exercé, n'en représente pas moins, par son inépuisable force reproductrice, par le nombre inexprimable des individus, des masses devant lesquelles l'homme, avec toute sa force, demeure impuissant.

Le 26 janvier 1843, une foule immense était rassemblée sur le roc Round-Down, près de Douvres, attendant avec anxiété l'issue de l'opération la plus gigantesque, la plus hardie que les combinaisons ingénieuses de l'esprit humain aient jamais tenté de réaliser. On avait mis des années entières à disposer les préparatifs, à creuser les tranchées, les galeries. Une batterie galvanique colossale mit le feu à une masse de 185 quintaux de poudre, la plus forte qui eût été employée jusqu'alors. Le roc énorme fut précipité dans la mer presque sans bruit; plus de 20 millions de quintaux de rocher calcaire furent déchirés en une minute, et une superficie de 15 acres couverte d'une couche de débris de 20 pieds d'épaisseur. On peut juger par là de la force prodigieuse qui dut être employée. Et avec qui la force de l'esprit humain engageait-elle ce combat gigantesque? Avec les débris de créatures dont une simple pression du doigt pourrait anéantir des milliers. Nous sommes stupéfaits et demandons : Qu'est-ce qui est *petit* dans la nature?

Il est donc hors de doute qu'il ne peut appartenir qu'à un âge fort reculé ou à un degré de civilisation fort peu avancé, de vouloir mesurer la valeur ou l'importance d'un objet d'après sa grandeur ou sa petitesse; mesure qui, d'ailleurs, ne saurait s'appliquer à ce que nous connaissons de plus précieux et de plus essentiel, car l'esprit humain ne se rattache point au pied, au pouce, à la ligne. Il n'y a que la nature sensuelle à qui impose ce qui est physiquement grand; l'homme instruit et pensant cherchera à connaître les objets qu'il soumet à ses recherches d'après *toutes* leurs conditions; ce n'est qu'après en avoir acquis une connaissance complète, qu'il se formera un jugement sur ce qui est essentiel et sur ce qui l'est moins. Alors, bien souvent, il sera amené à considérer comme le plus important l'objet qui présente les moindres dimensions.

Cette observation s'applique à la botanique. Il fut un temps où, se réveillant de la nuit et du néant du moyen âge, elle n'existait que dans ses débuts les plus imparfaits : c'est l'époque de Linné et de son école. Nous ne voulons point amoindrir les mérites de Linné, car il y a plus de gloire à découvrir une science, à lui donner un corps, qu'à l'édifier lorsque les assises s'en trouvent établies. Nous le déclarons, nous ne prétendons pas amoindrir Linné en le regardant comme l'auteur d'un des plus funestes préjugés qui longtemps ont maintenu la botanique dans un rang inférieur, préjugés qui ne sont point encore assez écartés pour neutraliser les effets qui s'opposent souvent au progrès de la science. Nous entendons parler de l'aver-

sion de Linné pour le microscope et de son mépris pour toute
science qui ne s'acquiert qu'à l'aide de cet instrument. L'influence
de l'école linnéenne a été sous ce rapport tellement funeste, que presque toutes les découvertes opérées par quelques hommes remarquables, et surtout par Malpighi, au xviiie siècle, ont été, par là, complétement perdues, au point que les observateurs les plus distingués
sont loin, en certaines parties, d'atteindre à la hauteur de Malpighi.

Les leçons qui suivent attesteront qu'un travail scientifique de
botanique, pour peu qu'il soit autre chose qu'un amas de mots sté-
riles et vides, qu'un simple exercice de mémoire, ne saurait être
exécuté sans l'application continuelle du microscope. La tendance
nouvelle imprimée à la science a tenu compte de cette vérité, et les
noms des Rob. Brown, des Brisseau-Mirbel, des Mohl, des Amici,
sont les précurseurs d'une époque nouvelle et prospère.

DEUXIÈME LEÇON.

STRUCTURE INTERNE DES PLANTES.

Un coup d'œil jeté sur le paysage des tropiques ci-contre, nous fournit, resserré dans un cadre étroit, une si grande variété de formes végétales, de contextures et j'ajouterais de couleurs, s'il m'avait été permis de représenter la scène dans ses diverses nuances naturelles, qu'il nous paraît difficile de distinguer la loi qui préside à cette immense diversité. Les masses des montagnes donnent bien au règne minéral son caractère raide et sec ; le règne animal réalise l'expression de sa vie dans les parties molles imprégnées de 60 à 75 pour cent d'eau.

Quelle que soit d'ailleurs la quantité de substance minérale qui leur sert de point d'attache ou d'appui, la mobilité pleine de souplesse que déploie la méduse dans sa lutte contre l'onde salée se retrouve dans le squelette osseux et solide des grands chats du désert, et la contraction des muscles qui s'y attachent s'effectue sous une pelisse molle et luisante avec la facilité de celle des ondes liquides.

Il en est autrement dans le monde végétal. Ici le lichen coriace est à peine à distinguer du roc sur lequel il végète; ailleurs, on voit le mucilage vert de l'eau composé de plantes vivantes plus glissantes que la méduse de la Baltique ; une foule de champignons sont plus liquéfiants que le plus tendre des polypes, et l'écorce du bambou et du rotang fait jaillir des étincelles sous le choc du briquet comme si elle était composée du silex même. Malgré cela, la base organique de toutes ces diversités est infiniment plus simple et plus uniforme que celle de l'animal.

La leçon suivante prendra à tâche de le démontrer.

STRUCTURE INTERNE DES PLANTES.

Ne pouvant réussir dans les grandes
choses, tu vas t'essayer aux petites.

FAUST.

Lorsque nous regardons un prestidigitateur habile qui déploie
à nos yeux tous les effets enchanteurs de son art magique, nous
sommes insensiblement entraînés à la stupeur, à l'admiration qui
nous arrache enfin involontairement ces expressions de ravissement
qui ont coutume d'accompagner et de récompenser l'issue heureuse
de ses travaux. Mais s'il nous est donné de monter sur le théâtre,
de voir le dessous des cartes, nous revenons bien vite de notre
stupéfaction, en constatant combien il a dû employer de mécanismes,
que d'aides il a dû placer à sa portée, en un mot, que de moyens
nombreux et considérables il a dû mettre en œuvre pour produire
des effets qui, en définitive, ne se trouvent guère en rapport avec
l'importance de ces moyens. — Et si nous considérons toutes les
relations de la vie, ne trouvons-nous point, comme le trait caractéristique de la condition restreinte de l'existence de l'homme,
que ses plus hardis efforts aboutissent à rien ou à peu de chose;
que, lorsqu'il a dépensé toutes les ressources qu'il puise dans

ses talents et dans les circonstances favorables, il doit en définitive avouer que les résulats obtenus sont un bien faible prix de ses labeurs?

Dans la nature, c'est l'inverse. — Habitués, dès l'enfance, à lui voir étaler devant nous l'abondance toujours nouvelle de ses productions, nous passons le plus souvent devant elle avec indifférence. Mais l'âme sensible se sent attirée vers elle; avec un frisson de bien-être, elle pressent les forces mystérieuses qui agissent autour de nous. Que de moyens cette artiste éminente ne doit-elle point avoir à sa disposition! Quel enchaînement merveilleux de forces encore inconnues ne doit-elle point recéler! La science essaye de résoudre ce problème, cette énigme; mais ce n'est qu'en hésitant qu'elle se met à l'œuvre : elle craint que l'esprit humain ne puisse embrasser et comprendre un entortillement et une complication pareils; mais plus nous progressons, plus notre étonnement s'accroît. A chaque pas nous trouvons une solution plus simple d'une énigme compliquée. Chaque phénomène que nous étudions nous indique des causes, des forces plus simples encore, et notre admiration se change bientôt en une adoration profonde en vue des moyens restreints dont se sert la nature pour atteindre ses immenses résultats. De cette loi simple, qui veut que des corps mis en mouvement s'attirent réciproquement, la nature construit au-dessus de nous cette voûte infinie parsemée d'étoiles, et prescrit au soleil et aux planètes leur carrière immuable. Mais nous n'avons pas besoin de nous élever jusqu'aux étoiles pour comprendre qu'il faut peu de chose à la nature pour accomplir ces merveilles.

Arrêtons-nous un instant dans le règne végétal.

Depuis le palmier élancé qui balance gracieusement sa cime au-dessus des épaisses forêts brésiliennes, jusqu'à l'humble mousse, à peine longue d'un demi-pouce, qui décore de sa verdure phosphorescente nos grottes humides; — depuis la fleur brillante de la *Victoria regia*, qui berce ses feuilles rosâtres sur les ondes tranquilles des lacs de la Guyane, jusqu'aux imperceptibles boutons à fleurs jaunes de la lentille d'eau, qui flotte sur nos étangs, quel ensemble merveilleux de structures, quelle richesse de formes!

— Depuis l'arbre à pain, qui compte six mille ans de végétation aux bords du Sénégal, et dont les semences germaient peut-être lorsque la terre n'était pas encore habitée par l'homme, jusqu'au champignon né d'une nuit tiède ou humide et disparaissant dès l'aurore, quelle diversité de durée dans l'existence ! — Depuis le bois dur du chêne de la Nouvelle-Hollande, dont l'indigène sauvage taille sa massue, jusqu'à la bourbe verdâtre de nos fossés, quelle variation, quelle gradation dans la structure, dans la composition, dans la solidité! Croirait-on que dans ce dédale de richesses on puisse trouver de l'ordre, que dans ce jeu de formes, en apparence confus, on puisse rencontrer de la régularité, et dans ces modes d'existence si multiples, si distincts, un même type, une même idée? Il n'y a pas longtemps, il eût été impossible d'en entrevoir la possibilité, car, comme nous l'avons déjà fait remarquer, nous ne pouvons espérer de pénétrer les secrets de la nature que lorsque nos recherches nous ont conduits à connaître ses plus simples relations. Ainsi, l'on ne pouvait aboutir à aucun résultat scientifique dans l'étude de la plante tant qu'on n'en avait pas trouvé l'élément simple, base de ses formes diverses, recherché et déterminé l'originalité de sa vie. A l'aide du microscope de structure moderne, nous sommes arrivés à établir cet élément primitif, qui est le point de départ de toute la théorie de la plante.

La base anatomique de tous les végétaux, n'importe leur diversité, est une vésicule bien close et d'une extrême petitesse, formée d'une membrane transparente et incolore que les botanistes appellent *cellule* ou cellule végétale. Un aperçu de la vie particulière de la cellule végétale doit nécessairement précéder la connaissance de la plante entière; il constitue pour ainsi dire, jusqu'ici, la seule partie vraiment scientifique de la botanique.

Mais dans ces considérations, les organes de nos sens nous font défaut. L'œil humain ne peut, à nu, sans l'aide du microscope, rien apercevoir de ces secrets merveilleux, et il importe par conséquent de remarquer que tous les faits que nous allons exposer ne peuvent être saisis que par l'intermédiaire du microscope. Pour répondre aux besoins momentanés du lecteur, nous représentons dans les

figures des planches I à V jointes à la fin de l'ouvrage les divers
objets, tels qu'ils se sont manifestés à l'aide d'un bon microscope.

Lorsqu'on enlève la peau extérieure et solide du fruit de l'arbousier de l'Amérique (*Symphoricarpus racemosa*), aujourd'hui si
commun dans les jardins et les plantations, on rencontre une
masse composée de petits grains lisses et brillants. Chacun d'eux
est une *cellule* (fig. 1) et est composé d'une membrane extérieure
délicate et incolore, qu'on nomme *membrane cellulaire*; au dedans
de celle-ci se trouve une seconde membrane muqueuse qu'à raison
de son importance dans l'anatomie végétale nous appelons *utricule
primordial*. Celui-ci se trouve dans le rapport le plus intime avec
la vie de la cellule. La membrane extérieure proprement dite est
une substance composée de carbone, d'hydrogène et d'oxygène, la
cellulose; l'utricule primordial contient en outre une portion d'azote.
On peut rendre plus apparente la membrane interne en mouillant
avec un peu d'iode dissous dans du chlorure de zinc; elle se détache
alors et nage dans le suc qui remplit le reste de la cellule.

L'utricule primordial, en se fixant et en se détachant de la paroi,
lorsqu'on humecte le tissu cellulaire d'une dissolution d'iode dans
du chlorure de zinc, donne immédiatement à la membrane cellulaire
une couleur bleue et teint en jaune la substance azotée.

Lorsque du cœur de la feuille de la plus belle rose d'étang, la
Victoria regia, l'on détache quelques cellules, les mêmes phénomènes nous apparaissent (fig. 3); mais nous y découvrons aussi la
cause de la couleur verte qu'affectent les plantes : nous voyons,
en effet, de petits grains verts adhérer à la surface intérieure de
l'utricule primordial. Comment s'est produite la cellule? C'est un
point sur lequel on n'a point encore de données certaines; toujours est-il qu'un corpuscule particulier, appartenant à l'utricule
primordial, et nommé *cytoblaste* (fig. 1, 5a, 8a), y joue un rôle
marquant. Les cellules, en se développant, se réunissent et composent ainsi l'ensemble de la plante, le tissu cellulaire (fig. 5); celui-
ci se divise en trois tissus spéciaux, selon la forme des cellules et
aussi selon leur importance dans la vie de la plante.

Avant de passer à l'examen de ces trois tissus, nous devons nous

occuper des modifications que la cellule peut subir dans son existence. Nous pouvons regarder la cellule comme un petit organisme
indépendant, existant par lui-même. Elle puise des aliments
liquides dans .les corps qui l'environnent, compose des corps
nouveaux à l'aide de procédés chimiques qui s'opèrent dans son
sein. Elle s'assimile ces matières pour sa nutrition et pour l'accroissement de sa paroi, ou les conserve pour des usages ultérieurs,
ou les rejette comme devenues inutiles, afin d'absorber à leur place
de nouvelles matières. Dans ce jeu incessant d'absorption et de
sécrétion, de formation, de décomposition et de transformation de
substances, réside toute la vie des cellules, et aussi toute la vie de
la plante, car la plante n'est, en fait, que la somme de toutes les
cellules reliées dans une forme définie.

Cependant, il est encore deux points à observer dans la nutrition
et dans l'accroissement de la membrane cellulaire. L'accroissement
ne sert qu'à modifier, qu'à grossir la plante. Aussi les cellules, qui
sont dans le principe sphéroïdales, affectent peu à peu des formes
très-diverses. Insensiblement, lorsqu'elles se sont resserrées de plus
près, elles perdent leurs parois rondes et convexes, s'aplanissent au
contraire et ressemblent à des alvéoles irréguliers, ou, de profil, à
de nombreuses mailles de filet. D'autres cellules s'étendent par
endroits et présentent des appendices élégants sous forme d'étoiles
hexagonales, ou des figures moins régulières. D'autres cellules
encore s'aplanissent des deux côtés, d'autres enfin s'étendent plutôt
dans la longueur et prennent la forme de cylindres ou de prismes,
et, en s'étendant davantage, celle de fuseaux ou de longs fils très-
ténus (fig. 5, 6, 10, 12, 13, c, d). Dans toutes ces modifications de
formes, la paroi, qui peut conserver l'épaisseur première, reste
toujours close et cohérente.

Mais dans l'acte d'accroissement que nous venons de dépeindre,
il s'opère une seconde modification, à savoir, l'épaississement de la
paroi. Celui-ci provient d'une couche nouvelle qui s'établit entre
l'utricule primordial et la surface intérieure de la membrane cellulaire. Ce qu'il y a de remarquable dans cet acte végétal, c'est que
cette couche nouvelle n'est ni homogène ni entièrement connexe,

mais qu'elle semble interrompue de toutes les manières. Tantôt elle
est percée de toutes parts d'un nombre considérable de petits trous
(fig. 5 *c*, 6 *d*, 10 *a*, 12 *a*), tantôt de longues fentes (fig. 6 *c*); tantôt
elle ressemble à un réseau, tantôt à un cordon tordu en spirale
(fig. 6 *b*); tantôt, enfin, elle affecte la forme de quelques anneaux
(fig. 6 *a*). D'après la forme de cette couche grossissante, on désigne
les cellules sous le nom de vaisseaux poreux, à fentes, réticulés,
spiraux ou annulaires. Lorsqu'une couche grossissante s'est ainsi
formée, il s'en produit souvent une seconde, puis une troisième,
tant enfin que toute la cellule en est presque remplie. Tantôt, cet
épaississement s'opère très-régulièrement et symétriquement dans
toute la périphérie de la cellule, mais souvent aussi séparément,
pendant que quelques parties conservent en apparence leur état
simple et primitif (fig. 7). Dans les cellules poreuses, les petites
ouvertures des différentes couches se trouvant presque toujours les
unes au-dessus des autres, et n'étant dans le principe que de petits
cercles sur la paroi de la cellule, deviennent ainsi des canaux qui,
parfois se ramifiant, percent la paroi devenue très-épaisse. On
trouve des cellules remarquables de ce genre dans l'écorce aromatique de la cannelle blanche (fig. 7). — Il est facile de comprendre
comment ces modifications, mises en rapport avec le jeu des formes,
même sur une base aussi simple que la cellule, peuvent donner lieu
à un nombre presque incalculable de variations dans le tissu, que
nous retrouvons en effet réalisées dans la plante. Il faut ajouter
à cela que souvent des matières étrangères, comme la chaux, la
terre siliceuse, etc., se déposent dans la membrane utriculaire et
dans ses couches grossissantes, ce qui produit de nombreux degrés
de fragilité et de solidité, de ténacité et de rudesse.

Mais, avant d'aller plus loin, il nous reste à expliquer une propriété importante de la cellule végétale. Lorsque dans l'utricule la
matière nutritive s'accroît d'une manière assez considérable, il se
forme en elle un certain nombre de cellules nouvelles, de cellules
filles, — la cellule se multiplie, l'utricule mère se décompose successivement et disparaît; puis deux, quatre, huit ou un plus
grand nombre de filles issues d'elle prennent sa place. Tout ce

progrès, que dans la plante nous appelons croissance, consiste essentiellement dans cette multiplication incessante des cellules qui s'accroissent ainsi en nombre infini et incalculable. Mais si les formes des utricules, dont nous venons de parler, se présentent sous le microscope avec tant d'élégance, si le botaniste trouve tant d'intérêt à rechercher les lois qui président à ces diversités innombrables, elles n'ont, pour le moment, guère d'importance pour nous, si nous voulons traiter de la vie de la plante, et nous devons, laissant de côté toutes ces différences, chercher à établir l'existence d'autres divisions du tissu de la plante, qui, parfois, n'ont aucune relation, et parfois aussi ne se trouvent qu'en rapport secondaire avec les formes des cellules.

Toute plante qui n'est point encore formée, toute partie de la plante qui n'est point encore développée, est exclusivement composée de petites cellules tendres et globuleuses. Quelques modifications diverses que subisse ce tissu cellulaire dans certaines de ses parties, il n'en est que deux portions qui, par leur développement ultérieur et leur action spéciale dans la vie végétale, se séparent de cette masse fondamentale qui, plus tard, représente le tissu principal de la plante dans son état d'achèvement. La première de ces parties est la couche extérieure de la plante qui se développe au contact de l'eau et de la terre, mais surtout à celui de l'air. Ces cellules s'agglomèrent si fortement, qu'on peut d'ordinaire les détacher comme une peau connexe à la plante. Elle se recouvre tôt ou tard d'une couche épaisse ou mince de substance homogène qui reçoit encore un léger enduit de cire ou de résine, de sorte que la pellicule supérieure est tout à fait impénétrable aux corps liquides, et même imperméable, car l'eau en découle comme d'un corps gras. Dans certains endroits seulement, se présentent, entre les cellules, de petites ouvertures qui conduisent à l'intérieur de la plante. Dans ces ouvertures se placent d'ordinaire deux cellules en forme de croissant, dont les courbes sont opposées l'une à l'autre, laissant ainsi une fissure entre elles, mais fermant d'ailleurs toutes les ouvertures. Cette fissure, qui met la plante en communication avec l'atmosphère et aspire les gaz et les émanations de l'eau, se rétrécit et s'étend suivant les besoins. On nomme ces ouvertures, avec les cellules en forme de croissant, pores ou stomates, et toute la couche cellulaire, dans laquelle elles se produisent, l'épiderme des plantes (fig. 5. *b*, 8).

Dans toute partie de la plante qui croît ainsi pleine de vie, se trouve aussi une affluence de nouvelle matière nutritive, dont l'eau surabondante s'évapore par les stomates. Ce mouvement de la séve transforme en cellules allongées des séries d'utricules, qu'elle traverse avec une grande rapidité. La plupart s'épaississent fortement, d'autres perdent subitement leur contenu fluide et se remplissent d'air; on les nomme *vaisseaux* (vaisseaux aériens), et ainsi se forment dans l'ensemble du tissu cellulaire des faisceaux de cellules allongées et de vaisseaux qu'on nomme *faisceaux ou tissu vasculaire* (fig. 6. *a — d*), et qui semblent à l'œil nu des fibres blanches, solides, s'étendant dans le tissu végétal. Dans une grande division des plantes, les monocotylédones, auxquelles appartiennent les graminées, les liliacées, les palmiers, ces faisceaux vasculaires s'arrêtent à un certain point de développement et ne changent plus. Dans une autre classe de plantes, au contraire, dans les dicotylédones, auxquelles appartiennent les arbres des forêts, les herbes potagères, les légumineuses et beaucoup d'autres, il se produit continuellement, du côté extérieur du faisceau, de nouvelles cellules qui deviennent également des vaisseaux et grossissent ainsi les faisceaux vasculaires. Ceux-ci se rapprochent insensiblement, se relient en un tissu solide et forment ce que dans la vie nouvelle nous nommons du *bois* (fig. 9 — 12).

Si nous recherchons les rapports qui existent entre ces trois parties de la plante et les besoins de l'homme, nous trouvons de nouveau une triple distinction. L'épiderme, dans son état ordinaire, n'est d'aucune utilité pour l'homme. Ce n'est que dans des plantes vivaces, notamment dans les arbres, que se développe un nouveau tissu qui, dans quelques arbres, comme dans le chêne-liége (*quercus suber*), est très-mou et élastique, qu'elle est d'un très-grand emploi. Les cellules vasculaires obtiennent de l'importance par la substance de leurs parois cellulaires et s'emploient tantôt en écorce, tantôt en bois. Enfin, le reste du tissu cellulaire n'a pour nous d'importance que par le contenu de ses cellules.

De toutes les cellules, les plus importantes pour l'homme sont sans contredit celles du bois et de l'écorce. Les différentes sortes de bois se distinguent au microscope, en les examinant avec une attention spéciale dans les moindres particules. La plus grande différence existe entre les arbres à bois feuillés et ceux à feuilles aciculaires dont la différence se reconnaît encore dans le bois pétrifié (fig. 9 — 12).

Les *cellules allongées corticales* sont les plus longues de toutes; la plupart ont des parois épaisses, mais très-flexibles (fig. 13. *d*), rarement poreuses ou spiriformes; ce n'est que dans la soie d'Orient (*asclepias syriaca*), dans l'oléandre et dans quelques plantes de la même famille qu'on trouve des figures spirales dans la paroi cellulaire. Tous les autres utricules corticaux sont difficiles à distinguer, même au microscope, quelle que soit la diversité des plantes dont ils proviennent. Or, ce sont les utricules corticaux qui, en raison de leur longueur et de leur flexibilité, nous servent presque exclusivement de matériaux pour nos travaux de tissage et de corderie. Comme nous l'avons déjà remarqué, les plantes les plus diverses sont employées à cet usage. Chez nous, c'est principalement le lin et le chanvre; aux Philippines, on se sert de l'écorce des feuilles de bananier; au Mexique, les feuilles d'ananas sauvage procurent une matière semblable. Récemment, la marine anglaise a trouvé une ressource puissante dans le lin de la Nouvelle-Zélande, qu'on retire des feuilles d'une plante liliacée (*phormium tenax* Forst.). Dans les îles des Indes occidentales, on retire sans le filage ni le tissage des matières premières de l'écorce de l'arbre dit à pointe (*Palo di Laghetto* en Espagne, *Lace-Bark-tree* des Anglais, *Laghetta lintearia* D. C.), et dans l'île d'Otahiti, du mûrier à papier (*Broussonetia papyrifera* Vent.). Un nombre infini de plantes servent aussi à la confection de cordes, car chaque pays a ses plantes particulières, spécialement affectées à cet usage.

La bienveillance d'un ami de Berlin nous a fait parvenir un bout de ficelle qui avait servi à Pompéi à lier une cruche à vin et, à notre grand étonnement, nous avons trouvé qu'elle provenait de l'écorce, facile à reconnaître, de la soie d'Orient (*asclepias syriaca*) ou d'une autre plante très-voisine, mais qui ne sert plus nulle part à cet usage.

Le coton qui enveloppe, sous forme d'une touffe, la semence du cotonnier, diffère complétement de. ces fibres corticales et de celles qu'on extrait des feuilles des bananiers et des liliacées. Ce sont des cellules très-allongées à la vérité, mais dont les parois sont très-minces (fig. 13. *c*); aussi s'affaissent-elles et s'aplatissent-elles dans un milieu sec, et elles prennent la forme d'une bande plane à bords arrondis, et non d'un filament cylindrique partout de grosseur égale comme les fibres corticales (fig. 13. *c. d*).

Cette différence tranchée nous met à même de discerner, à l'aide du microscope, tout mélange de lin avec du coton et de reconnaître même l'origine du linge qui a servi à envelopper les momies d'Égypte. Nous remarquerons ici en passant que la fibre laineuse (fig. 13. *b*) et le fil délié du ver à soie (fig. 13. *a*) offrent également des caractères distinctifs, comme le fait voir la planche ci-jointe, et que le microscope est peut-être en effet l'unique moyen parfaitement sûr de reconnaître, dans un tissu, la présence de fils de nature différente.

Nous avons vu que la simple cellule, dans ses formes diverses, est la base des plantes dans toutes leurs étonnantes variations ; mais ce qui est bien plus remarquable encore, c'est que ces cellules, bien qu'elles se soient formées partout de la même manière et qu'elles conservent plus tard leur forme primitive, sont douées de la faculté de produire dans leur intérieur un grand nombre de substances opposées par leurs qualités et fournissent ainsi à la nature un moyen de multiplier à l'infini les richesses et les beautés du règne végétal. Cette remarque nous conduit à l'essence de l'acte vital propre à la cellule végétale. Chaque cellule a une vie particulière et indépendante. Ses parois, il est vrai, ne sont point perforées, mais elles se laissent traverser par les liquides dont elle a besoin pour son alimentation. Ceux-ci se composent d'eau, d'acide carbonique, de sels ammoniacaux et de quelques sels qui se trouvent en dissolution dans le sol. Ce petit nombre de substances absorbées par la cellule sont diversement modifiées dans son intérieur en vertu d'une force spéciale qui lui est inhérente, et sont peu à peu transformées en ces matériaux qui leur donnent tant de prix aux yeux de l'observateur esthétique et tant de valeur pour l'usage de l'homme.

Un grand nombre de cellules renferment un suc limpide et incolore, telles que les cellules ligneuses et fibreuses, ou contiennent même de l'air, comme les prétendus vaisseaux. D'autres montrent ces sucs si brillamment colorés qui donnent aux fleurs et aux fruits ce charme extérieur qui en augmente tant le mérite à nos yeux; ce sont elles encore qui nous présentent des parties de la plante, ordinairement vertes, sous cet aspect marbré, panaché ou maculé (fig. 8), tant recherché aujourd'hui des amateurs. A cette catégorie appartiennent toutes les nuances de rouge, de bleu et de jaune. La couleur verte des plantes est due à une toute autre cause, car le suc végétal n'est jamais vert. Si l'on regarde sous le microscope les cellules qui paraissent offrir cette couleur à l'œil nu, on voit comment des grains isolés d'une substance verte (le chlorophylle) adhèrent aux parois internes de la cellule et produisent le reflet vert (fig. 3, 5).

La couleur brillante de l'indigo n'est autre chose qu'une modification spéciale de cette matière verte que la nature produit dans les différentes espèces d'indigotiers (*indigofera tinctoria* et *Anil*), dans le pastel (*isatis tinctoria*) et dans la renouée tinctoriale (*polygonum tinctorium*).

Dans certaines cellules nous trouvons des cristaux très-élégants, soit isolés, soit réunis en faisceaux ou en groupes (fig. 5).

Le contenu des cellules végétales est d'un intérêt plus élevé à cause de l'usage qu'en fait l'homme comme aliment indispensable, comme rafraîchissement bienfaisant, ou comme assaisonnement ou stimulant; et ne sont-elles pas tout aussi importantes, ces substances qui, offertes à l'organisme malade, lui rendent la faculté de pouvoir de nouveau jouir sans trouble des prodigalités de la nature?

Ce champ, livré à nos méditations et à nos recherches, est très-vaste, mais n'est pas encore suffisamment exploré. Toutefois, les recherches des savants ont pu établir une loi qui consiste en ce que les plantes qui sont très-voisines par leurs formes extérieures contiennent, dans leurs organes similaires, des substances identiques ou à peu près identiques. C'est ainsi qu'il y a des familles entières où toutes les plantes sont plus ou moins vénéneuses, telles que la famille des solanées, les congénères de notre pomme de terre et de notre tabac; d'autres sont fades, insipides, sans aucun élément dominant, telles que les espèces de la famille des dianthus. Passer en revue toutes les espèces du règne végétal ainsi que les formes sous lesquelles elles se présentent, nous conduirait beaucoup trop loin; nous nous bornerons à quelques considérations générales et à un examen détaillé et exact de quelques-unes des substances qui présentent le plus d'intérêt.

Toutes les substances qui sont contenues dans les cellules végétales sont solubles dans l'eau ou ne le sont pas. Dans le premier cas, le microscope ne peut fournir aucun indice sur leur nature, parce qu'elles disparaissent dans le suc cellulaire aqueux, et ce n'est qu'à l'aide d'une analyse chimique qu'il est possible de démontrer leur présence. A ce groupe de corps solubles appartiennent l'albumine, la gomme, le sucre, les acides rafraîchissants extraits de nos fruits, tels que les acides citrique et malique. Le suc de la canne à sucre, par exemple, est parfaitement clair et transparent; ce n'est que lorsqu'il a été exprimé et évaporé que le sucre se dépose et cristallise.

D'autre part, les huiles liquides sont parfaitement reconnaissables sous le microscope; ainsi, il est tout aussi facile de distinguer les huiles grasses qui nagent dans le suc cellulaire sous forme de petits globules jaunes et brillants, comme dans l'amande, que les huiles volatiles ou essentielles, qui, le plus souvent, remplissent entièrement une cellule.

Il y a deux substances des plus importantes qu'on trouve dans les cellules végétales : un mucilage demi-liquide, demi-granuleux, qui est composé d'une matière azotée remplissant entièrement ou en partie la cellule, et qui se montre en société de l'amidon ou de l'huile, et, en second lieu, l'amidon ou la fécule elle-même. — Certaines substances azotées forment la matière nutritive proprement dite des plantes. Une partie en est dissoute dans le suc cellulaire et l'albumen, et, dans ce cas, l'autre se montre sous la forme de petites granulations mucilagineuses. Si l'on coupe un grain de froment ou de seigle par une section transversale, on y découvre sous le microscope différentes couches dont les extérieures appartiennent au fruit et à l'enveloppe séminale (fig. 10), et en sont séparées par la mouture sous forme de son. L'action de la meule ne les sépare pas aussi complétement que la vue est en état de le faire à l'aide du microscope; cette séparation n'est même pas aussi exactement opérée que sous le couteau du phytotomiste; c'est ce qui fait que le son, la couche cellulaire extérieure et même quelques-unes des couches suivantes adhèrent constamment ensemble. Un coup d'œil sur la figure montre déjà que le contenu des ·couches extérieures est bien différent de celui des cellules internes ; que celles-ci, tout en étant fort riches en amidon, sont par contre fort pauvres en substance azotée, tandis que la couche extérieure contient en abondance cette dernière matière, connue dans les céréales sous le nom de *gluten*. De cette manière, l'examen anatomique d'un grain de froment démontre facilement que le pain est d'autant moins nutritif qu'il contient moins de son. La substance la plus remarquable que nous trouvions dans le suc cellulaire est sans contredit l'amidon, non-seulement à cause du rôle important qu'il joue dans la nutrition de l'homme, mais surtout à cause des formes singulières et très-jolies qu'il montre sous le microscope et qui indiquent un degré supérieur dans son organisation intime.

Ce corps se trouve dans chaque plante et dans chacune de ses parties, mais ce ne sont que les racines, les tubercules, les semences, les fruits, et plus rarement la moelle, comme par exemple celle du sagoutier, qui en contiennent en quantité suffisante pour qu'on puisse s'en servir comme aliment ou l'extraire sous forme de fécule.

C'est grâce à une propriété très-merveilleuse dont l'amidon est doué, que nous pouvons en démontrer l'existence dans l'intérieur de la plante, même dans la quantité la plus minime. Si l'on humecte l'amidon avec une solution d'iode, il prend aussitôt une brillante teinte d'un bleu violacé (fig. 5 *d*).

L'amidon se compose de petits grains brillants et transparents, qui se trouvent parfois au nombre de vingt à trente dans une seule cellule (fig. 5). Les grains isolés montrent assez souvent une structure très-compliquée. On y voit un petit noyau autour duquel se rangent un nombre plus ou moins grand de couches; comme ces couches ne sont pas partout d'une égale épaisseur, le noyau est toujours excentrique (fig. 14 A. B. C.). Mais cette structure n'est pas toujours aussi facile à reconnaître que dans les grains ovoïdes de la pomme de terre, ou dans ceux du véritable arrow-root des Indes occidentales, qui est également de l'amidon pur (fig. 14 A), ou dans les grains lenticulaires aplatis de l'arrow-root des Indes orientales (fig. 14 B). L'amidon, dans d'autres plantes, montre au contraire une autre particularité qui consiste en ce que deux, trois, quatre ou plusieurs grains sont soudés ensemble. L'on voit bien mieux cette particularité dans les bulbes du colchique (*colchicum autumnale*) (fig. 14 D.), et même dans l'arrow-root des Indes occidentales, qui est plus répandu dans le commerce que celui des Indes orientales.

Les plus intéressantes à contempler sont quelques-unes de nos céréales indigènes irrégulièrement construites, par exemple la seguine, en ce qu'elles nous permettent de conclure que les épis des blés se forment peu à peu à commencer par l'extérieur (fig. 14 C.).

Je viens de tracer rapidement et en quelques mots l'ensemble de l'intérieur de la plante. J'ai prouvé que cette structure est simple, que ces proportions sont peu compliquées; et cependant, quelle infinité de résultats la nature n'a-t-elle pas produits avec des moyens dont le nombre est si limité !

Le peu d'observations que je me suis permises relativement à l'influence des plantes sur le bien-être de l'homme et même sur la possibilité de son existence, seront néanmoins suffisantes, car

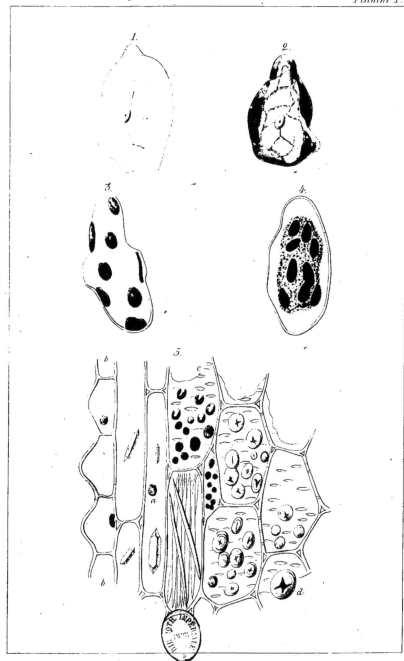

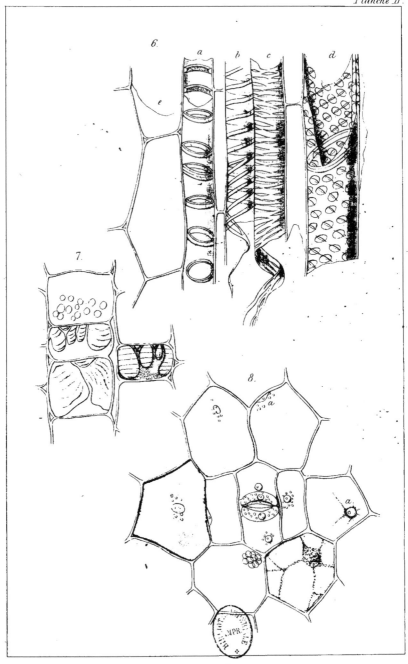

l'amplification dont ce sujet est susceptible me conduirait au delà des bornes prescrites dans cet ouvrage. La richesse et la beauté du monde végétal n'en seront pas moins toujours une source inépuisable pour les poëtes de tous les siècles et de tous les peuples ; mais ici je m'efface, car l'austère sécheresse de la science ne s'étend pas jusqu'à ces sereines régions de l'idéal.

EXPLICATION RAISONNÉE DES FIGURES.

Planches 1 — 4 (1).

TOUTES LES FIGURES SONT FORTEMENT GROSSIES.

Fig. 1. Une cellule du fruit de l'arbousier. On reconnaît dans son milieu le cytoblaste offrant au centre un point obscur. Un grand nombre de petits canaux partent de la substance mucilagineuse jaunâtre qui recouvre la paroi interne de l'utricule primordial.

Fig. 2. La même cellule humectée avec une solution d'iode dans du chlorure de zinc. La membrane cellulaire s'est teinte en bleu. L'utricule primordial, en se figeant, s'est contracté et se trouve colorié de jaune dans l'intérieur de la cellule.

Fig. 3. Une cellule prise de l'intérieur d'une feuille de la *victoria regia*. On distingue la membrane cellulaire jaune pâle assez épaisse et les grains disciformes couverts de chlorophylle adhérant à sa paroi interne.

Fig. 4. Une cellule de la même espèce, humectée avec de l'iode. L'utricule primordial foncé s'est contracté et renferme le contenu de la cellule.

Fig. 5. Une coupe transversale de la tige du *tradescantia zebrina* : *b b* sont des cellules de l'épiderme un peu renflées du côté extérieur ; dans deux d'entre elles, ainsi que dans la plupart des autres cellules, par exemple chez *a*, on reconnaît distinctement le cytoblaste. Dans les trois rangées de cellules qui se trouvent au-dessous de l'épiderme, on voit des cristaux de différentes formes ; dans l'une un faisceau de cristaux aciculaires. Les autres grandes cellules sont poreuses et contiennent des grains d'amidon qui, dans deux cellules, sont recouverts de chlorophylle. La partie inférieure de la tranche contient des grains d'amidon colorés par l'iode.

Fig. 6. Une tranche mince de la tige du cresson d'Espagne (*tropæolum majus*) : *e* sont des cellules de la moelle; *a d* sont des parties d'un faisceau de vaisseaux ; en dessous, *a* des vaisseaux annulaires; *b* des vaisseaux spiraux; *c* des vaisseaux réticulés, et *d* des vaisseaux poreux. Dans ces derniers, il y en a deux qui se réunissent bout à bout.

(1) *Voir* à la fin de l'ouvrage.

Fig. 7. Quelques cellules de l'écorce de la cannelle blanche. La supérieure contient quelques grains d'amidon ; les trois inférieures sont considérablement épaissies, surtout dans leur partie supérieure. L'épaississement est composé de couches concentriques et traversé par des canaux en partie ramifiés.

Fig. 8. Une petite portion de l'épiderme de la feuille de la *tradescantia zebrina*. Au milieu, on reconnaît un stomate. Les deux cellules en forme de croissant, qui laissent entre elles une fente, contiennent quelques granulations vertes. Dans la plupart des cellules on reconnaît distinctement le cytoblaste *a ;* dans deux autres, les courants de la séve. Trois des cellules contiennent un suc de couleur purpurine, les autres un suc incolore.

Fig. 9. Une petite tranche transversale du bois de sapin, de l'épaisseur de deux couches annuelles. Les cellules à parois épaisses (*b*) sont les extérieures d'une couche ancienne ; celles à parois minces appartiennent à une couche plus récente. Les premières sont plus rarement, les autres plus abondamment pourvues de pores, et l'on voit clairement (*a*) que là où les pores de deux cellules différentes se touchent, les parois cellulaires s'écartent et laissent entre elles un petit espace libre, qui, vu du côté fig. 10, laisse apercevoir un cercle extérieur tracé autour d'un petit trou de la couche d'épaississement (les pores proprement dits). Le bois entier ne se compose que de cellules allongées similaires, pourvues d'un petit nombre de pores.

Fig. 10. Une tendre coupe longitudinale du bois de sapin.— L'explication des pores (*a*) vient d'être donnée dans la fig. 9. Les cellules allongées (cellules ligneuses) sont en partie remplies, surtout dans leur partie basse, de résine claire et transparente. On voit en même temps les traces de quelques cellules courtes traversant le bois du centre vers la périphérie, que le botaniste appelle *rayons médullaires*, l'ébéniste *fibres miroitées*.

Fig. 11. Coupe transversale très-tendre du bois du saule cassant. Dans *a* et *a* on reconnaît deux rangées de cellules étroites se dirigeant du dedans au dehors (rayons médullaires); près de *b*, trois vaisseaux se trouvent ensemble : là où leurs parois se touchent, il y a de grands pores.

Fig. 12. Coupe longitudinale du même bois. On reconnaît les longues et étroites cellules ligneuses, et près de *a* un vaisseau poreux qui montre un trou ovale à l'endroit où il s'adapte à un autre (*b*).

La composition du bois de cellules ligneuses et de vaisseaux caractérise les arbres feuillés, contrairement aux conifères qui ne se composent que de cellules ligneuses.

Fig. 13. Les fibres textiles ordinaires, prises de fil de soie, de laine, de coton et de lin. Elles sont représentées comme elles se montrent lorsqu'on regarde du fil bleu impérial sous le microscope. La fibre de soie n'a pas de canal dans son milieu ; la fibre de laine est recouverte d'écailles ; celle du coton a un tube à parois très-minces, celle du lin à parois très-épaisses.

Fig. 14. Quelques formes remarquables de grains d'amidon :

A. Véritable *arrow-root des Indes occidentales* : *a* et *c* du côté ; *b* plusieurs grains ou mieux disques vus du côté de l'arête.

B. *Arrow-root de l'Inde orientale* : *a* et *c* vus du côté antérieur ; *b* plusieurs grains ou disques vus du côté de l'arête.

C. Des grains d'amidon de la séguine : *a* et *b* la forme ordinaire ; *c* la forme qui se présente rarement, dans laquelle on aperçoit encore le noyau primitif, mais qui est enveloppée de plusieurs couches irrégulières qui s'y sont déposées ultérieurement.

D. Des grains d'amidon de la bulbe du colchique : *a* grain simple ; *b* grain triple ; *c* grain double dans lequel les deux grains se sont séparés par suite d'une pression quelconque. Tous les grains montrent des fissures très-élégantes, étoilées, comme suite du desséchement.

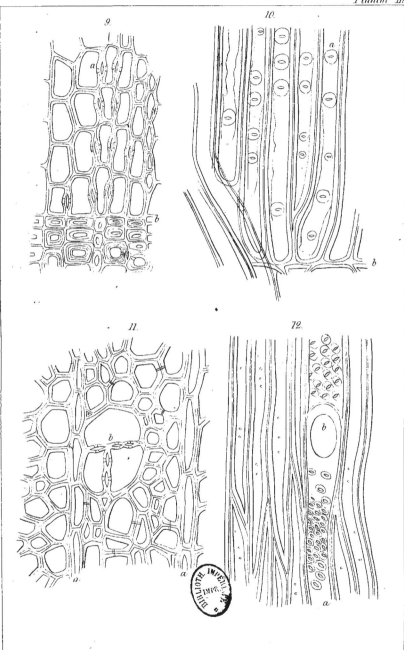

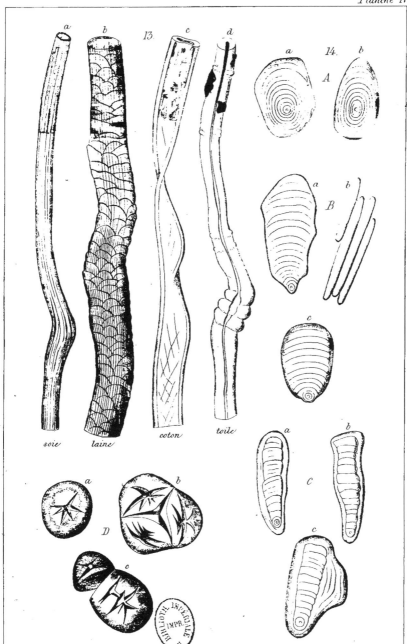

soie   laine   coton   toile

TROISIÈME LEÇON.

DE LA PROPAGATION DES VÉGÉTAUX.

Une foule variée de convives vient se régaler à la table abondamment pourvue. Le feuillage est abandonné au chevreuil, l'herbe au levraut, le grain à l'homme.

Ou bien, si nous passons en revue, de bas en haut, les différentes parties de la plante, nous voyons qu'elle peut fournir à chacun son plat favori. Le ver et le lapin se régalent des racines ; la chenille en ronge le feuillage ; le coléoptère et sa larve en perforent le bois ; le papillon vient butiner le miel dans la coupe embaumée de ses fleurs ; à leur tour, les oiseaux se partagent avec l'homme les baies succulentes ; l'écureuil ronge les noix et la gentille souris vient saisir les miettes qu'il laisse échapper. Mais quand la table est complétement dégarnie, qui donc la fournit de nouveau pour les générations futures de convives ?

C'est ce que nous allons voir.

3

DE LA PROPAGATION DES VÉGÉTAUX.

> Dans l'air, dans l'eau aussi bien que
> dans la terre, se développent des milliers
> de germes. De même , la sécheresse
> comme l'humidité , le froid comme la
> chaleur, sont autant de sources de pro-
> duction.   FAUST.

L'homme sent, dans le fond de son âme, que, pour la meilleure
partie de son être, il n'appartient point au monde matériel qui
l'entoure, mais que sa vraie patrie est un monde habité par des
esprits vivants et indépendants ; c'est ce pressentiment qui l'inspire
et à l'aide duquel il s'élève vers ces régions qui lui paraissent
le séjour du repos. Quand alors il redescend de ces excursions
pour lesquelles la conscience de son origine lui a prêté des ailes ;
quand, après s'être élevé de la sorte, il se trouve réintégré dans
le monde inanimé, matériel, il ne se sépare qu'à regret de l'idéal
qu'il s'était créé, et volontiers il transporte, surtout dans le jeune
âge, soit de l'individu, soit de la génération entière, la vie intellectuelle et libre, qui est inséparable de son individualité, vers les
objets qui l'entourent. L'imagination de la jeunesse prête aisément
aux rochers, à l'arbre, à la fleur un génie qui les anime ; dans le
roulement du tonnerre, elle veut reconnaître la voix de l'Être
suprême. A ces créations fantastiques vient cependant s'opposer la

science avec toute sa sévérité; elle dépouille la nature de ce charme enchanteur pour l'astreindre d'une manière absolue à l'impitoyable fatalité des lois immuables qui la régissent. Son intention est, sans aucun doute, d'installer l'esprit dans ses droits, de le rendre indépendant de la nature, et de le placer au-dessus d'elle, dans son pressentiment religieux de l'Être suprème; néanmoins, l'homme qui a le sentiment élevé ne laissera pas d'éprouver je ne sais quelle peine à son passage vers ce but sublime. Ce ne sera pas sans une douleur aiguë qu'il se séparera de ces êtres animés que sa fantaisie lui avait prêtés pour peupler son monde idéal. Nul n'a mieux exprimé cette dissonance, encore irréconciliée, que Schiller, dans son admirable ouvrage sur les divinités de la Grèce.

Ma tâche aussi, dans cette vie, est de travailler de toutes mes facultés à dépouiller la nature de son côté fantastique, et il m'a été accordé de démontrer, dans la leçon précédente, comment les formes si intéressantes des végétaux, auxquelles il est donné de produire une si grande impression sur notre sentiment, comment leur manière d'être, si mystérieuse en apparence, se résout devant l'œil du naturaliste en un simple acte physico-chimique qui s'opère dans cette petite vésicule que nous appelons la *cellule végétale*. La plante entière ne consiste pas en une cellule unique; elle est composée d'un nombre plus ou moins grand de cellules, et d'après des règles si bien déterminées et si solidement établies, que des milliers d'années n'y ont pas produit la moindre variation et que les mêmes formes reparaissent invariablement sur les mêmes points du globe.

On pourrait cependant demander si cette combinaison de cellules qui produit les plantes est soumise à des lois naturelles. Avant de répondre à cette question, il convient de prendre en considération la manière dont certaines formes végétales se maintiennent, en d'autres termes, comment elles se propagent et se multiplient.

Qu'il me soit permis de me rapprocher par une voie détournée de l'accomplissement de ma tâche.

Nous y arriverons le plus aisément à l'aide d'un aperçu général du grand nombre d'existences animales disséminées à la surface de la terre. Quel que soit l'endroit où l'homme se voit poussé, soit par le besoin, par l'égoïsme, soit par le noble désir d'étendre ses connaissances, partout il est accompagné de la vie animale. Sur la mer, il est entouré des compagnons agiles de Nérée : le pilote fait l'avant-garde de son navire; le vorace requin, qui guette constamment sa proie, le suit de près. Sur la terre ferme, des êtres aux formes les plus variées s'agitent autour de lui, les uns insouciants et paisibles, les autres rusés et des plus dangereux.

Tandis que le chien fidèle et le renne utile l'accompagnent aux contrées glaciales du Nord, le phoque lui fournit ses vêtements, le nourrit et l'éclaire; l'ours blanc, au contraire, le provoque au combat meurtrier. Là où les rayons verticaux du soleil brûlant dardent sur sa tête, la dent acérée de la race féline le menace; le jeu gracieux des légères antilopes l'amuse; tout ce qui rumine et a le pied fourchu lui offre une nourriture abondante et des vêtements solides. Sur les flancs couverts de neige du Chimboraço, des papillons voltigeaient autour de Humboldt et de ses compagnons, et au-dessus d'eux, à une hauteur incalculable, planait immobile le gigantesque condor. Dans la croûte solide même que nous foulons, le ver creuse ses galeries obscures. Et cette masse énorme d'êtres animés, y compris l'homme, ne vit qu'aux dépens de la substance organique que lui offre le monde des végétaux et des animaux. Aucune créature vivante que nous rangeons parmi le règne animal ne prolonge sa vie à l'aide de la substance minérale seule. Le petit nombre d'exemples que nous connaissons d'otomaques qui mangent de la terre, de nègres, dont parle Humboldt, qui avalent des boules de terre glaise; les cas où des hommes, en temps de disette, ont mangé de la farine fossile; enfin les Finlandais qui, comme l'a démontré Ehrenberg, avalent des infusoires à carapace siliceuse, ne peuvent être admis qu'avec la restriction que ces substances inorganiques doivent être considérées, non comme des aliments, mais comme des moyens d'émousser l'état d'irritation de l'estomac.

Si nous remontons à une période antérieure à l'existence de notre surface terrestre, nous rencontrons des quantités énormes

d'organismes qui jadis peuplaient la terre et dont nous avons de
la peine à nous former une idée. Ce que je prie de remarquer,
c'est que tous ou à peu près vivaient de substances végétales,
Les troupeaux innombrables de mammouths parcourant les plaines
immenses de la Sibérie, les restes gigantesques de bœufs, de
moutons, de cerfs, de cochons et de tapirs, nous permettent de
conclure qu'aux périodes antérieures à notre terre, la consommation
de substances végétales était presque aussi considérable qu'elle l'est
aujourd'hui. Et cependant, tout ce qu'il nous a été réservé de
connaître de ces animaux disparaît devant les masses d'êtres invisibles dont les restes subsistent encore.

Des chaînes de montagnes encore entières ou détruites depuis
par les flots, telles que celles qui s'étendent depuis l'île de Rugen
jusqu'aux îles danoises; les roches blanches et crayeuses qui ont
fait donner à l'Angleterre le nom d'Albion, qui parcourent toute la
France et vont jusque dans l'Espagne méridionale; les montagnes
crayeuses de la Grèce, auxquelles l'île de Crète doit son nom, se
composent, d'après Ehrenberg, uniquement de coquilles de petites
moules et de limaçons dont les formes sont en partie détruites
ou en partie encore conservées. Si, de plus, nous nous tournons
vers les plus petites créatures qui sont dans la nature, vers ces
êtres qui suppléent par le nombre à ce qui leur manque en volume,
nous voyons des animalcules, que leur petitesse rend invisibles
à l'œil nu, remplir un rôle ostensible dans l'économie de la nature.
L'imagination reste stupéfaite devant leur nombre qui ne peut être
exprimé que par une formule abstraite.

La découverte des infusoires, faite par Ehrenberg, a produit avec
raison une grande sensation, car il nous est impossible de nous
former une idée, même approximative, de ces quantités prodigieuses.

Dans un pouce cube du schiste à polir de Béline sont contenus,
en nombre rond, quarante et un mille millions d'animalcules; et
le gisement total comprend une étendue de huit à dix lieues carrées
sur une épaisseur de deux à quinze pieds!

Si nous observons maintenant le monde animal d'une manière

plus spéciale, nous remarquerons deux grandes divisions, selon que les genres se nourrissent de végétaux ou de substance animale. Ces derniers sont les moins nombreux, et les espèces comptent moins d'individus. Quant aux herbivores, ils sont innombrables. Le chiffre seul des espèces d'insectes vivant sur la terre, se nourrissant pour la plupart de substance végétale, serait, d'après les calculs, exagérés peut-être, de certains ouvrages, de près de 560,000. Abstraction faite de cette circonstance, les espèces herbivores comptent plus d'individus que les carnivores. Tous les grands herbivores vivent en société et en troupes incalculables. Les insectes sont si nombreux souvent, qu'ils se dérobent à tout contrôle; par leur quantité prodigieuse et leur instinct vorace, ils compensent ce qui leur manque en grandeur. Le chêne allemand doit à lui seul nourrir soixante et dix différentes espèces d'insectes. Il fallait que la nature offrît à sa table de quoi nourrir tous ces hôtes affamés, et en produisant les plantes, si elle ne voulait pas laisser périr la moitié de la création, le monde animal, il fallait assurer la multiplication du règne végétal de façon qu'elle pût lutter contre toute influence délétère et que, par là, tout manque général fût rendu impossible.

Il est clair que cette propagation ne pouvait se borner à une forme unique, simple et déterminée, comme chez les animaux; cette vérité ressortira davantage si nous considérons que l'homme et la plupart des animaux se nourrissent précisément de ces parties des végétaux que nous sommes habitués à considérer comme leurs uniques moyens de reproduction : je veux parler de la semence. Une observation toutefois se présente d'abord au regard scrutateur de l'homme : c'est que la plupart des plantes produisent une sorte d'organes desquels naît, dans des circonstances favorables, un nouvel individu, tel qu'on le trouve déjà dans les plantes supérieures à l'état rudimentaire et enveloppé de plusieurs membranes, en un mot celé dans la graine.

Un œuf dans lequel le germe est déjà parvenu à l'état de jeune animal, l'embryon, présente un grand rapport avec la graine. Mais on ne s'arrêta pas à cette comparaison.

Depuis longtemps déjà, on avait fait la remarque que certaines

7

plantes offrent deux espèces d'individus tout différents et dont l'un porte seul les semences, par exemple, le chanvre, le dattier, le pistachier. On avait également remarqué que les semences de ces espèces ne parvenaient pas à leur perfection si l'un des individus n'avait point fleuri en même temps .et à proximité de l'individu correspondant. Théophraste et Pline rapportent que les campagnards qui s'occupent de la culture des dattiers suspendent des rameaux florifères de l'une des deux espèces entre les rameaux florifères de l'autre qui porte les semences, afin d'assurer par cette précaution le développement des fruits.

Kampfer nous raconte également que lors d'une invasion des Turcs à Bassora, les habitants avaient forcé l'ennemi à la retraite uniquement en coupant tous les palmiers de l'une des deux espèces; par ce moyen, ils rendaient l'autre improductive et privaient l'ennemi de tout moyen de subsistance. Les phénomènes que Micheli a le premier découverts dans une plante aquatique de l'Italie (la *vallisneria spiralis*) sont bien plus étonnants encore. Cette plante porte deux sortes de fleurs : les unes produisent les semences, sont longuement pédonculées et s'élèvent à la surface de l'eau ; les autres sont portées sur des pédoncules très-courts et par cette raison attachées au pied de la plante. A une époque déterminée, ces dernières se détachent de leur pédoncule, montent à la surface et flottent vers les fleurs de la première espèce, qui seulement alors deviennent capables de développer leurs graines.

A cette époque, l'imagination, qui n'était pas encore guidée par l'observation scientifique, transforma aussitôt ces deux sortes de fleurs en mâles et en femelles, et dota ces phénomènes de la nature du penchant secret de l'amour, seul digne d'ennoblir le cœur de l'homme. A peine cette pensée fut-elle émise, que la science s'en empara, l'étendit à toutes les plantes, et aujourd'hui encore nous appelons l'arrangement linnéen des plantes le *système sexuel*.

Malheureusement, la science, toujours circonspecte dans ses nouvelles découvertes, vient dissiper ces rêves si tendrement exprimés par les poëtes et démontrer que, dans toutes ces analogies imaginaires avec les animaux, il n'y a absolument rien de fondé.

C'est nous en particulier, qui, par la part que nous avons prise‎' au progrès de la botanique, avons beaucoup contribué à l'éclaircissement de ces faits si intéressants.

Avant de pouvoir décrire l'acte qui préside à la multiplication des végétaux, nous sommes obligé de rappeler ce qu'il nous a été permis de dire dans une des leçons précédentes.

Nous avons fait remarquer, en effet, que la cellule était douée, entre autres, de la faculté de produire dans son intérieur de nouvelles cellules ou de se multiplier. Ces cellules nouvellement formées ont toujours cela de particulier qu'elles adoptent la même forme et qu'elles se rangent de la même manière que les cellules dans lesquelles elles s'étaient produites. De là il résulte pour toutes les plantes que, de chacune de leurs cellules, il peut se développer, dans des conditions favorables, bien entendu, une nouvelle plante identique à la plante mère; et c'est sur ce fait qu'est basée la facilité avec laquelle presque toutes les plantes se multiplient. Il importe cependant de distinguer ici plusieurs degrés, suivant les diverses circonstances dans lesquelles la nature agit pour produire une nouvelle plante d'une cellule donnée.

1. La chose ne s'offre que très-rarement sous la forme commune, telle que nous venons d'en établir la loi, parce que le concours de toutes les conditions nécessaires ne se présente pas toujours. On voit toutefois que des feuilles déposées sur de la terre, et même dans l'herbier, se couvrent soudainement de germes qui représentent autant de rudiments de nouvelles plantes, et qu'ainsi on ne peut plus douter de la réalité de la loi.

2. Les exemples d'une application plus restreinte de la loi sont, au contraire, très-nombreux; c'est ainsi que des feuilles peuvent être forcées à produire de jeunes plantes à un endroit déterminé. Si l'on dépose, par exemple, sur de la terre humide une feuille d'une des plantes grasses communes dans nos serres (le *bryophyllum calycinum*), il se développe une petite plante à chacune de ses crénelures; ce que l'on est forcé d'attribuer à l'excès de développement de l'une ou de l'autre cellule. Un fait analogue se présente à la cassure des feuilles des *echeveria* aux fleurs écarlates

·et à une foule d'autres du groupe des plantes succulentes, de même qu'aux feuilles de l'oranger. Nos jardiniers tirent parti de cette propriété pour multiplier leurs plantes, et déjà, au moyen âge, un Italien, Mirandola, parcourait l'Europe, vantant et exaltant partout son secret pour produire des arbres à l'aide de feuilles. Pour ce qui regarde les magnifiques *gesneria*, il suffit de plier une des côtes de la feuille pour que, avant huit jours, il s'y produise une jeune plante.

3. Dans d'autres plantes encore, il arrive que des bulbilles se forment spontanément sur les feuilles, alors même que celles-ci sont encore attachées à la plante mère. Au sommet de ces bulbilles se développe une petite gemme de la base de laquelle naissent des radicules pour compléter enfin la nouvelle plante. Cette particularité est surtout commune à une foule d'*orchidées*, d'*aroïdées*, les *congénères* de notre *calla æthiopica* (*Richardia æthiopica*). Le siége de la formation de ces bulbilles et gemmes n'est pas, il est vrai, parfaitement déterminé; mais au moins elle est régulière, en ce sens, que certains endroits de la feuille, notamment les angles des bifurcations des veines, possèdent exclusivement la propriété de produire ces petits corps. Aussitôt qu'une de ces feuilles meurt d'après le cours naturel de sa végétation, ces bulbilles, qui conservent seules leur vitalité, tombent sur le sol, s'y enracinent et donnent lieu à de nouveaux individus. Voilà donc déjà une vraie propagation naturelle ou multiplication individuelle qu'il nous importait de démontrer.

4. Ce qui suit se rattache déjà beaucoup plus à des conditions clairement établies. La plante, dans sa plus simple expression, se compose d'une tige et de feuilles; mais à l'aisselle de celles-ci, certaines cellules se transforment régulièrement en gemmes (fig. 15 *e*). Une gemme ou bourgeon n'est au fond autre chose qu'une répétition de la plante sur laquelle il s'est produit une nouvelle plante. Il se compose également d'une tige et de feuilles, mais à l'état rudimentaire (fig. 18, 19), avec la seule différence qu'elles adhèrent intimement à la plante mère et que la base ne se termine pas en racines comme dans le végétal qui naît d'une graine. Néanmoins, cette différence n'est pas aussi grande qu'elle paraît l'être tout

d'abord. Toute plante, en effet, appartenant aux ordres supérieurs de l'échelle végétale, est douée de la faculté de pousser de sa tige, sous l'influence de l'humidité, des racines adventices; et une foule d'entre elles, même, qui sont sorties de semences, sont forcées de se contenter de ces racines secondaires, par la raison qu'il est essentiellement dans la nature de ces plantes que leur racine principale ne se développe pas ou bien qu'elle meurt peu de temps après s'être développée; telles sont les graminées et presque toutes les plantes de la division des *monocotylédones*.

Il est vrai que nous nous sommes habitués à regarder les bourgeons comme devant toujours se développer sur la plante et produire successivement des branches et des rameaux; de là est résulté que nous les regardons comme des parties de la plante et non comme des organismes indépendants, comme ils le sont en effet; pareils aux enfants, qui restent attachés au toit paternel, ils continuent à demeurer dans une intime réunion avec la plante mère qui leur a donné naissance. La preuve que ce sont des plantes parfaitement indépendantes ressort d'une expérience facile à faire et qui réussira chaque fois, pourvu qu'on y apporte toutes les précautions nécessaires : c'est de détacher et de semer les bourgeons de nos arbres forestiers. Sur le même principe se basent certaines opérations horticoles, telles que les différentes méthodes de greffe, le marcottage, le bouturage, qui ne se distinguent des semis de bourgeons dont nous venons de parler, qu'en ce qu'on laisse les rameaux se développer d'abord sur la plante mère avant de les en séparer. Tout repose ici sur la facilité avec laquelle ces bourgeons-plantes forment des racines adventices dès qu'ils se trouvent en contact avec la terre. Mais l'homme n'est pas le seul qui emploie ce moyen de multiplication, la nature elle-même s'en charge dans une multitude de cas. Cet acte ne présente cependant que rarement une exacte identité avec la dissémination artificielle, quand, par exemple, certaines plantes, entre autres le lis bulbifère (*lilium bulbiferum*) de nos jardins, laissent tomber spontanément les bulbilles qui s'étaient formées à l'aisselle des feuilles supérieures. Ordinairement, la chose s'opère de la manière suivante : les bour-

geons d'une plante qui se sont formés près du sol se développent
en un rameau feuillé ; mais le rameau lui-même s'allonge considérablement, devient grêle et tendre, les feuilles avortent partiellement
et se métamorphosent en une sorte d'écailles ; les bourgeons, au
contraire, qui naissent à l'aisselle, sont pleins de suc et de vie,
s'enracinent la même année ou l'année suivante et deviennent des
individus indépendants par le fait que le rameau qui les reliait à la
plante mère meurt et pourrit. C'est ainsi que notre fraisier remplit
en peu de temps tout un jardin ; la pomme de terre se multiplie
presque uniquement de la sorte ; cet utile tubercule n'est, en effet,
qu'un gros bourgeon charnu qui se forme sous terre ; notre petite
lentille d'eau (*lemna minor*), qui fleurit et fructifie si rarement,
recouvre au printemps nos étangs et nos fossés, en se multipliant
par de petits bourgeons. Nous pourrions citer encore une foule
d'exemples de ce genre, mais ceux que nous venons de donner sont
les plus connus et pourront suffire.

La multiplication par bourgeons se trouve dans un rapport merveilleux avec la multiplication par graines dont nous parlerons
plus loin, et, à ce sujet, on a établi la règle, d'une application
presque générale, qu'une plante se multiplie d'autant plus facilement
par bourgeons qu'elle est moins en état de produire des semences
bien constituées, et réciproquement ; la nature a pris ici toutes les
précautions pour assurer la conservation des espèces.

5. Les différents moyens dont se sert la nature et que nous venons
de citer, peuvent être compris sous la dénomination générale de
multiplication *irrégulière*, afin de l'opposer à la multiplication
régulière, qui présente les phénomènes suivants : Chaque plante
produit, dans son intérieur, un nombre déterminé de petites cellules
isolées, libres, qui, à certaines époques, se séparent spontanément
de la plante mère. Ce qu'il y a de particulier, c'est que les plantes
qui sont garnies de vraies feuilles ne produisent ces cellules que
dans l'intérieur de ces organes qui, alors, prennent des formes
tout à fait différentes des autres ; telles sont, par exemple, les
feuilles pollinifères des fleurs qui ne sont que des feuilles modifiées. — Une autre circonstance doit encore être mentionnée. Dans

les plantes inférieures, ainsi que dans celles qui produisent leurs fleurs sous l'eau, la cellule qui sert à la reproduction est nue; dans toutes les autres, elle est recouverte d'une substance presque indestructible, d'une nature toute spéciale et à peu près inconnue. Cette substance affecte souvent les formes les plus merveilleuses, Tantôt elle ressemble à de petites tubérosités, tantôt ce sont des aiguillons, ou bien des côtes saillantes, des plis, des arcades, des murs de forteresse garnis de tourelles, etc. Chose étrange, la nature ne nous a pas encore fourni jusqu'ici le moindre indice relativement au but de cet intéressant.jeu de formes. Plus elles sont élégantes et compliquées, moins nous en comprenons l'utilité. Fritsche, à Saint-Pétersbourg, a représenté, dans son ouvrage spécial, un grand nombre des formes qui sont si curieuses. — Ces cellules sont spécialement destinées à la reproduction, en ce sens qu'une nouvelle plante se développe de chacune d'elles. Il y a cependant dans ce développement une diversité essentielle qui n'avait point échappé à l'observation et à laquelle on tenait avec tant de fermeté qu'on ne s'apercevait point de la conformité intime qui y existe pourtant. Il y a, en effet, deux modes très-différents de développement :

A. D'abord, les cellules destinées à la multiplication sont disséminées sur le sol ou tombent dans l'eau là où la plante est destinée à croître. Elles se transforment peu à peu en une nouvelle plante, de manière que de nouvelles cellules se produisent dans leur intérieur et se rangent à la place des anciennes et ainsi de suite, comme cela a lieu dans les algues, les champignons, les lichens et dans certain nombre d'hépatiques, ou bien elles s'étendent en utricules allongés dont le bout se remplit de jeunes cellules qui, à leur tour, se transforment insensiblement en une nouvelle plante, tandis que le reste de ces cellules reproductrices meurt. Ce cas se présente dans la plupart des hépatiques, des mousses frondeuses, des fougères. des lycopodes et des prêles.

Nous trouvons dans nos serres presque constamment des fougères en germination qui nous fournissent des exemples de ce dernier mode de développement. Les plantes que nous venons de nommer ont été désignées par Linné sous le nom collectif de *cryp-togames* ou de plantes qui fleurissent clandestinement, parce qu'il supposait faussement que l'un des organes de reproduction, dont nous parlerons plus loin, était si petit et tellement caché, qu'il avait été impossible de le découvrir. Cet organe, nommé gemme sémi-nale, n'existe pas en réalité ou plutôt il n'en existe que de faibles indices. Les cellules de reproduction de toutes ces cryptogames ont reçu le nom de *spores*.

Une chose digne de remarque et que nous ne pouvons passer sous silence, se montre dans un certain nombre de ces végétaux. Dans la plupart des hépatiques, des mousses, des fougères et d'autres de leurs congénères, il faut deux générations avant que la plante originaire puisse reparaître. La spore d'une fougère ne produit pas directement une fougère, mais une petite plante verte affectant la forme d'une feuille qui n'a d'abord aucune ressemblance avec les plantes de cette famille; sur cette plantule se forment de petits organes reproducteurs qui, à leur tour, forment une seconde spore. Celle-ci ne se sème point, mais elle continue à grossir et à se développer en fougère parfaite, pendant que la plantule meurt. Cet acte montre une analogie frappante avec celui que l'on observe dans certaines classes d'animaux inférieurs et que Steen-strup appelle *changement de génération*, parce que la première génération est toujours dissemblable à la mère et que la forme normale ne reparaît qu'à la seconde et quelquefois à la troisième génération seulement.

B. La chose se passe différemment dans les plantes que Linné a nommées phanérogames ou plantes à fleurs visibles.

Les cellules de multiplication qu'on nomme ici *pollen* ou poussière *fécondante* ou *florale*, se produisent dans des feuilles modifiées d'une façon spéciale, nommées *feuilles polliniféres* ou *anthères*. A côté de ces feuilles polliniféres se trouvent d'autres organes dans les mêmes fleurs, ou dans des fleurs naissant sur des individus séparés. Ces organes consistent principalement en un corps concave le plus souvent pyriforme, pourvu d'une ouverture à sa partie supérieure; on le nomme *pistil*, et l'ouverture l'orifice du pistil (fig. 16, 17) ou *stigmate.* Dans la cavité on trouve de petits boutons composés de tissu cellulaire, ce sont les gemmes séminales (fig. 17) auxquelles on avait jadis donné le nom impropre d'ovules. Dans chaque gemmule séminale, on aperçoit une très-grosse cellule qu'on nomme le sac embryonnaire. Au moment de la floraison, le pollen tombe sur le stigmate, et dès lors commence le développement de la cellule de reproduction. Chacune d'elles s'allonge en fil, comme dans les cryptogames, pénètre, sous cette forme, dans la cavité du pistil et ensuite dans une des gemmes séminales jusque dans le sac embryonnaire. Le bout du fil ou tube pollinique, qui avait pénétré dans la gemmule séminale, se remplit de cellules qui développent une plante complète, quoique encore simple et fort petite, et qu'on appelle l'embryon ou le germe (1). En même temps que la cellule pollinique se développe en embryon, la gemmule séminale devient une graine et le pistil un fruit.

C'est alors qu'il se déclare un arrêt subit dans la végétation, et la semence peut être conservée longtemps dans cet état d'engourdissement. Mais aussitôt que des influences extérieures et favorables commencent à exercer leur action sur les graines, la vie se réveille de nouveau et la jeune plante se développe; cet acte s'appelle la *germination.* Pour se former une juste idée de la durée du temps pendant lequel la force vitale peut sommeiller dans la graine, il suffit de remarquer ce fait que le comte de Sternberg et, plus tard, des Anglais ont obtenu des plantes saines de grains de froment qui avaient été trouvés dans des enveloppes de momies et qui, par conséquent, se réveillaient d'un repos qui avait duré plus de mille ans.

Quant aux plantes cryptogames, il s'entend de soi-même que leur propagation est complétement assurée dès que les spores, qu'elles produisent en quantité prodigieuse, tombent sur le sol dans lequel elles doivent se développer. Pour ce qui regarde les phanérogames,

(1) Cette théorie de l'auteur, qui paraît au premier abord si simple et naturelle, n'est cependant rien moins qu'exacte. Aussi l'auteur lui-même l'a-t-il abandonnée depuis la publication de la dernière édition de cet ouvrage. Que le tube pollinique pénètre dans la gemmule séminale, c'est un fait incontestable ; mais nous ignorons ce qui s'y passe ensuite. Le Tr.

8

la chose en apparence n'est pas tout à fait aussi sûre ; car, dans beaucoup de fleurs, le pistil et l'anthère sont assez rapprochés pour que le pollen ne puisse manquer sa destination. Ces rapports de proximité ne suffisent cependant pas toujours ; il faut, en outre, que les deux parties, les anthères et le pistil, se trouvent simultanément au même degré de développement physiologique ; si l'anthère s'ouvre et que le pollen s'en échappe, il faut que le stigmate soit prêt à le recevoir et qu'il soit en état de provoquer son développement. Mais il s'en faut de beaucoup que cela ait toujours lieu dans les fleurs ; dans la plupart, et plus souvent qu'on ne le pense peut-être, le pollen est perdu pour le stigmate de la même fleur, soit parce que celui-ci n'est pas encore assez avancé, soit parce qu'il l'est déjà trop au moment de l'émission du pollen. La chose devient plus compliquée encore dans un grand nombre de plantes dont les fleurs contiennent uniquement des anthères ou des pistils et où ces différentes fleurs se trouvent séparées sur le même végétal ou sur des individus particuliers. Linné avait désigné ces sortes de plantes sous le nom de monoïques et de dioïques.

Dans plusieurs groupes de végétaux, telles que les asclépiadées et les orchidées, il semble même que la nature s'est efforcée à rendre impossible le rapprochement naturel du pollen et du stigmate, et·cela à l'aide d'une structure compliquée et anomale des organes. Quand cette anomalie a lieu, d'autres forces naturelles et en même temps étrangères au règne végétal interviennent merveilleusement. Tout en accomplissant leur propre destination, ces forces remplissent accidentellement et si bien celle des plantes, que l'on croirait volontiers qu'elles n'ont pas été créées dans un autre dessin. S'il s'agit, en effet, des plantes terrestres, on voit le vent répandre au loin une masse prodigieuse de pollen et l'air s'en remplir au point qu'une averse soudaine suffit pour précipiter ce pollen en quantité assez apparente pour faire croire à une pluie de soufre. De cette énorme quantité de pollen, plusieurs grains au moins atteignent leur destination. Au contraire, dans les plantes aquatiques, le pistil nage de façon que les ondes agitées puissent le baigner et lui apporter le pollen là où celui-ci doit agir. Dans beaucoup d'autres plantes, ce sont les insectes qui jouent ce rôle. C'est ainsi qu'en cherchant leur nourriture dans le liquide sucré des fleurs, ils se chargent en même temps d'un nombre considérable de grains de pollen, qu'ils transportent, sans s'en douter, au lieu de destination. C'est surtout dans les deux grandes familles des asclépiadées auxquelles appartient l'*asclepias syriaca*, et des orchidées qui, par leurs fleurs admirables, ressemblent tantôt à des papillons aux vives couleurs, tantôt à des insectes aux mille formes bizarres et qui animent les tièdes ombrages des forêts des tropiques, que l'intervention des insectes vivants dans la multiplication des végétaux est visible et se fait d'une manière évidente. Dans ces plantes, le pollen de chaque anthère est conglutiné à l'aide d'une matière analogue à de la glu et forme une masse homogène qui s'attache très-intimement aux insectes, très-avides de suc mielleux. Les nectaires de ces fleurs sont disposés de façon que l'insecte, pour y arriver, est forcé de passer tout près des stigmates, et c'est de cette manière que le pollen s'y accole.

Souvent on voit courir sur les fleurs de l'*asclepias syriaca* des mouches aux pattes desquelles se sont attachées de ces masses polliniques offrant la forme de massue, et dans certaines localités, les amateurs d'abeilles parlent d'une maladie de leurs protégées, qu'ils nomment *maladie à massue*, et qui n'est autre chose que ce même pollen des orchidées qui s'est agglutiné au front de ces insectes au point qu'il leur devient impossible de voler et qu'ils périssent sous les efforts qu'ils font pour s'en débarrasser.

Nous possédons un ouvrage volumineux qui a paru à la fin du dernier siècle et qui traite du rôle que jouent les insectes dans la multiplication et la propagation des végétaux ; l'auteur de ce livre est le recteur Chr. Conrad Sprengel qui, dans un excès d'enthousiasme, a failli qualifier ces animaux de jardiniers de la nature. Il serait peut-être facile de démontrer la faiblesse des arguments du crédule amateur de la nature; néanmoins, il serait difficile de saisir le point de vue exact pour juger de ce phénomène, en apparence le plus merveilleux dans les actes de la nature.

Rien de plus simple que d'admettre une corrélation naturelle dans la production d'une substance gluante à côté du pollen ; on comprend, dès lors, que celui-ci doit nécessairement s'attacher au corps de l'abeille ; il est ensuite fort naturel de supposer que l'insecte, en continuant ses explorations, déposera par accident ce pollen à l'endroit où il doit produire son effet. Le ruisseau qui roule ses ondes murmurantes, le vent du Sahara qui emporte au loin le pollen léger du dattier, ne sont que des événements naturels et basés sur des lois naturelles et positives. Néanmoins, si nous embrassons les phénomènes en grand et dans les divers rapports qui existent entre eux, il devient impossible de repousser les questions qui se présentent à notre examen ; nous ne pouvons pas même les résoudre immédiatement.

Qu'a donc de commun le vent de Bilédulgérid avec la récolte des dattes ou avec la nourriture de plusieurs millions d'hommes ? L'onde inanimée, qui charrie la noix de coco jusqu'aux rivages lointains d'îles inhabitées, sait-elle qu'elle se charge d'ouvrir le chemin à la propagation du genre humain ? Qu'importe au cinips du figuier (1) que, par son activité, il rende possible le commerce des figues de Smyrne et fournisse des moyens de subsistance à des milliers d'individus ? Le coléoptère qui, par sa friandise, facilite la propagation du lis du Kamtschatka, a-t-il la conscience de son œuvre, sait-il que dans les hivers rigoureux les bulbes de cette plante préserveront de la famine toute la population du Groenland ?

Supposons que tous ces faits reposent en particulier sur des lois naturelles et insaisissables. D'où viennent cet accord merveilleux, cette harmonieuse combinaison des forces naturelles, mais secondaires, pour produire des effets qui intéressent si profondément la vie de l'homme ? Nous comprenons bien le mécanisme des marionnettes ; mais qui en tient les fils ? qui dirige tous leurs mouvements ?

Ici s'arrête la tâche du naturaliste. Au lieu de répondre, il vous renvoie au delà des masses inertes, bien loin, à travers l'espace, là où le sentiment religieux nous fait chercher l'Auteur de toutes choses.

(1) Insecte qui vit sur le figuier sauvage, et par sa piqûre, accélère la maturation des figues cultivées.

LA MORPHOLOGIE . DES PLANTES.

A peine sera-t-il besoin de développer au lecteur les pensées frappantes contenues dans les vers qui font l'entête de cette leçon.

L'esquisse ci-contre, dont la richesse végétale est empruntée à l'abondance inépuisable du Brésil, exprime assez clairement cette grande idée que, malgré l'immense diversité des formes, il règne cependant une grande concordance entre elles; idée qui saute aux yeux du vulgaire et qui nous conduit à poser cette comparaison, peu scientifique, qu'un grand maître a, à la vérité, confié l'exécution d'une seule et même conception à des mains douées des facultés les plus opposées. Le règne végétal représenterait de cette manière une idée unique et fondamentale, mais exécutée sous des formes les plus hétérogènes.

Essayons de donner à cette pensée une tournure qui puisse être justifiée par des raisons et philosophiques et scientifiques.

LA MORPHOLOGIE DES PLANTES.

> Toutes les formes se ressemblent, sans
> cependant que l'une soit pareille à l'autre,
> c'est ainsi que le chœur révèle une loi
> secrète.
>
> GOETHE.

Il y a quelques années, j'étais en relations très-amicales avec le médecin-directeur d'un grand établissement d'aliénés, et je mis à profit la permission qui m'avait été accordée de visiter assidûment la maison et ses habitants. Un matin, j'entrai dans la chambre d'un malheureux dont le jeu de l'imagination était d'une mobilité extrême et qui m'intéressait particulièrement. Je le trouvai accroupi près du poêle, observant avec attention un creuset, dont il remuait avec soin le contenu. Au bruit que causa mon entrée, il se retourna et, avec un geste d'importance, il me souffla : « Chut, chut, ne dérangez pas mes petits cochons; ils seront faits à l'instant. » Curieux de connaître l'objet du nouvel égarement de ses idées, je m'approchai de lui : « Vous voyez, dit-il à voix basse et en prenant la mine mystérieuse d'un alchimiste; j'ai, dans le creuset que voici, un boudin rouge, des osselets et des soies de cochon; il y a ici tout ce qui est nécessaire pour fabriquer un petit cochon, il ne manque que la chaleur vitale. » Quelque ridicule que me parut alors cette fantaisie, j'ai eu plus tard l'occasion de me rappeler ce fou, tout en méditant sur les aberrations de la science ; et si la simple forme de l'erreur pouvait ici devenir décisive, maint naturaliste renommé de nos jours devrait partager la cellule du malheureux Mahlberg.

L'erreur formulée d'une manière générale s'exprime de la manière suivante : Un mélange déterminé de matières déterminées est un corps naturel complétement individualisé, tandis que deux choses, la forme et la matière, doivent nécessairement se réunir pour réaliser l'idée d'un organisme. La matière déterminée, limitée dans l'espace, est précisément ce qui constitue pour nous le principal caractère individualisé. Le monde corporel qui nous environne, de quelque côté que nous nous tournions, se présente toujours à notre vue sous trois côtés différents, et chacun d'eux nous fournit l'occasion d'en déduire un autre système scientifique. Il est beaucoup au-dessus des forces de l'homme de prétendre qu'il ne réussira jamais à considérer ces systèmes, ou tous les trois réunis, sous un seul point de vue scientifique partant d'un principe unique.

Ces trois systèmes, qui forment les principales divisions de l'ensemble de la science naturelle, se démontrent de la manière la plus simple et la plus claire quand nous contemplons notre système solaire. Nous y trouvons d'abord de grands corps qui sont formés de matières de nature différente. Ces substances, dont les propriétés et la masse servent de base au système entier, forment le premier objet de nos recherches ; il en résulte la science des matières ou l'*hylologie*. N'omettons pas de remarquer en même temps que les masses pesantes de la matière ne sont jamais en repos, que le changement incessant de leurs positions réciproques les force de rouler dans l'espace. Ces mouvements et les lois qui les régissent forment le deuxième but de nos recherches, c'est la science des mouvements ou la *phoronomie*. Mais avec ces deux connaissances, nous n'avons pas encore épuisé tout le système solaire, car ni les propriétés de la matière ni les lois du mouvement ne nous apprennent pourquoi quarante et une planètes circulent autour du soleil, pourquoi la Terre, Jupiter, Saturne et Uranus ont seuls des satellites, pourquoi Saturne est entouré d'un anneau, pourquoi leurs orbites ont telle inclinaison entre elles et non telle autre. Bref, il existe encore des conditions d'espace solidement établies qui ne résultent pas de la loi du mouvement, qui ne peuvent pas être considérées comme une propriété de la matière, des conditions qui fournissent la forme sous laquelle nous apparaissent les masses mobilisées; en un mot, la forme déterminée de notre système solaire et qui ne paraît qu'accidentelle, en ce sens que d'autres formes innombrables sont encore possibles à côté d'elle et peut-être existent en réalité dans d'autres centres solaires. Ces dernières considérations établissent la science des formes ou la *morphologie*. — Si nous abandonnons maintenant le système solaire pour passer aux conditions de notre terre, l'hylologie devient la chimie, la phoronomie devient la physique qui, appliquée aux corps organisés, prend le nom de physiologie, et la morphologie fournit les doctrines caractéristiques de la minéralogie, de la zoologie et de la botanique.

Si nous étudions la plante la plus simple, nous verrons qu'elle nous montre en petit, tout comme le système solaire nous montre en grand, une série de faits qui se laissent ranger complétement parmi les trois divisions principales de la science naturelle. L'analyse chimique nous prouve que la plante est composée d'un nombre plus ou moins considérable de substances différentes dont les propriétés, autant que nous les connaissons, sont intimement confondues avec l'essence de la plante entière (c'est la science de la matière). En redoublant d'attention, nous ne tardons pas à découvrir que ces matières ne sont jamais en repos, que tantôt elles pénètrent dans le végétal, tantôt elles le quittent, que dans la plante même elles se transportent continuellement d'une place à l'autre, se combinent et se séparent sans relâche; l'étude de ces faits constitue la science du mouvement ou la physiologie botanique. Avons-nous, après cela, épuisé l'essence de la plante? Nullement, et nous en sommes, au contraire, si éloignés, qu'il serait bien possible d'imiter dans nos laboratoires une de ces combinaisons chimiques sans que, pour cela, nous fussions capables de produire un seul de ces phénomènes qui rappelle le moins du monde l'idée d'une plante. La cellulose peut se former du sucre, de la gomme ou du mucilage végétal, mais la cellulose n'est pas encore une cellule, car par l'individualisation seulement, la matière devient un organisme. Toutes les plantes se composent de cellules similaires, mais toutes se distinguent entre elles par les contours et le mode d'après lequel elles se sont rangées et réunies. Nous ignorons si la chose se passe d'après la nature même de la plante, mais ce qui milite en faveur du phénomène, c'est que la production de la forme avance tellement sur l'avant-plan que, pour pouvoir mieux la considérer, on néglige souvent tout ce qui n'y a point de rapport; de cette manière, la science des formes ou la morphologie devient la branche principale et la plus importante de toute la botanique. Il ne faut pas croire, toutefois, que la morphologie se contente d'une énumération aride ou d'une simple description des formes; elle aussi fait partie de l'histoire naturelle, dont elle est une branche, et doit par conséquent rechercher la connaissance des lois ou au moins chercher à coordonner sous des points de vue généraux la prodigieuse variété des caractères extérieurs ; elle doit les ranger d'après des règles et d'après des exceptions, et ainsi se rapprocher peu à peu de la découverte des lois de la nature réelle.

Dans l'idée que se fit Gœthe du type primitif de la plante et qui le portait à considérer celle-ci comme une réalisation de ce type que la nature s'est proposé de faire, il a le premier exprimé la pensée de l'existence d'une certaine loi qui règle les formes des végétaux et auxquelles, pour plusieurs d'entre eux, la nature avait atteint plus ou moins parfaitement. Cette considération est, on ne peut le nier, défectueuse sous plus d'un rapport. D'abord, il est superflu de faire observer à quelqu'un qui est habitué à méditer sérieusement, que toutes ces applications que fait l'homme aux productions de la nature sont des jeux insoutenables à l'aide desquels, dans le cas le plus favorable, les choses sont rendues un peu plus faciles aux têtes faibles, mais cela au détriment de la seule et vraie perception. L'établissement d'un plan, son exécution fautive et, par conséquent, une réussite plus ou moins complète de l'ensemble, est l'œuvre qui ne peut s'appliquer qu'aux imperfectibilités des êtres humains, dont le *savoir est imparfait*. La prétendue *anthropopathie* (identification avec l'homme), appliquée à la nature, n'a aucun sens; car celle-ci, d'après le point de vue où l'homme veut se placer pour la juger, est ou le produit des forces naturelles qui agissent fatalement et sans exception, et dans ce cas il ne peut être question de plan ni parfait ni imparfait, vu que tout est nécessité absolue; ou bien elle nous apparaît comme la création vivante d'un divin auteur, et alors le plan et son exécution, sur le plus grand comme sur le plus petit modèle, sont tous deux également parfaits et accomplis. Ce type primitif de Gœthe présente encore une autre défectuosité, un défaut de clarté, qui empêche de se figurer distinctement un pareil type idéal. Ce qui est évident, c'est qu'un assemblage désagréable et fait sans goût d'un grand nombre de formes possibles dans leur isolement, tel que Turpin l'a donné dans son atlas de l'ouvrage de Gœthe, peut bien représenter une monstruosité, mais non le véritable idéal que Gœthe a pu imaginer. Si nous voulons exprimer la pensée en même temps que la signification, nous devons nous faire du type primitif un dessin qui représente la plus haute perfection dans le règne végétal et dans sa forme la plus simple, de laquelle il serait possible de déduire tous les degrés inférieurs de développement à l'aide de simples retranchements ou de contractions et de faire dériver tous les degrés supérieurs à l'aide de combinaisons et de complications.

Un essai d'une pareille plante idéale est représenté pl. 15. On peut considérer cette image comme l'esquisse d'une plante très-simple et très-commune, le mouron des champs, par exemple (*anagallis arvensis*), dont une variété à grandes fleurs bleues est cultivée en pots et orne nos fenêtres. Un examen attentif qu'on lui ferait subir peut servir à rendre plus familières et plus claires quelques-unes des plus importantes perceptions morphologiques.

Un coup d'œil, même fugitif, nous montre déjà les proportions suivantes : Nous y voyons en premier lieu un des corps principaux (*b*, *a*, *a'*) et attachés à celui-ci plusieurs appendices latéraux (*c*, *d*, *d''''*, *e*). Ces derniers montrent plusieurs diversités frappantes qui permettent de les ranger en trois classes différentes (d, d', d'' et d'''). Considérés plus attentivement, ils nous montrent que les organes marqués e sont également composés d'un corps principal et d'organes latéraux qui, dans leur développement ultérieur, se comportent absolument comme la plante elle-même, et ne sont que des répétitions de celle-ci, ne s'en distinguant que par le défaut du bout inférieur libre (fig. 18, 19). Nous pouvons pour le moment exclure de notre considération ces parties appelées *bourgeons*. Les organes désignés par c sont si identiques dans tout leur extérieur avec la partie inférieure libre du corps de la plante b, que nous pouvons les considérer, pour le moment, comme formant partie de ce même corps, lors même que la science, plus tard, parvient à démontrer que, sous plusieurs rapports, ils en diffèrent. Ainsi, il ne nous reste en définitive que deux espèces d'organes de la plante entière. La première constitue le corps principal appelé l'*axe* ou la *tige*, parce que tous les autres organes naissent de celui-ci. Quand la plante se forme, l'axe paraît d'abord, c'est l'organe primitif, et il existe tels végétaux où les autres organes ne se développent que fort imparfaitement, par exemple, les cactus, les stapelia et une foule de plantes parasites. La deuxième espèce comprend les parties latérales marquées d, et montrant, dans toute leur étonnante variété, une physionomie fondamentale, essentielle, dont ils ne se défont jamais et qui se prononce surtout dans l'histoire de leur développement; on les désigne sous la dénomination générale d'*organes foliacés* ou de *feuilles*.

Il résulte de ce qui précède, que la plante la plus parfaite même ne se compose au fond que de deux sortes d'organes essentiellement distincts, c'est-à-dire de la tige et des feuilles, et que par conséquent, l'idéal formulé par l'imagination repose sur une base des plus simples à concevoir. Cependant, pour être plus exact, nous sommes obligé de distinguer et de désigner les modifications suivantes des organes fondamentaux :

1. Nous trouvons à l'axe un bout inférieur ou la *racine* (b), avec ses organes latéraux, les racines secondaires (c), une pièce mitoyenne (a, a') ou *la tige* proprement dite, qui est le support des

feuilles et des bourgeons, et enfin une partie supérieure (*a'*) qui, après un certain nombre de phases, se transforme en graine et mérite par conséquent d'être désignée sous le nom de *gemmule séminale*, au lieu du mot impropre d'ovule végétal.

2. Dans les feuilles se rencontrent des variations bien plus remarquables. Les premières que montre une plante en voie de développement, et que l'on trouve déjà dans la graine, sont les *cotylédones* ou feuilles primaires (*d*). Après celles-ci et vers le milieu de la tige, viennent d'autres feuilles dont les contours sont plus compliqués et plus variés, et plus haut, vers son extrémité, elles se simplifient de nouveau. Cette variation, nous l'avons supprimée dans notre plante idéale pour ne mettre à sa place que des formes simples (*d*). Ces formes sont désignées sous le nom de *feuilles* proprement dites.

Les organes foliacés qui suivent ensuite (*d''*, *d'''''*), ainsi que la portion de la tige à laquelle ils sont attachés, ont reçu le nom collectif de fleur, dans laquelle il faut pourtant distinguer quatre degrés de développement. Le premier, le troisième et le quatrième (*d''*, *d'''*, *d''''*), comprenant le calice, la corolle et les *feuilles carpellaires*, ne se distinguent pour la plupart des feuilles ordinaires que par une structure plus tendre; le deuxième, en outre, possède une couleur différente. Les feuilles carpellaires sont ainsi nommées parce qu'après avoir parcouru plus tard plusieurs séries de modifications très-remarquables, elles constituent la principale partie de ce qu'on appelle vulgairement le fruit ou la carpelle. Il en est tout autrement du troisième degré d'évolution; ici la feuille est tellement modifiée dans sa structure, qu'on a de la peine à la reconnaître. La principale métamorphose consiste en ce que cet organe s'allonge et s'épaissit de manière à former plusieurs, le plus souvent quatre logettes parallèles qui se remplissent de cellules isolées nombreuses ressemblant à une poussière fine et qui s'ouvrent régulièrement pour leur donner issue. Ces feuilles se nomment *feuilles pollinifères* ou anthères, et les cellules isolées, *poussière florale* ou pollen.

Si l'on veut transformer notre plante idéale en une plante d'anagallis, on n'a qu'à donner aux feuilles une autre forme, augmenter le nombre des organes foliacés de la fleur jusqu'à concurrence de cinq, les scinder en cinq verticilles différents, et enfin, au lieu d'une gemme séminale, en admettre plusieurs.

Si, au contraire, on voulait en faire dériver des formes végétales simples, telles que celles des fougères, des mousses, des champignons, etc., il faudrait réunir et confondre ces mêmes organes au point qu'il n'en restât aucun qui eût quelque rapport avec sa forme primitive. Mais dans nos essais d'établir la légalité morphologique, la question est moins de nous occuper des productions féeriques ou fantastiques de notre imagination que du monde réel, et encore moins de nous contenter d'explications et de lois qui ne se laissent appliquer qu'à la plus petite partie du monde végétal, tandis que le reste demeure obscur et inintelligible. Nous n'avons par conséquent rien à faire avec le type primitif imaginé par Gœthe, et nous sommes obligés de chercher une autre voie pour aborder l'étude des rapports compliqués que montrent entre elles les formes végétales.

La chose offre pourtant de plus grandes difficultés qu'elle n'en a d'abord l'air. Si nous voulons voir clairement dans ces questions, éviter des fautes grossières qui se commettent encore tous les jours et qui ont été commises par des savants même d'une grande renommée, nous devons jeter un regard loin au delà du domaine végétal. Quand nous parlons de formes, de figures, nous entendons par là des corps naturels distinctement limités. L'idée d'un corps suppose préalablement qu'il occupe l'espace dans les trois dimensions de la longueur, de la largeur et de l'épaisseur. Une simple ligne ou un plan ne sont pas des corps et par conséquent des objets, et les plus simples rapports de l'espace ne nous fournissent aucune base de division. Dans un corps, il est vrai, une ou deux des trois dimensions peuvent prédominer, car nous distinguons sans peine un fil d'une feuille de papier ; mais il n'y a pas de différence intérieure essentielle, comme cela se voit très-clairement dans les cas où la limite extérieure ou la configuration générale prend pour la première fois une grande signification dans l'histoire naturelle, comme, par exemple, dans les cristaux où la même forme se présente tantôt en longues aiguilles menues, tantôt en paillettes, tantôt enfin en corps étendu également dans tous les sens. L'oxalate de chaux, si commun dans les plantes, présente constamment dans toutes ses formes un carré qui en fait la base et sur lequel s'élève une colonne quadrangulaire. Parfois, la hauteur de cette colonne est peu prononcée, alors le cristal représente une véritable paillette, ou bien elle devient considérable et produit la forme de plus en plus rapprochée du cube; si la hauteur est plus grande encore, l'oxalate offre l'aspect d'une aiguille longue, mince, presque filiforme.

Cependant la colonne quadrangulaire doit toujours être considérée comme le type de cette cristallisation. De même pour l'homme : qu'il soit gros et petit, ou long et maigre, nous reconnaissons toujours en lui la forme humaine. La conclusion à tirer de tout ceci, est que nous ne pouvons déduire aucun caractère certain de l'idée des corps pour en distinguer et classer les formes. Dans le cabinet d'étude et sur le papier, il est aisé d'imaginer et de tracer des systèmes magnifiques, mais sans valeur dans l'application. Aussitôt que nous approchons de la réalité, il faut commencer par se demander si la nature sera disposée à nous livrer ses secrets; si, dans tel ou tel cas, elle voudra bien nous dire quels sont, dans la production de ses formes, les caractères qu'elle regarde comme les plus essentiels et, par suite, quelles sont les bases de la formation de nos systèmes; sous ce rapport, nous sommes arrivés, dans notre science et dans la classification des corps naturels, à des degrés différents de perfection; mais nous sommes pourtant encore très-éloignés du but, c'est-à-dire de pouvoir déduire toutes les formes de l'action légale des forces naturelles, chose qui, pour le moment, nous est complétement impossible. Les premiers degrés qui nous mènent à ce but se composent : d'abord de la connaissance exacte et de la classification des diverses formes d'après leurs affinités intrinsèques, et, en second lieu, de la recherche et de la coordination des conditions extérieures sous l'influence desquelles elles se produisent. C'est pourquoi nous avons déjà réuni quelques fragments isolés, et, pour la première partie, il nous a été possible de constituer une collection presque complète de cristaux. Pour ce qui regarde les organismes végétaux et les organismes animaux, nous ne possédons que quelques aperçus isolés, réunis sous différents points de vue et qui ne présentent que peu de liaison entre eux.

Ce qui apporte ici le trouble et l'incertitude, c'est que nous ignorons ce que c'est que la vie, car on voit rarement d'une manière positive en quoi en consistent les caractères. Le cristal, lui aussi, ne s'élance pas tout formé, comme une autre Minerve, de la tête de Jupiter; la matière dont il se compose parcourt toute une série de modifications dont le résultat final est le cristal achevé. Il a également son histoire individuelle, un curriculum vital, mais seulement une histoire de sa formation et de sa reproduction. Aussitôt qu'il est achevé, sa vie est finie; son existence exclut tout changement; le moment de sa naissance est la fin de sa vie.

Les plantes et les animaux se forment d'une manière tout opposée, et c'est précisément cette qualité, qui leur est commune, qui nous a déterminé à les comprendre sous la même dénomination d'êtres organisés ou animés. Pour ne pas devenir trop long, je bornerai mes explications au règne végétal.

Au printemps, nous confions le grain d'orge à la terre féconde; bientôt le germe commence à se réveiller, à rompre ses enveloppes et à pousser; les fleurs se montrent ensuite disposées en un épi très-serré; provoquées, à leur tour, par des actions réciproques et merveilleuses, un germe d'une vie nouvelle se forme dans chacune d'elles, et pendant que celui-ci s'entoure d'enveloppes, il se transforme peu à peu en grain. Divers changements incessants s'opèrent alors dans la plante et dans la direction de bas en haut; une feuille après l'autre se dessèche et meurt; à la fin on ne voit plus qu'un chaume de paille sec et nu, courbé sous le poids doré des présents de Cérès. Il se plie, s'affaisse et pourrit sur le sol, tandis que, sous la couche protectrice de la neige, il se prépare dans les grains dispersés une nouvelle phase de végétation qui aura lieu au printemps suivant, et ainsi de suite. Ici, rien de solide, rien de stable; un commencement et un développement sans fin, à côté d'une destruction, d'un anéantissement qui se complètent l'un l'autre. — C'est la vie de la plante.

Elle a une histoire, non-seulement de sa formation, mais aussi de son existence; non-seulement de sa naissance, mais aussi 'de ses phases variées. Nous parlons de plantes, où sont-elles? Quand sont-elles achevées, afin que je puisse en arracher une à ce changement continuel de la matière et de la forme, et la considérer comme un tout fini? Nous parlons de formes et de figures; comment faut-il les saisir, afin qu'à l'égal de Protée elles ne nous échappent pas des mains? De même que dans les *dissolving views* de Dabler, une image disparaît insensiblement devant nos yeux, et une autre se met à sa place, sans que nous soyons en état d'indiquer le moment précis où l'une finit d'exister et où l'autre commence à la remplacer; à chaque moment donné, la plante se trouve composée des ruines de son passé, tout en contenant en même temps le germe de son avenir, susceptible de développement et qui se développe effectivement. Cependant elle ne nous apparaît pas moins comme un produit fini, achevé et complet du présent.

C'est ici que se trouve, il est vrai, la cause fondamentale pourquoi la morphologie des cristaux ou du règne inorganisé a une signification différente de la morphologie des êtres animés; il s'y joint néanmoins une autre considération tout à fait secondaire, relativement à la précédente, et qui rend l'étude des formes organiques si difficile et si compliquée, que la perception humaine y suffit à peine, malgré tous les moyens qu'elle a à sa disposition. Sous le nom de corps, nous comprenons la limitation de la matière dans l'espace; cette limitation se fait à l'aide de surfaces tantôt planes et alors limitées par des lignes droites, tantôt courbes et alors déterminées par les proportions de leurs parties à une ou à plusieurs lignes. Les surfaces planes sont faciles à construire et à classer d'après les règles géométriques et aussi, par conséquent, les corps qui en sont limités, tels que les cristaux; tandis que les surfaces courbes sont d'autant plus difficiles que la théorie des lignes de cette nature offre une complication plus grande. Quelques-unes de ces surfaces sont faciles à déterminer géométriquement, la sphère, l'ellipsoïde, etc. Mais bientôt les proportions se compliquent au point qu'elles défient les combinaisons des plus profonds mathématiciens. Toutes les lignes et surfaces que présentent les corps organisés sont courbes et le sont presque toujours si irrégulièrement qu'il ne faut pas songer à une détermination géométrique. Ainsi donc, nous sommes déjà, dès le début même de notre ouvrage, hors d'état, indépendamment de tant d'autres difficultés, de nous servir d'expressions géométriques bien nettes pour désigner les formes organiques, et ce n'est qu'à l'aide de formules comparatives et d'un langage technique particulier, mais arbitraire et incertain, que nous sommes en état d'exprimer notre pensée. Même les expressions telles que cylindrique, prismatique, circulaire, orbiculaire, conique et autres n'ont plus, dans leur application au règne végétal, aucune valeur mathématiquement exacte; elles ont seulement une valeur approximative et comparative. De tout ce qui précède, il résulte qu'il faut un certain tact scientifique, je dirais presque un instinct pour pouvoir s'avancer sur le terrain de la morphologie des plantes, vu que tout dépend ici de la faculté de déduire de la nature de l'objet même des principes d'après lesquels nous critiquons, rejetons ou admettons les innombrables systèmes possibles. Nous n'avons encore obtenu qu'un résultat négatif, car tous les systèmes rejetés d'après ces règles qui doivent nous guider sont certainement inapplicables, tandis que ceux que nous avons adoptés n'offrent qu'une simple possibilité d'exactitude et de justesse. Il y a beaucoup de gagné, en ce sens que les recherches sont devenues infiniment plus simples.

En recherchant des principes qui pourraient nous guider, nous trouvons que la plante nous offre deux particularités dignes de considération dans nos recherches. La première consiste dans sa composition intime de petits organismes élémentaires presque indépendants les uns des autres et individualisés, c'est-à-dire de cellules; l'autre réside dans l'acte incessant de la réception et de la dépense de la matière; dans la production de nouvelles et dans la résorption d'anciennes cellules, et, par conséquent, dans le changement continuel de la forme extérieure et de la structure interne du végétal. Nous pourrions en déduire ce qui suit :

« Tout ce qui, dans la plante, ne se rapporte pas à la composition des cellules élémentaires, est pour le moment encore inconnu et incompris, et ne peut par conséquent servir de base à aucune considération théorique. »

Aucune forme établie ou considérée comme telle ne peut, en effet, faire l'objet de la morphologie botanique. Tout système qui s'occupe des seuls rapports de formes isolées de telle ou telle époque, sans considération aucune de la loi du développement, est un véritable château en Espagne qui n'a pas la réalité pour fondement, et par cette raison même n'appartient point à la botanique scientifique.

Nous ne pouvons ici déduire, à l'aide de ces maximes et des faits dérivés de l'observation, toutes ces thèses isolées que la morphologie a gagnées, ou croit avoir gagnées jusqu'ici. Ce serait écrire toute une botanique. Nous ne pouvons donc que faire passer en revue le monde végétal d'après ses caractères morphologiques.

Si nous considérons le végétal dans son ensemble comme un individu dont les différents degrés d'existence et de développement se trouvent étalés devant nous tels qu'ils se succèdent dans la plante, nous pouvons considérer pour ainsi dire les formes les plus simples comme le commencement du règne végétal, et nous découvrons alors que ces formes, aussi bien que celles appartenant à une classe supérieure, se développent d'une cellule simple. — Dans ce vert velouté et tendre, que nous observons sur les vieux murs, les palissades et dans des vases remplis d'eau exposés au soleil, nous rencontrons déjà le commencement d'une végétation. Ces masses vertes, examinées sous le microscope, montrent un grand nombre de cellules rondes remplies de suc, de grains incolores et de chlorophylle. On y voit également, mais dans des endroits différents, de semblables cellules jaunâtres, rouges, brunâtres, qui peuvent être considérées, au moins pour le moment, comme des plantes parfaites auxquelles les botanistes ont donné divers noms. La désignation qui leur conviendrait le mieux est celle de vésicule primitive (*protococcus*). C'est de cette cellule simple, végétant d'une manière indépendante, que le règne végétal procède comme point de départ et remonte enfin, à travers une infinité de compositions et de complications, jusqu'aux plantes les plus compliquées que nous sommes forcés de considérer comme le degré supérieur de l'échelle végétale.

Il paraîtra assez étrange au vulgaire de lui nommer comme type de l'expression la plus élevée de l'évolution végétale, la pâquerette, petite plante généralement répandue et par conséquent peu estimée (*Bellis perennis* L.).

Les formations qui se rapprochent immédiatement de ces plantes représentées par des masses vertes, rouges, etc., dérivent également d'une cellule simple, mais qui s'allonge déjà en fil qui se ramifie souvent et montre une forme déterminée. Ces cellules se rangent de la manière la plus variée, et il en résulte une espèce de végétation connue sous le nom de *fils d'eau* ou de conferves, ayant une couleur ordinairement verte, tandis que d'autres prennent naissance sur des corps organiques en décomposition, affectant les formes les plus gracieuses, les couleurs les plus vives; on les désigne sous le nom de *moisissures*. D'autres fois, les cellules se réunissent en figures planes, connues des botanistes sous le nom d'ulves, qui croissent dans la mer et affectent toutes sortes de formes, de couleur verte ou rouge, offrant aux habitants des côtes un aliment peu substantiel (laitue de mer). Enfin, les cellules se serrent en masses corporelles formant de petits groupes, des boules, etc. Dès lors commence un développement plus riche en formes variées que cela n'était possible dans les plantes organiques sur un type si simple. Mais ce que l'on voit fréquemment, ce sont ces continuelles répétitions de la modification des formes, soit des organes en particulier, soit des plantes entières de tous les degrés.

C'est ici qu'il faut appeler l'attention sur un état particulier qui, dans le règne animal, ne se présente que sous un degré moindre, et là seulement, c'est-à-dire dans le système osseux et le système cuticulaire, où les analogies avec le règne végétal sont les plus prononcées.

Les plantes inférieures dont nous venons de parler ne nous montrent point de contours nettement tracés et encore moins une distribution de la force vitale dans les différentes parties de l'ensemble. Peu à peu, nous voyons, il est vrai, dans les fucus, les champignons et les lichens, des cellules qui se distinguent essentiellement des autres et qui sont destinées à produire des cellules de reproduction; nous en trouvons également disposées en figures déterminées dont les formes variées permettent de les réunir en groupes plus ou moins considérables ; mais c'est là que s'arrête le jeu du monde végétal. Nous trouvons toujours jusque dans les plantes les plus parfaitement organisées, à part les organes de reproduction, une indépendance complète de la valeur physiologique des organes et de leur signification morphologique. De ce qu'on a méconnu cette distinction, il est résulté, dans la morphologie, une grande confusion qu'il est difficile de détruire.

Le même organe peut, dans les différentes plantes, devenir le siége des fonctions les plus diverses, et le même acte vital peut résider dans la feuille ou bien dans la tige. D'après cette observation préliminaire, nous pouvons établir notre aperçu du règne végétal comme suit : Morphologiquement, le règne tout entier se divise en deux parties inégales, dont la plus petite est formée de trois groupes : algues, champignons et lichens. Dans cette première moitié, il n'est point question d'autres organes que de ceux qui composent l'appareil de la reproduction, et cela par la raison bien simple que l'acte vital est le même dans toutes les parties de la plante. Chaque partie représente donc la plante entière, et, comme telle, peut continuer à croître et à vivre. Les formes sont ici limitées par des contours le plus souvent très-vagues ; notamment parmi les champignons, dont la plante proprement dite ne consiste que dans un tissu excessivement fugace et constitué de fils entrelacés très-tendres. Les corps appelés vulgairement champignons ne sont que les organes de la propagation ou, pour ainsi dire, les fruits de la plante. Il y a une analogie frappante dans les formes des algues simples, toutes plantes aquatiques, et dans les lichens inférieurs, les lichens crustacés qui recouvrent d'une croûte grisâtre, blanchâtre ou jaunâtre les vieux murs, les pierres, les planches. Dans les algues et les lichens supérieurs, cependant, les formes deviennent un peu plus déterminées et montrent souvent des figures très-constantes, imitant même les tiges et les feuilles, sans être douées cependant de la même signification et de la même valeur morphologique que chez les plantes de la deuxième division. C'est dans celle-ci seulement que l'on aperçoit deux modes de développement si distincts, qu'on est obligé d'en regarder les produits comme deux organes fondamentaux et essentiellement différents.

L'un de ces organes est le premier, le primitif, et continue à croître à ses deux extrémités, qui sont toujours les plus jeunes et formées en dernier lieu. Nous lui donnons le nom de tige dans le sens le plus étendu du mot, ou d'*axe de la plante*. Sur cette tige et émanant d'elle, se produit un second organe, dont le bout libre se forme d'abord, par conséquent, la partie la plus ancienne, et ne croît que par sa base, à l'aide de laquelle il communique avec l'axe pour un temps plus ou moins limité. On l'appelle feuille, dans le sens le plus large. Tandis que le premier présente comme possible une végétation indéfinie, la feuille, en vertu du mode même de sa production, est renfermée dans d'étroites limites. Il en résulte deux choses : que l'axe et la feuille constituent des rapports d'antagonisme, et que, là seulement où l'un existe, il peut être question de l'autre. Il est donc facile de distinguer les deux divisions de plantes acaules et de plantes caulifères. De même, la plante ne pouvant posséder plus de deux sortes d'organes différents d'après leur essence, il s'ensuit que les autres organes ne sont que des modifications plus ou moins importantes de l'une de ces deux sortes ou des formations résultant de leur combinaison. C'est seulement depuis Wolff et Gœthe que cette thèse a été établie d'une manière positive, et c'est des efforts qui ont eu pour objet de démontrer que tous les organes des plantes peuvent se ramener à l'un des deux organes fondamentaux, qu'est dérivée la branche importante de la botanique connue sous la dénomination générale de métamorphose de plantes.

Comme on a pu le voir par ce qui précède, cette branche

n'embrasse qu'une faible partie de la science qui, sous le nom
de morphologie, comprend une des sections les plus importantes
de toute la botanique.

Il nous serait aisé de citer un exemple pour fournir un aperçu
de cette doctrine, sans entrer cependant dans des détails qui pré-
senteraient beaucoup de difficultés et maints problèmes à résoudre.
Le plus essentiel d'ailleurs a déjà été dit à l'occasion de la définition
de l'idée d'une plante primitive. Ce qui reste à faire, c'est de
donner quelques observations additionnelles concernant la formation de la fleur qui ne laisse pas de présenter quelques complications.

Là où dans la plante primitive se trouvent les feuilles carpellaires
et les gemmes séminales, c'est-à-dire au centre de la fleur, se
tient, dans la plupart des plantes, un organe fermé de toute part,
creux en dedans, qui renferme les gemmules séminales et dont
la cavité, à sa partie supérieure, ne communique avec le dehors
qu'au moyen d'un canal presque imperceptible. Ce corps se nomme
dans son ensemble le *pistil;* la partie qui enveloppe les gemmules
séminales, le *germen* ou l'*ovaire* (le fruit rudimentaire), et l'ouverture
supérieure, l'*ouverture pistillaire* ou le *stigmate*, et si l'ouverture
est partagée en plusieurs parties, on les appelle *lobes de l'orifice*
(fig. 16, 17). Si le corps compris entre le germen et le stigmate est
allongé, il prend le nom de *style*. Le pistil est la partie de la fleur
qui offre le plus grand nombre de modifications : ou bien il est
entièrement formé d'une ou de plusieurs folioles carpellaires; ou
il ne l'est que dans sa partie inférieure; ou bien encore il constitue
une métamorphose particulière de la tige. Les parties de l'axe qui
font encore ordinairement partie de la fleur se modifient souvent de la manière la plus bizarre, et c'est sur les proportions
qui existent entre les diverses phases de ces métamorphoses
que se base la grande diversité des fleurs, à laquelle il faudrait
encore ajouter le nombre et la disposition des autres parties. Les
désignations résultant de ces considérations scientifiques paraîtraient bien étranges si l'on en voulait faire l'application dans la vie
commune; par exemple, le vulgaire serait bien surpris d'apprendre

que la fraise n'est qu'une partie du pédoncule, tandis que ses fruits réels ne sont que de petits grains durs; que la framboise est composée d'un grand nombre de vrais fruits, et que la partie de la tige que nous mangeons dans la fraise, n'est ici qu'un petit bout sec, insipide et spongieux. Dans la figue, au contraire, nous mangeons un pédoncule concave, garni à l'intérieur de nombreux fruits et fleurs; dans la cerise, une partie de la fleur, tandis que dans la noix et dans l'amande nous avalons une petite plante entière avec sa racine, sa tige, ses feuilles et son bourgeon.

Nous prions le lecteur de se rappeler ce que nous avons dit, au début, de la plante primitive : les parties et les formes citées à cette occasion ne se trouvent pas toutes dans les plantes, pas même dans toutes les plantes caulifères. Parmi celles-ci, on en trouve un grand nombre qui sont construites d'une manière beaucoup plus simple; mais afin de pouvoir mieux nous orienter dans la série des développements, nous sommes obligé de revenir encore une fois à la propagation des végétaux.

On se rappellera que la formation des cellules de reproduction, leur séparation de l'endroit de leur naissance et leur transformation en une nouvelle plante sont un acte commun à tous les végétaux; qu'il y a pourtant cette différence essentielle à observer que la cellule reproductrice des uns donne immédiatement dans l'eau ou sur la terre une nouvelle plante, tandis que, dans d'autres, cette transformation a lieu dans la gemmule séminale. Aux plantes de la première espèce, appelées *cryptogames* ou *agames*, appartient aussi une grande partie des plantes caulifères. Je ne citerai que les mousses hépatiques et frondeuses, le lycopode, les fougères et les prêles. Dans tout ce groupe de végétaux on peut distinguer une tige et des feuilles, mais avec un degré de développement différent. Dans les mousses hépatiques et frondeuses, la production des cellules de propagation s'opère dans une capsule dont la signification morphologique m'est inconnue, tandis que, dans les autres, cette production entre dans un rapport plus intime avec les feuilles, de sorte que, dans plusieurs espèces, elle se confond tellement avec celles-ci, que ces organes perdent toute leur ressemblance avec les autres feuilles. Comme les cellules de reproduction s'appellent *spores*, les feuilles dans lesquelles elles se forment s'appelleront feuilles *sporifères*; dans les prêles, elles se montrent de la même forme que dans la grande section suivante de plantes caulifères, c'est-à-dire les plantes sexuelles ou phanérogames, qui portent des feuilles *pollinifères* ou des *anthères*.

Dans les mousses hépatiques, les mousses frondeuses et les fougères, existe encore un organe particulier qui, d'après sa structure, correspond à la gemmule séminale des plantes phanérogames. Il n'a pas encore de signification morphologique bien certaine et, sous le rapport physiologique, il est encore entièrement inexpliqué, car il paraît n'avoir aucun rapport avec l'acte de la reproduction. On appelle ces organes *anthéridies*. Ils rappellent vivement un phénomène qui se rencontre chez les animaux où nous trouvons assez fréquemment, chez un groupe ou un genre, un organe qui n'a aucune fonction à remplir et qui acquiert seulement dans un groupe voisin, de l'importance réelle pour la vie.

Une tige et une feuille comme organes fondamentaux, certaines feuilles transformées en feuilles sporifères à l'effet de la formation de cellules de reproduction, et un organe encore vague, avec la structure de la gemmule séminale, voilà les matériaux à l'aide desquels la nature entreprend le développement de la dernière grande division du règne végétal, du groupe des phanérogames.

Ce qui caractérise ces dernières, c'est que la gemmule séminale rentre ici dans tous les droits comme appareil de reproduction et qu'elle se montre comme réellement appelée à constituer l'organe caulifère (fig. 15, *a*).

Toutes les plantes sexuelles se divisent à leur tour en deux sections inégales. La première, qui est la plus petite, a des fleurs d'une structure encore très-simple, car d'une part il y manque ce qu'on entend vulgairement par fleur, et de l'autre, la gemmule séminale, et par conséquent aussi la semence qui en provient, y est nue, c'est-à-dire qu'elle n'est pas enveloppée d'un pistil. Cette division, qui comprend les conifères, les loranthacées y compris le gui, petit arbuscule parasite qui envahit particulièrement nos

11

arbres de vergers, ainsi qu'une famille tropicale, les cycadées, a reçu
le nom de *gymnospermée*, par opposition à la classe des *angiosper-*
mées qui portent leurs semences celées dans un pistil.

Dans la grande section de plantes dont il s'agit maintenant, ce
sont surtout les fleurs qui attirent notre attention. Ici, on ne peut
méconnaître les principes élémentaires d'une échelle graduelle,
comme on aurait pu le faire partout ailleurs ; il faut cependant, tout
d'abord, prendre en considération une particularité qui partage
toutes les plantes de cette section en deux séries de développement
parallèles. Quand de la cellule de propagation se produit peu à peu
un embryon, il se forme, au corps axile, soit une seule feuille
primordiale qui en embrasse la partie supérieure en guise de gaîne,
soit deux feuilles qui se forment simultanément et à la même
hauteur et se partagent le pourtour de l'axe. Cette première série
comprend les plantes monocotylédonées auxquelles appartiennent
par exemple les liliacées, les palmiers, les graminées, etc. ; l'autre,
les plantes dicotylédonées, dans laquelle se trouvent nos végétaux
ordinaires des jardins, nos arbres fruitiers et forestiers, etc. Ce
n'est pas là le seul caractère qui distingue ces deux séries entre
elles, caractère en apparence si insignifiant ; mais l'organisation
entière, l'habitus des plantes qui en font partie, possèdent un
caractère propre, et qu'un œil tant soit peu exercé n'a pas de
peine à reconnaître. La tige des monocotylédonées offre des fibres
dispersées ; telle est la tige du maïs, par exemple. Celle des
dicotylédonées se constitue de cercles ligneux concentriques, comme
cela se voit dans le chêne. Ordinairement, les plantes de cette
première série ont des feuilles à nervures parallèles, comme les
graminées ; les autres ont des veines à la surface des feuilles qui,
se ramifiant à la manière des rameaux des arbres, forment un réseau
très-régulier ; enfin, dans les parties florales, nous trouvons que
c'est le nombre trois ou un de ses multiples qui domine dans les
premières ; tandis que, dans les dernières, c'est le nombre cinq. Ces
deux séries marchent de front l'une à côté de l'autre. Ce que nous
dirons, dans la suite, de la structure de la fleur leur sera applicable
sans aucune restriction.

Nous avons appris à connaître les éléments que la nature a à sa disposition pour combiner des plantes d'une organisation supérieure. On la voit d'abord renfermer la gemmule séminale dans l'appareil que nous appelons pistil. Dans le principe, les feuilles pollinifères et le pistil ne sont pas très-rapprochés, et ces organes constituent chacun une fleur, puis ensuite ils se réunissent de manière à se disposer autour d'un ou de plusieurs pistils en nombre déterminé. Dès lors, on voit que d'abord un seul et ensuite plusieurs cercles d'organes foliacés s'ajoutent entre eux, formant ainsi un ensemble que nous appelons vulgairement une fleur. Les feuilles adoptent d'autres formes, d'autres couleurs, et, en partie, une structure plus délicate, et sont désignées sous le nom de *périanthe*, de *calice*, de *corolle*, etc. Enfin, au plus haut degré de l'échelle, la nature réunit un certain nombre de ces fleurs en un groupe distinct, les coordonne d'après un type parfaitement tranché et les entoure d'un ou de plusieurs cercles de feuilles. Ces fleurs composées, comme les appelait Linné, caractérisent, dans la première série comprenant les plantes monocotylédonées, les graminées, et dans la seconde dite des dicotylédonées, la famille à laquelle appartiennent la fleur de Marie, la reine marguerite, le pissenlit, les chardons, les artichauts et une infinité d'autres. Le bluet ou fleur de blé, si connu de la jeune fille qui aime à en tresser des couronnes, est en réalité constitué de toute une société de petites fleurs complètes.

Si nous voulons reconnaître dans les plantes une suite organique, de la plus simple à la plus compliquée, il est évident que les graminées et les composées se trouvent au haut de l'échelle de la végétation actuelle. Chose digne de remarque, c'est que ce sont aussi précisément ces deux familles qui, par la quantité prodigieuse des espèces et des individus, constituent la partie caractéristique de la flore d'aujourd'hui ; car, dans un nombre total représenté par trois cents familles de plantes, celle des graminées en comprend à elle seule la vingtième partie, celle des composées la dixième. Ainsi, les deux familles réunies comprennent à peu près la septième partie de toutes les plantes.

Il faut nous contenter d'avoir fait ressortir, dans l'esquisse précédente, les principaux points de vue qui, dans l'état actuel de notre science, sont les points culminants de l'étude morphologique. Personne ne sera étonné qu'à ce sujet il puisse se présenter encore une foule de questions et d'observations.

Celui qui n'est pas habitué à pénétrer au fond des choses, criera au paradoxe quand nous lui dirons que la masse globuleuse et charnue d'un cactus, avec ses fleurs magnifiques, n'est autre chose qu'un groseillier tropical, que le tronc des dracæna, surmonté d'une magnifique touffe de fleurs liliacées et qui atteint souvent la hauteur de trente pieds, appartient, sous tous les rapports, au même groupe que notre asperge, ou bien que notre mauve ordinaire, si commune le long de nos chemins, est moins voisine du coquelicot sauvage qui lui dispute le terrain, que de l'immense baobab qui domine la végétation depuis six mille ans. Et, néanmoins, tout cela est indubitablement vrai. Car, pour revenir encore une fois au principe établi plus haut, dans les êtres organisés, c'est moins la forme de l'objet qui décide, que la loi qui régit la nature dans ses œuvres. L'idée de l'histoire des développements est la seule pensée fécondante, dans la considération scientifique de tout ce qui vit et détermine la valeur des disciplines ; c'est pourquoi la physiologie des plantes occupe un rang plus élevé que la botanique systématique, l'anatomie comparée est supérieure à la zoologie descriptive, et l'histoire est plus élevée que la statistique.

EXPLICATION DE LA PLANCHE.

Fig. 15. Une plante idéale, très-simple d'après le type dicotylédoné : *a a* tige, *b* racine, *c* racines secondaires, *d* feuilles primordiales ou cotylédonées, *d'* feuilles proprement dites, *d''* feuilles calicinales, *d'''* feuilles florales, *d''''* feuilles pollinifères ou anthères, *d'''''* feuilles carpellaires, *a'* gemmule séminale, *e* bourgeons latéraux.

Fig. 16. Pistil terminé par deux stigmates globuleux, en partie schématique, à peu près d'après le type du sarrasin oriental.

Fig. 17. Le même, coupé longitudinalement.
A l'intérieur, une gemmule séminale dressée offrant à son sommet une ouverture.

Fig. 18. Bourgeon latéral du lilas commun (*syringa vulgaris, L.*)

Fig. 19. Le même, coupé longitudinalement ; on y reconnaît distinctement un petit corps court et conique qui est le rudiment du rameau, et trois paires de feuilles écailleuses.

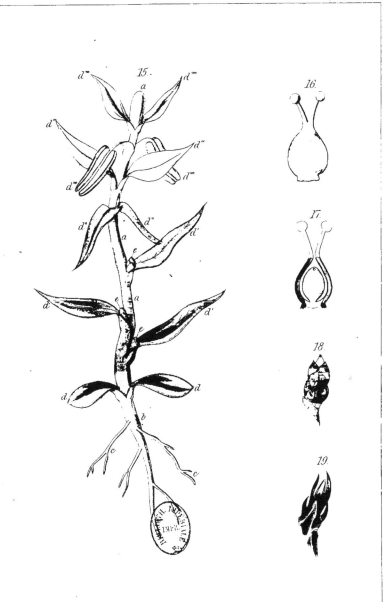

CINQUIÈME LEÇON.

DU TEMPS.

Je doute qu'il existe un homme qui puisse rester indifférent à l'approche d'un orage. Le naturaliste même, qui est en état de se rendre compte des causes qui l'ont produit, de sa direction et de sa durée, ne pourra néanmoins se défendre d'un sentiment de crainte en présence des terribles luttes que vont se livrer les éléments en courroux. lors même qu'il se saura à l'abri et parfaitement en sûreté. — Toutefois les effets désastreux d'un ouragan qui, sévissant sur les côtes du Nord, déracine l'arbre séculaire, transforme les vagues en poussière, remue le sable de fond en comble pour ensevelir le chêne majestueux ; le feu du ciel foudroyant et carbonisant le voyageur ; les pluies torrentielles luttant avec la mer soulevée par la fureur des vents ; tous ces phénomènes terribles ne sont que les faits les plus saillants, l'apogée pour ainsi dire, d'une même action qui s'opère autour de nous sans relâche, le plus souvent en silence et complétement inaperçue.

DU TEMPS.

Les ouragans mugissent à l'envi, remuant
la mer, balayant la terre, et, dans leur fureur
aveugle, entourent le tout d'une chaine immense de dévastations effrayantes.

FAUST.

Depuis longtemps déjà on est convenu qu'il est contre le bon ton
de parler du temps quand on se trouve dans une société d'élite,
que ces conversations triviales sont ennuyeuses et qu'il faut les
abandonner aux matelots ou aux amoureux embarrassés. Si, malgré
cela, je persiste à parler du temps, j'admets volontiers de convenir
que je serai ennuyeux peut-être, mais je ne crois pas qu'il faille moins
en parler dans la bonne société qu'ailleurs, et je nie positivement
que ce soit un sujet ennuyeux. En général, qu'est-ce qui est
ennuyeux? L'objet l'est rarement ou jamais, mais la manière dont il
est traité peut l'être. Y a-t-il un sujet plus intéressant pour les dames,
et même pour certains messieurs, que la mode? Et cependant
une dame trouverait tout aussi ennuyeux que quelqu'un commençât
la conversation par une allusion à la mode du jour que s'il lui
disait le bonjour en faisant observer en même temps qu'il fait beau.
La conversation ne produit-elle pas un autre effet, si l'on remarque
en passant combien le bonnet qu'on a choisi cadre bien avec la

forme de la tête, et si ensuite on passe en revue les différentes
formes de bonnets en usage chez les autres nations, si l'on parle
de ceux qui coiffaient autrefois les femmes célèbres, et qu'on
montre enfin l'influence qu'exercent sur la forme des bonnets et
des habillements, le climat, les besoins, les habitudes ; comment le
goût s'empare d'une forme résultant de ces influences, la modifie
selon son idée, et comment enfin le caprice s'en mêle à son tour
pour imaginer ces bizarreries bariolées qui charment toujours nos
yeux aussi longtemps que le goût blasé ne tombe pas dans le laid.

Il en est de même du temps, d'autant plus que rien, ni vie
matérielle ni vie spirituelle, n'intéresse autant que lui. Qui peut dire
aujourd'hui, d'après notre manière de vivre, qu'il se porte parfaitement bien ? Et est-il besoin encore de démontrer l'influence du
temps sur le corps humain qui n'est pas complétement bien portant
ou qui est attaqué de maladies chroniques ? Qui ne connaît le
vieil adage : « Cet homme possède un thermomètre en lui ? » Il se
rapporte aux sensations toujours changeantes qu'il éprouve dans
un membre affecté de plaies chroniques ou dans une partie
amputée, sensations qui se manifestent même chez lui quand il est
bien portant, mais chaque fois qu'il y a un changement de temps.
Ce sont ici les nerfs qui s'étendent dans tout le corps humain, pour
ainsi dire, comme les tentacules de l'âme, et qui nous avertissent
souvent de ces changements longtemps avant que le moindre indice
les fasse connaître à nos yeux. Précisément à cause de ces nerfs, on
peut soutenir que l'homme bien portant même est continuellement
sujet aux influences du temps. Bien qu'il soit à supposer que l'on
saura, par la force seule de la volonté, résister à ces effets, pour
autant qu'ils ne soient pas trop violents, et qu'on ne leur permettra
point d'agir sur notre raisonnement, ni sur nos actions ; cependant,
quelqu'un oserait-il nier l'existence de cette influence qui provoque
tour à tour dans sa personne un sentiment de bien-être ou de
malaise, de force et de santé, ou d'abattement et de langueur ? Nous
pourrions l'accuser de plein droit, soit de duplicité, soit de défaut
d'observation de soi-même, ou le regarder comme un homme
doué de nerfs maladivement émoussés. On pourrait même établir

une nuance de temps pour chaque genre de disposition mentale. Nos ancêtres connaissaient déjà leur lune de mai et, en Angleterre, le mois de novembre se nomme « the month of fog, misanthropy and suicide. »

Il est de fait que le plus grand nombre de suicides s'y commettent dans ce mois. Frommond raconte que les habitants des îles Açores, quand le vent souffle du sud, courent comme s'ils étaient fous, et que les petits enfants mêmes s'accroupissent dans un coin de leur maison au lieu de jouer dans les rues. Sanctorius a remarqué que tous les hommes se sentent plus lourds par un temps humide et nébuleux, et Unzer prétend que les malades comme les gens sains de corps se portent toujours mieux lorsque le mercure du baromètre est très-élevé. Nous lisons dans Hippocrate que les printemps humides entraînent à leur suite des épidémies, et, sur les côtes, on trouve partout la croyance que la plupart des décès ont lieu quand la lune est éloignée de quatre-vingt-dix degrés de son point culminant, c'est-à-dire au moment du reflux. Nous ne citons pas tous ces faits parce que nous les regardons comme tout à fait avérés, mais seulement pour montrer que l'opinion de l'influence du temps sur le bien-être de l'homme est généralement répandue.

Quand nous sommes sur de très-hautes montagnes, il arrive très-souvent que les nuages, la pluie et toutes les intempéries de l'air se trouvent très-loin au-dessous de nos pieds; probablement en sera-t-il de même de ceux qui se trouvent sur les degrés les plus élevés de la société. Car les dominateurs des peuples et les grands sont moins exposés aux variations atmosphériques que les gens des classes inférieures où le bien-être et les misères de la vie dépendent de la pluie et du soleil. Plaçons-nous un moment à côté du diable boiteux de Le Sage et jetons les regards dans l'intérieur des maisons. Ici, nous voyons la tendre épouse attendre son mari et aller en souriant à la rencontre du bien-aimé dont elle épiait le retour avec grande impatience. Elle est repoussée avec humeur; l'enfant accourt bondissant et tache avec ses doigts l'habit du père qui, pour toute salutation, lui donne un coup bien appliqué. D'une mine sombre, le chef de la maison se jette sur le canapé; un silence

12

pénible règne dans la chambre; en un mot, là où l'on aurait cru trouver l'amour et la joie, on voit régner le chagrin et le découragement, et pourquoi? Parce que la pluie continuelle a abîmé la récolte du foin et que la perte s'élève à des milliers de francs. Plus loin, par une belle matinée d'automne, la femme attend avec une vive anxiété : un homme se précipite dans la maison et l'embrasse avec effusion en s'écriant : « Une délicieuse année, un vin qui vaudra celui de 1811; je viens de vendre, il y a un instant, tout le produit avec un bénéfice net de dix-mille écus, réjouis-toi, ma chère! » Et aussitôt d'offrir le châle de cachemire depuis si longtemps convoité.

Les amis viennent pour féliciter le propriétaire, et la fête se prolonge jusque bien avant dans la nuit. N'est-ce pas le temps qui apporte ici le bonheur, là la désolation? — Élevons-nous davantage afin d'agrandir notre horizon. Voici la terre entière étendue sous nos pieds.

Ici, nous apercevons un peuple efféminé, gouverné par un despote plongé dans la débauche; un bonze tout-puissant; le paria opprimé et foulé aux pieds; la superstition règne à la place de la vraie foi; de vaines formalités suppléent à l'esprit, etc. Là, au contraire, un peuple vigoureux et fier de sa puissance; la liberté entre partout sans contrainte aucune, même dans les chaumières les plus pauvres et comme l'a dit un poëte (1), répand ses richesses sur les heureuses campagnes. Puis vient une nation à la hauteur de l'intelligence humaine, constamment occupée à résoudre les plus hautes questions concernant le bien-être de l'humanité et le plus souvent heureuse dans ses solutions; oubliant presque dans ses efforts les besoins corporels et abandonnant sans inquiétude à un petit nombre la direction des affaires publiques; ensuite, sous une autre latitude, nous distinguons un peuple de la même race, dégénéré par la débauche, plongé dans l'abrutissement, gouverné en esclave; peu importe pour lui s'il existe quelque chose comme une âme, qui pourrait faire valoir ses droits à un développement supérieur.

(1) « Where liberty abroad walks unconfined even to thy farthest cotts and scatters plenty o'er the shining land. »   Thomson's Seasons.

D'un même coup d'œil, nous embrassons l'heureux Tahitien, le stupide habitant de la Terre de Feu, le cérémonieux Chinois, l'indépendant Bédouin, l'ingénu Hindou, le mâle Anglais, l'abstrait Allemand, le matériel Yankee, et, outre ceux-ci, ces milliers de nuances de la race humaine issues et dépendantes en définitive du temps tout entier. Est-il donc possible que l'homme puisse oublier pendant un instant cette dépendance? Et cette puissance énorme, qui domine le corps et l'esprit, la vie du particulier et l'histoire de l'humanité, ne serait-elle pas un objet assez digne de méditation ou de conversation?

Mais nous est-il permis de pénétrer dans le laboratoire de la nature, ou bien serait-il assez intéressant de le faire, persuadés que nous sommes de ne pouvoir effleurer toutes choses que fort superficiellement? Les saintes Écritures disent : Tu entends le bruit du vent, mais tu ne sais pas d'où il vient et où il va!

Malheureusement, je ne puis me défendre d'avouer que nous autres naturalistes, nous ne sommes pas grands admirateurs de la Bible, et il est bien possible que, précisément parce que nous n'en faisons pas de cas, nous comprenons mieux et voyons plus clair que beaucoup d'autres. J'avoue que, dans les questions qui concernent l'histoire naturelle, il est impossible d'accorder à l'Écriture une grande autorité, vu qu'elle porte trop l'empreinte d'un siècle ignorant et non civilisé. Nous croyons savoir aujourd'hui parfaitement bien d'où vient le vent et où il va.

Nous sommes arrivés à l'endroit où nous devons expliquer d'une manière positive ce que nous entendons par le *temps*.

Pour nos contrées, c'est le vent qui, selon le côté d'où il souffle, nous amène des nuages ou du soleil, de la chaleur ou du froid, de la pluie ou de la neige, du calme ou des ouragans, et, par là, imprime à chaque saison son caractère particulier, que nous appelons le *temps*.

Tous ces divers phénomènes, et avant tout le vent, ne sont en définitive que des modifications, des variations dans l'état et la composition de la matière déliée qui nous entoure et que nous désignons sous le nom d'*air*. Si nous sortons la nuit, quand le ciel est serein, et si nous levons les yeux vers les étoiles innombrables, nous n'apercevons point de limite entre nous et ces flambeaux célestes, bien qu'il nous semble que la matière invisible, qui nous entoure, s'étende jusqu'à ces mondes brillants, dont la lumière nous arrive sans aucun obstacle. Il n'en est cependant point ainsi. Car, en nous élevant vers ces hautes régions, nous ne tardons pas à arriver à la limite de cet océan atmosphérique, déjà parcouru par de hardis mortels très-bien désignés sous le nom d'aéronautes.

C'est sous la forme d'une couche fluide que l'air entoure notre globe et partage avec lui le sort qui lui est réservé. Avec lui il achève, à travers l'espace, sa rotation autour du soleil, tout en l'accompagnant dans sa révolution journalière de l'occident vers l'orient.

Si cela n'avait pas lieu, ou bien si son mouvement était plus lent que celui de la terre, nous, qui sommes fixés au sol et qui participons à la rotation générale, nous serions obligés de nous lancer à travers le fluide qui s'opposerait à nos efforts avec plus de violence que l'ouragan le plus terrible. Nous verrons plus tard que ce fait est très-important dans la théorie des vents. Nous avons nommé l'air un fluide, et il l'est en réalité. Il coule d'un espace vers un autre, et ces courants ont reçu le nom de vents.

Mais, demandera-t-on, où est donc l'espace vers lequel les vents pourraient s'écouler, vu que l'air est répandu partout et que l'équilibre doit, par conséquent, régner en tout lieu, comme dans un vase rempli d'eau?

Afin d'être plus clair, il faut que nous disions un mot touchant l'une des propriétés les plus intéressantes de l'air. Comme vous le savez, la chaleur possède la propriété de dilater les corps qu'elle pénètre. Une barre de fer rougie au feu est plus large, plus grosse et plus longue que la même barre mesurée avant l'expérience. De la même manière, l'air se dilate par la chaleur, devient plus léger, comme le prouvent les ballons remplis d'air échauffé au moyen d'une flamme quelconque. Cet air monte à travers de l'air froid comme l'huile à travers de l'eau, pour surnager à sa surface.

Supposons qu'une couche d'air froid s'adapte contre un plan incliné; l'air échauffé s'écoulera sur sa surface et sans se mêler, pourvu que la température soit assez élevée.

Comme l'air échauffé est moins dense, c'est-à-dire comme pour un espace donné il y a moins de ce gaz étant échauffé qu'étant froid, il s'ensuit qu'il occupera la partie la plus élevée, tandis que l'air froid descendra vers la partie inférieure. C'est, en petit, la cause des courants d'air qui font la terreur, et non sans raison, des personnes sensibles et délicates; c'est aussi pourquoi, en hiver, on a très-souvent les pieds froids parce que l'air froid pénètre dans les appartements par-dessous les portes.

En grand, ces courants constituent, selon les circonstances, des vents ou des ouragans et avec eux la joie ou le désespoir du matelot. On nous objectera peut-être que cela ne nous rend pas plus avancés, car nous voyons souvent dans la nature de ces faits isolés où il est difficile de se rendre compte de l'existence de deux courants, l'un d'air chauffé, l'autre d'air froid. Mais nous nous flattons de pouvoir démontrer que la chose n'est pas si difficile, car on se trompe en supposant qu'il y a sur la terre autant de vents qu'il y a de points sur la boussole, tandis qu'en réalité, il n'y en a que deux.

Avant de passer à l'explication de cette assertion qui paraîtra paradoxale, il faut que je parle d'une autre propriété de l'air qui n'est pas moins importante pour l'explication de ce phénomème que nous appelons le temps. Je pars d'un fait généralement connu. Quand on porte un verre bien sec et bien froid dans une chambre chauffée, il se recouvre subitement de petites gouttelettes d'eau et l'abondance en sera d'autant plus grande, que la différence de la température de la chambre et celle du verre est plus prononcée. D'où vient cette eau? Est-ce du verre? Évidemment non, car il était sec; elle provient de l'air contenu dans la chambre. C'est la différence entre la température de cet air et celle qui règne dans le voisinage du verre, qui détermine le dépôt de l'eau d'abord invisible; de là résulte cette loi : que plus l'air est chaud, plus il peut contenir d'eau. La cause de la formation des nuages, de la pluie, de la neige et d'autres phénomènes sur la terre réside dans cette propriété:

Les considérations que nous venons d'émettre sur les causes du vent et sur l'origine des précipités aqueux de l'atmosphère, nous mènent à une force d'où dépendent à leur tour les phénomènes de la chaleur. La chaleur a sa source commune dans le soleil et est cause du mouvement général que nous observons sur la terre; entretenue d'une manière admirable, c'est encore elle qui produit cette circulation continuelle de la matière qui rend seule possible la vie des êtres organisés. L'empereur Aurélien disait que « de tous les dieux que Rome avait empruntés aux nations vaincues, aucun ne lui paraissait plus digne d'adoration que le soleil, » et nous disons que de toutes les formules d'adoration du paganisme, celle du Parsi est la plus sublime lorsqu'il attend le matin, sur les bords de la mer, la réapparition de l'astre du jour, lorsque, aux premiers rayons qui vacillent sur les ondes de l'élément humide, il se jette la face contre terre et adore en priant le retour du principe vivifiant qui anime tout.

Malheureusement le texte de la Bible, qui parle d'une répartition égale des dons du Ciel entre les hommes, est inexact (le Seigneur fait pleuvoir sur les justes comme sur les iniques). L'homme reçoit, suivant la localité qu'il habite, une part très-différente des rayons bienfaisants; ce n'est que lorsque cet astre darde perpendiculairement ses rayons sur la surface de la terre qu'il possède le plus de vertu, et comme la terre est ronde et se trouve dans une position particulière vis-à-vis de lui, son action n'a lieu avec efficacité que sur un espace assez restreint, sur les lieux situés sous l'équateur, c'est-à-dire sur un quart du diamètre depuis le pôle nord jusqu'au pôle sud.

A partir de cette zone, l'effet du soleil diminue rapidement, au point qu'à 70° de latitude nord et sud déjà il n'a plus assez de force pour opérer le dégel du sol à quelques pieds de profondeur, et qu'à 80° la surface du sol, même au milieu de l'été, reste couverte d'une glace réfractaire. Deux fois par an, aux temps des équinoxes, l'astre se trouve perpendiculairement au-dessus de l'équateur et lui envoie ses rayons à plomb, et il en est de même pour chaque endroit de cette zone, mais de manière que les moments où cela a lieu se rapprochent de plus en plus vers les tropiques où ils se confondent, et ceci a lieu une fois par an sous le tropique du Cancer au jour le plus long, et sous le tropique du Capricorne au moment de notre nuit la plus longue.

Au fur et à mesure qu'un navire, dans l'océan Atlantique, se rapproche de l'équateur, une certaine anxiété saisit l'équipage, car il sait qu'au premier moment le vent favorable qui les a poussés jusqu'ici faiblira de plus en plus, cessera d'abord pour quelque temps pour s'évanouir enfin complètement. La mer s'étend autour d'eux, semblable à une glace sans fin, et le bâtiment qui, dans sa course rapide, égalait le vol des oiseaux, est cloué pour ainsi dire sur le cristal limpide. Les rayons solaires tombent d'aplomb sur l'espace étroit où ces hommes sont renfermés. La chaleur du pont, passant à travers les semelles, brûle les pieds des malheureux.

Une vapeur étouffante remplit les entre-ponts. Depuis quinze jours déjà, l'orgueilleux dominateur des mers se trouve immobile à la même place. La provision d'eau potable s'épuise; une soif ardente fait coller la langue au palais, et chacun regarde son compagnon d'infortune d'un œil de pitié et de désespoir.

Le soleil descend dans la mer, le ciel se couvre d'une teinte cuivrée, particulière à ces parages. A mesure que la nuit avance, une muraille noire semble s'élever à l'orient; d'abord un doux murmure, puis un sifflement aigu se fait entendre dans le lointain, une bande d'écume s'avance du même côté. Le navire se balance sur les ondes, mais ses voiles pendent le long des mâts et battent les vagues. Tout à coup, la tempête éclate avec un bruit épouvantable, les voiles se déchirent en mille lambeaux; un craquement terrible se fait entendre, le mât se plie et se tord, cède enfin et tombe avec fracas par-dessus bord; tous s'empressent avec des efforts suprêmes de couper les derniers cordages qui le retiennent encore, et le navire est ballotté aussitôt à l'aventure sur l'Océan soulevé. Le voilà sur le dos des vagues dressées

autour de lui comme des montagnes gigantesques, le voilà qui
se précipite au fond des abîmes sans nombre! Le tonnerre gronde
continuellement, les éclairs sillonnent sans cesse l'atmosphère en
révolte, la pluie tombe par torrents; à chaque instant, on le croit
perdu, et quand il reparaît à la surface on sent luire un rayon
d'espoir. Enfin, l'orage semble se lasser, les coups de tonnerre
et de vent deviennent plus rares, les vagues s'aplanissent, et quand
le soleil consolateur apparaît à l'horizon, il éclaire la même scène
de désolation que la veille. La mer est de nouveau unie comme
une glace, huit jours succèdent aux autres, la provision d'eau
est totalement épuisée et les spectres humains se regardent avec
terreur et d'un air menaçant. Une nouvelle tempête suit un nouveau
calme et ainsi de suite, jusqu'à ce qu'enfin le navire soit chassé
au delà de l'équateur dans la région des paisibles vents alizés.
Des centaines de navires ont péri par ces tempêtes formidables,
des centaines ont vu périr misérablement leurs équipages par la
soif et la faim, et ceux qui ont franchi la désolante région des
calmes remercient le Ciel de leur avoir accordé une seconde vie.
Une ancienne légende allemande parle d'une caverne habitée par
une vieille qui brasse et fabrique le temps; cette caverne est en
réalité la région des calmes et des tempêtes dont nous venons de
parler. C'est ici que le *temps* se prépare pour être distribué à la
terre entière.

Le soleil qui, deux fois par an, donne d'aplomb sur ces régions,
ne s'éloigne jamais assez pour qu'un refroidissement puisse avoir
lieu. L'atmosphère échauffée y devient tellement légère qu'elle se
trouve douée d'un mouvement ascendant continuel. Il s'évapore
en même temps de l'océan Atlantique et de l'océan Pacifique une
quantité incommensurable d'eau qui se répand dans l'air embrasé
et s'élève avec lui. Mais au fur et à mesure que l'air monte vers
les hautes régions, il se refroidit de plus en plus, et parfois
très-brusquement, de sorte qu'une grande partie de l'eau qu'il
avait enlevée se transforme en gouttes; ces changements subits
produisent également des différences d'électricité pour donner
naissance à des tempêtes passagères, si fréquentes dans les régions

quinoxiales, qui, sans cela, seraient calmes à cause du mouvement ascensionnel.

Les choses se passent autrement aux deux limites de cette zone. L'air chaud, en remontant, forme un vide vers lequel se précipite avec une extrême violence l'air froid qui vient du nord ou du sud. C'est ce vent qui souffle des pôles vers l'équateur et que nous nommerons *courant polaire*. Pour l'hémisphère septentrional, c'est le vent du nord ; au contraire, pour l'hémisphère méridional, c'est le vent du sud. Il faut considérer ici qu'un pareil courant n'est autre chose qu'un déplacement partiel de l'atmosphère qui, comme nous l'avons dit plus haut, est attachée à la terre et tourne avec elle de l'orient vers l'occident. Cependant il est facile de comprendre que l'atmosphère est douée de vitesses différentes dans les lieux de latitudes différentes ; tandis que, par exemple aux pôles, elle tourne sur elle-même, elle fait à l'équateur près de 200 lieues à l'heure. Figurez-vous maintenant l'air des pôles placé subitement sous l'équateur, il se passera un temps plus ou moins long avant qu'il participe à la même vitesse dont la terre est animée, il ne pourra suivre l'air qui s'y trouvait déjà, la terre glissera pour ainsi dire en dessous de lui ; ou, en d'autres termes, il se fera sentir sous la forme d'un courant qui passe de l'est vers l'ouest, il deviendra vent d'est. Des observations qui précèdent nous pouvons déduire que les courants polaires, à mesure qu'ils se rapprochent de l'équateur, doivent dévier de leur cours et se changer en vents N.-E. ou S.-E. Nous observons en effet, des deux côtés de la région des calmes et des bourrasques, une région où règnent constamment, ici le vent E.-N.-E., là le vent E.-S.-E., nommés vents alizés par les navigateurs.

Mentionnons, en outre, que l'air des pôles est le plus dense, le plus froid, le plus sec ; que, par conséquent, le baromètre doit monter quand le vent souffle du nord, du nord-est ou de l'est, car ces trois vents ne sont qu'un ; que le thermomètre doit baisser, que le ciel doit s'éclaircir ; nous aurons ainsi nommé les qualités essentielles d'un des vents principaux du courant polaire. Nous devons rechercher davantage le sort de l'air échauffé qui forme sous les tropiques le courant ascendant. Or, plus il s'élève, plus il doit se refroidir, et,

13

par conséquent, son mouvement doit se ralentir et finir par s'arrêter ;
mais il ne peut descendre à cause du courant polaire froid qui forme
en dessous de lui une couche presque compacte ; il glisse donc sur
celle-ci en se dirigeant vers les pôles et constitue de la sorte le
second vent qui domine sur la terre, appelé, d'après son origine,
courant équatorial. C'est pour nous un vent du sud, pour l'hémisphère méridional ce sera un vent du nord. Mais de même que le
courant polaire, en avançant vers l'équateur, se transforme peu à peu
en vent d'est, de même aussi le courant de l'équateur déviera de
sa route vers les pôles et en sens opposé à la rotation de la terre,
pour se transformer en vent d'ouest. Il possède également des qualités opposées au premier ; il est plus léger, plus chaud, plus humide
et, par suite, fait baisser le baromètre et monter le thermomètre, il
est la condition *sine quâ non* de la formation des nuages, de la pluie
ou de la neige. La communication de ces deux courants entre eux
est cause de la circulation constante entretenue dans l'atmosphère
et qui rend impossible qu'en un endroit quelconque une des substances nécessaires à la vie des organismes, telles que l'oxygène, les
vapeurs aqueuses, etc., soient entièrement consommées ou qu'une
substance délétère, telle que l'acide carbonique, s'y accumule en
quantité dangereuse. C'est ainsi que l'existence de la nature animée
est intimement liée à cette circulation.

Ces traits simples, mais grandioses, de la loi fondamentale des
changements atmosphériques, comme nous venons de les tracer,
semblent au premier abord ne pas s'appliquer au jeu en apparence
si capricieux du temps, et ne pouvoir passer comme prototype de la
versatilité et de l'inconstance. Nous pouvons rectifier cette prétendue
contradiction par ce qui suit. D'après les phénomènes que nous
venons de passer en revue, nous pouvons partager la surface de la
terre en deux moitiés inégales : la région du temps constant et celle
du temps variable. Aussi loin que s'étend l'influence des vents alizés,
on peut prédire la disposition de l'air, même pour quelques années
à venir. La zone moyenne (comprise entre le 2° et le 4° lat. N. et S.)
est celle où pendant toute l'année sans interruption de fortes chaleurs
et des calmes alternent avec des averses et des tempêtes nocturnes.

A côté de celles vers le nord comme vers le sud vient une autre zone (4° à 10° lat. N. et S.) où cet état de choses ne se présente qu'en été ou en hiver et le vent alizé amène un ciel serein. Vient ensuite une troisième (10° à 28° lat. N.) où, en hiver comme en été, les vents alizés n'amènent pas la moindre humidité, où des années se passent sans qu'une petite pluie passagère vienne rafraîchir la terre.

Enfin, une dernière zone au nord et au sud (de 20° à 30° lat. N. et S.) forme la limite du temps constant; là les vents alizés déterminent un été sans pluie et un hiver doux et pluvieux, toutefois la pluie n'y est pas toujours continuelle. L'indication approximative des latitudes se rapporte à l'hémisphère boréal et à l'océan Atlantique, le seul endroit où des observations sûres ont été recueillies

Maintenant, nous sommes en présence d'une zone de 24 degrés de latitude où les luttes entre le courant polaire et le courant équatorial occasionnent un climat variable, qui ne nous paraît capricieux et accidentel que parce que les circonstances dont dépend la prédominance, dans une localité donnée, de l'un ou de l'autre de ces deux courants, sont compliquées au point que nous n'ayons pu déduire de nos différentes observations une loi capable de régir ces modifications. Si nous approfondissons la question, nous trouvons, d'après ce que nous venons de dire, qu'il n'y a, en réalité, que deux vents sur la terre: celui qui souffle des pôles vers l'équateur et celui qui revient de l'équateur pour se rendre aux pôles. Prenons maintenant un endroit situé dans la région du temps variable, par exemple, l'Allemagne ou la Belgique, et admettons, en outre, que cet endroit soit situé exactement dans la direction du courant polaire. Lorsque le vent du nord y souffle, le froid se fait sentir, le ciel s'éclaircit et reste serein lors même que le vent, déviant peu à peu de sa direction, tourne à l'est. L'air polaire qu'il nous amène est des plus dangereux aux poitrinaires à cause de sa grande siccité et de son abondance en oxygène. Le vent d'est souffle aussi longtemps qu'aucun autre vent ne vient pas le relever, mais il n'y en a pas d'autre si ce n'est le courant équatorial qui commence toujours comme vent du sud. Le choc produit par leur rencontre a pour résultat immédiat de donner naissance à des directions intermédiaires, des vents S.-E., dont

l'air chaud et humide étant refroidi par le courant polaire est forcé
de céder une partie de son eau sous forme de nuages, de neige ou
de pluie. Peu à peu le courant équatorial prend le dessus, le temps
s'éclaircit, s'échauffe, et se maintient de la sorte avec un vent du
midi qui, insensiblement, se dirige vers l'ouest. Il n'y a que le
courant polaire qui, à son tour, puisse le relever; leur mélange
passant au nord-ouest produit d'abondants précipités atmosphériques. Ce sont ces jours froids et humides qui incommodent tant
les personnes nerveuses. Les choses continuent à marcher ainsi et
toujours dans le même ordre, d'après la loi appelée par Dove *loi du
tournoiement des vents*, et nous pouvons prédire le temps d'après
elle avec assez de sûreté, même dans nos régions, mais pour un
espace de temps limité; car nous ignorons les conditions auxquelles
se rattache la durée de ces courants ou de leur lutte dans le quadrant
du S.-E. ou du N.-O.

Chose étonnante, cette zone variable, que l'on serait tenté de
regarder comme la plus défavorable au développement du genre
humain, embrasse presque en entier l'Asie moyenne, l'Europe,
l'Amérique septentrionale et la côte septentrionale de l'Afrique; par
conséquent, elle comprend tout le théâtre sur lequel se meut l'histoire de l'humanité et de son développement intellectuel. Peut-être
y a-t-il une connexion secrète entre ce phénomène et le développement spécial du monde végétal de cette région. Probablement que,
sans le secours et l'activité de l'homme, elle ne serait pas en état
de produire une quantité de substances alimentaires en rapport avec
la population qui, par suite, se voit forcée de recourir à son intelligence pour contenter les premiers besoins de la vie.

Au delà de cette région, dans le voisinage des pôles, le climat
semble se soumettre à des lois plus simples, mais on comprendra
aisément que les observations suffisantes nous manquent encore
pour ces contrées.

Nous venons donc de tracer largement une esquisse de la répartition du temps à la surface de la terre, et nous avons trouvé la loi
simple sur laquelle se basent ses changements; nous ne devons pas
oublier, cependant, que cette répartition légale ne serait entièrement

valable que pour autant que l'élévation des pays soit partout la même ou qu'ils soient partout couverts d'eau. Cela n'a pas lieu, et la différence de niveau entre la mer et la terre, pour certains endroits, est très-grande; les plaines et les montagnes, les déserts sablonneux et les forêts, etc., apportent autant de perturbations dans ces lois qu'il a fallu d'années pour s'apercevoir de ces circonstances secondaires. Cette étude constitue la météorologie scientifique, inventée par Alex. de Humboldt, et que Dove a développée sous tous les points de vue avec son talent éminent.

Parmi les influences qui modifient la répartition du temps, une des plus importantes est la distribution de terre et d'eau à la surface du globe terrestre. La terre exposée aux rayons solaires se réchauffe plus vite, et prend, dans un temps donné, une température plus élevée que l'eau qui, en revanche, une fois échauffée, se refroidit beaucoup plus lentement. La première conséquence est que la zone la plus chaude, la région des calmes n'occupe pas une étendue égale au nord et au sud de l'équateur, mais, au contraire, occupe une plus grande étendue dans l'hémisphère septentrional. Cette extension au nord est plus visible dans la mer de l'Inde orientale, où le vent alizé du N.-E. souffle, il est vrai, en hiver, mais est complétement refoulé en été par la mousson du S.-E. Aussitôt que ce vent franchit l'équateur, à cause de la rotation de la terre, il est obligé de tourner vers l'ouest, et c'est de cette manière que se forment les deux vents alizés qui alternent si régulièrement de six en six mois du N.-E. au S.-O. et que les marins appellent les moussons.

Il y a un autre fait, plus important et plus intéressant pour nous autres Européens : c'est que les courants équatoriaux et les vents alizés qui repassent au sud de l'Europe à travers le Sahara échauffé par l'ardeur du soleil, sont refoulés si loin vers le nord qu'ils parcourent la terre à une plus grande distance que cela n'a lieu en Amérique et en Asie. C'est la raison pour laquelle le sirocco, en Italie, et le Fœhn, en Suisse, sont plus chauds que les vents analogues qui soufflent dans les autres parties du monde. L'Europe possède donc un climat plus doux que d'autres contrées situées sous les mêmes latitudes. A Ranenfiord, en Norwége, par exemple, on cultive encore du seigle, tandis que les contrées sous les mêmes latitudes en Amérique sont constamment, même pendant l'été, couvertes de glace et de neige; à Drontheim, on récolte encore du froment, à la baie d'Hudson, aucun établissement de ce genre n'a pu réussir, et, dans la Sibérie, sous la même latitude, le sol, en été, ne se dégèle qu'à la profondeur de deux pieds. Drontheim jouit à peu près de la même température que le Canada qui est situé plus au sud que Paris. A New-York, situé sous la même latitude que Naples, les arbres fleurissent à la même époque qu'à Upsal. Le Spitzberg a encore une sorte d'été, quoique court, tandis qu'un des jours les plus chauds de l'île de Melville, qui est à 3° plus au sud, a souvent 14° de froid.

Cependant, l'Europe ne doit pas ces priviléges uniquement aux circonstances déjà indiquées. Il reste à mentionner une autre cause qui prend une bonne part dans la distribution de la chaleur sur la terre. Ce sont les courants d'eau dans les grands océans. Ici le soleil équinoxial produit des effets analogues à ceux que subit l'océan aérien; il s'y produit de même des courants polaires qui amènent l'eau froide vers la ligne, tandis que l'eau échauffée retourne vers les pôles.

Il est clair que ces courants resserrés dans leurs lits par la terre ferme, tantôt arrêtés, tantôt activés dans leur cours par des montagnes sous-marines, dévieront bien plus de leur régularité que les courants aériens qui, eux, passent librement par-dessus les plus hautes montagnes. Les eaux sont pour ainsi dire mises en ébullition dans le golfe du Mexique, comme si elles se trouvaient dans une vaste cuve, et s'écoulent dans la direction N.-E. tout droit vers la côte occidentale de l'Europe, y amenant ainsi la chaleur qu'elles avaient absorbée sur la côte de Vera-Cruz et de Tampico. C'est le courant du golfe qui entraîne les vaisseaux avec une rapidité de 1 1,2 mille à l'heure du cap Hatteras tout hérissé d'écueils jusqu'à la baie orageuse de Biscaye et transporte avec eux les produits des Indes occidentales jusqu'aux côtes de l'Irlande.

Ajoutons encore que le phénomène que présentent toutes les côtes, à savoir le vent qui souffle de la terre vers la mer pendant le jour et qui revient brusquement le soir vers la terre, ne contribue pas moins à toutes ces inégalités de température.

Ce serait aller trop loin que de citer toutes les particularités qui impriment à la marche régulière des phénomènes météorologiques ces nombreuses petites déviations qui déterminent, pour chaque endroit, son caractère climatérique local. Faisons mention toutefois d'un des phénomènes les plus remarquables qui coïncide exacte ment avec l'arrangement du temps.

Nous avons vu que la chaleur et sa répartition inégale dans toutes les directions est le phénomène fondamental autour duquel se groupent les autres et dans une grande dépendance. L'humidité de l'air a une corrélation intime avec ce phénomène, et celle-ci, unie à la chaleur, sont les raisons d'être de la vie végétale. C'est à ces deux conditions que se rattache en grande partie la distribution des plantes à la surface du globe. Le monde animal suit les plantes, car à l'existence des herbivores se lie directement celle des carnivores. « Le froid et le chaud » ne sont donc pas seuls les suites de l'action du soleil, mais la vie entière avec tous ses différents degrés de puissance, depuis l'ouragan furieux, qui lance à travers l'air des boulets de 24 (1), jusqu'au travail imperceptible de l'infusoire microscopique; depuis le frémissement du lapin du Chili, le rugissement du lion qui dévore la gracieuse gazelle, jusqu'au doux bruissement du bouleau du Nord et le sifflement de la chouette qui chasse la timide souris. Le renard, le tigre éveillent évidemment en nous l'image de la poule et de la girafe, et celles-ci à leur tour nous transportent dans la zone tempérée de l'Europe ou dans les sables brûlants de l'Afrique. Le premier principe suprême, celui qui, non-seulement vivifie, mais excite et règle tout, c'est le soleil, et ses rayons brûlants sont les burins dont il se sert pour tracer les lumières et les ombres, le jaune ardent du sable aride et le vert rafraîchissant des prairies, et à l'aide desquels il dessine la géographie des plantes et des animaux, et trace même l'esquisse d'une carte ethnographique pour le genre humain.

(1) Voir le rapport du général Bandrand sur l'ouragan de la Guadeloupe, le 25 juillet 1825.

Et si nous réfléchissons à cet enchaînement intime, si nous reconnaissons que ces principes, qui dominent tout, ne se montrent nulle part en apparence aussi irrégulièrement, ni d'une manière aussi anomale que dans notre Europe civilisée, tandis que, au contraire, dans une partie des contrées tropicales, ces lois simples et fondamentales s'offrent aux yeux de tout le monde avec la plus grande clarté; si, disons-nous, nous trouvons ensuite que ce qui est la condition du progrès de toutes les sciences, la connaissance des lois de la nature, n'est presque possible que dans les régions étrangères, nous arrivons à comprendre un fait qui, sans cela, resterait problématique et inexpliqué dans l'histoire de l'humanité : que la marche vers la perfection de tout ce qui a le moindre rapport avec les sciences naturelles se règle sur celle des sciences géographiques. Le naturaliste qui est constamment entouré de la nature, ne connaît de jouissance, si ce n'est celle de voyager, que dans la convoitise des trésors exotiques, et les serres et les herbiers deviennent ainsi des objets indispensables au botaniste, tout comme les collections et les jardins zoologiques le sont devenus à ceux qui s'appliquent à la zoologie. Nous croyons qu'il suffit d'avoir tracé une simple esquisse du grand tableau vivant dans lequel je me flatte d'avoir pu faire ressortir les traits principaux avec assez de clarté. En tous cas, je me consolerais facilement si, à cette question : « Ce tableau est-il intéressant? » quelqu'un répondait en haussant les épaules : « Il n'y est question que du temps. »

SIXIÈME LEÇON.

DE L'EAU ET DE SON MOUVEMENT.

L'artiste graveur nous conduit à la côte occidentale de l'île d'Helgoland. Ici on distingue, parmi les points saillants des côtes échancrées, l'arcade hardie appelée *Mormersgat*, sous laquelle, en 1832, j'ai passé, avec mon ami feu Théodore Vogel, huit heures dans la plus grande anxiété. Tout en recueillant des algues et des animaux marins, notre zèle nous avait fait oublier le temps, la marée nous avait surpris et nous avait coupé la retraite. Notre situation n'était rien moins qu'agréable : un petit espace couvert de blocs mesurant à peine six pas en carré, était resté à sec et nous servait de refuge. Heureusement, l'orage qui accompagne fréquemment la marée montante, n'eut pas lieu ; sans quoi c'en était fait de nous. Personne ne pouvait deviner notre présence en ce lieu ; aucun signe, aucune voix n'auraient pu trahir notre détresse ou guider notre sauveur. Nous en fûmes quittes pour la peur, que peut seul comprendre celui qui a déjà vu un orage sur les côtes de la mer, et a senti étouffer par le vent dans sa bouche chaque parole qu'il allait proférer ; celui qui a vu les vagues se dresser comme des montagnes, arracher des quartiers de roc de plusieurs quintaux , les lancer au loin comme si c'étaient des bouchons de liége, et jouer avec l'énorme masse d'un vaisseau comme l'enfant joue avec son ballon. Il faut voir encore l'ouragan pour apprendre à le craindre ; l'ouragan, dont la beauté grandiose et sublime ne fait impression que longtemps après qu'il a sévi. Le bouleversement terrible des éléments fait trembler dans tous ses membres celui-là même qui n'est pas exposé au danger. Souvent l'ouragan s'apaise subitement comme il avait commencé ; un fort vent, qui continue à souffler, dégénère bien vite en calme. Cependant l'élément liquide ne reprend que bien lentement son équilibre, et c'est ce qui nous fournit l'occasion d'admirer le jeu varié à l'infini des vagues se roulant, se soulevant, se précipitant, se heurtant, se confondant sans cesse. Sur leur dos se lèvent et s'abaissent la carcasse et les mâts d'un beau navire, naguère l'orgueil de l'armateur ; maintes vies ont été englouties par les ondes qui bientôt recouvriront leur tombeau d'une glace froide et tranquille. « L'eau, dans son mouvement, dit Pindare, n'est pas seulement le principal, mais aussi le plus fort et le plus terrible des éléments. »

DE L'EAU ET DE SON MOUVEMENT.

La mer, écumante de rage,
Brise ses flots bouillonnants contre les rochers.
FAUST.

Il y a quelques années, un ouragan parcourut l'Allemagne, tantôt dissipant les brouillards et purifiant l'air, tantôt bouleversant les campagnes, et excitant, dans sa puissance, tous les bons et tous les mauvais génies. Un seul petit coin de terre n'a pas été visité par sa fureur vagabonde; la population de ce point, heureuse mais limitée, possède dans son sein à peine un médecin, et jamais les chicaneries d'un homme de loi n'y troublent le paisible communisme des propriétés. A l'abri de tous soucis, sur un rocher solitaire situé dans la mer du Nord, ce peuple exerce l'hospitalité envers ceux qui viennent chercher dans cet asile le repos de l'âme et du corps.

Verte est la terre
Rouge est le rocher
Blanc est le sable
Telles sont les couleurs de la chère patrie.

C'est ainsi que la légende interprète les couleurs du pavillon de ce pays.

L'étranger, qu'un vapeur amène et qui aborde au promontoire étroit, dominé par un rocher perpendiculaire, peut lire cette légende inscrite sur la plupart des barques amarrées au rivage.

Nous mettons pied à terre, et des groupes de curieux nous entourent aussitôt. La fraîcheur qui se peint sur les visages des femmes et des filles est un témoignage en faveur de l'influence vivifiante de l'air de la mer. Sur la figure des hommes on peut lire les traces de maint ouragan. — Un individu entre autres attire les regards, non à cause de sa stature, car il est d'une taille moyenne et courbée par l'âge; ce qui nous intéresse vivement, c'est l'éclat de ses yeux, la vigueur de ses mouvements qui semblent contraster avec ses cheveux blancs comme la neige et ses traits profondément sillonnés.

Jens Petersen, appelé par ses camarades le Vieux aux cheveux gris, est une personnalité qui attire irrésistiblement l'œil scrutateur des nouveaux venus; nous n'hésitons pas un instant à le prendre pour notre guide pendant nos excursions dans l'île. On pourrait le faire passer comme type de cette ancienne famille de la race frisonne de l'est qui, vivant sur son rocher, assez semblable à un navire pétrifié au milieu de l'Océan, cherche et retire de l'eau qui l'environne tout ce dont il a besoin pour son existence. Ici l'expression de Pindare : « L'eau est le principal des éléments, » s'est le plus complétement réalisée. Notre Vieux aux cheveux gris a passé les deux tiers de sa vie dans une barque ouverte : le hurlement de la tempête, le bouleversement des vagues n'a plus aucun effet sur ses nerfs d'acier. Pendant que nous le suivons avec peine sur l'escalier dont les trois cents degrés nous conduisent au sommet du rocher, il nous fait le récit de ses aventures; nous marchons en l'écoutant attentivement : pendant bien des nuits orageuses, nous le voyons lutter contre les vagues pour porter du secours aux navires démâtés roulant à l'abandon. Il parle avec enthousiasme de l'apogée de l'île d'Helgoland, sous le système continental de l'empire; les commis des négociants, dit-il, faisaient plonger les gamins après des écus et des pièces d'or. D'un air mystérieux il nous fait le récit de ses expéditions aventureuses d'autrefois. Un jour, il avait traversé la mer du Nord dans une barque non pontée, et porté des dépêches secrètes à la côte de la Hollande; pendant la nuit obscure, il s'était approché du rivage couvert d'une végétation de roseaux, et, après avoir amarré son embarcation et serré ses dépêches dans sa poche, il avait traversé

les joncs, marchant jusqu'aux genoux dans la vase. Les bruisse-
ments des roseaux l'ont trahi. — Qui vive? lui crie-t-on. Pas de
réponse; et les balles de siffler autour de ses oreilles. Cependant
il continue son chemin; redoublant de précautions, il gagne le
rivage et, semblable au sauvage du Canada, rampe à plat ventre
sur la digue entre deux sentinelles placées à une distance de vingt
pas l'une de l'autre. C'est ainsi qu'il avait atteint le lieu de sa destination, traversant des fossés remplis de fange et de roseaux, et,
revenant par le même chemin, il avait su se jeter dans son canot
à travers les balles que lui envoyaient de toutes parts les sentinelles
éveillées au bruit de ses rames.

Entre-temps, nous atteignons la hauteur; un sentier de cinq minutes
de marche, appelé par les baigneurs étrangers : l'*Allée des pommes
de terre*, nous conduit au point le plus élevé de l'île : le Belvédère,
et d'ici on peut distinguer la mer qui s'étend de tous côtés à perte de
vue. Quel aspect sublime! Notre petit groupe s'augmente. Quelques
dames, des naturalistes et des médecins ainsi que plusieurs capitaines anglais viennent se joindre à nous. La conversation s'engage
et devient de plus en plus animée, de plus en plus variée; mais quel
autre sujet que l'eau peut inspirer de l'intérêt dans de pareilles
circonstances? Peut-être ne serait-il pas déplacé ici de suivre la
conversation. Le spectacle qui s'offre du Belvédère est aussi original
que grandiose. Devant nous, la surface du rocher; à gauche, la petite
ville avec son petit clocher; à droite, l'énorme fanal anglais et, un
peu en arrière de celui-ci, le phare ne ressemblant pas mal aux
ruines d'un antique manoir; ce dernier, surtout pendant les orages,
est gardé jour et nuit par les Helgolandais qui guettent l'occasion
de porter secours aux vaisseaux en détresse; aucun arbre ou
autre objet n'offusque la vue, aussi la violence des ouragans qui
force les pilotes les plus vigoureux de se tenir à quatre pattes
s'oppose également au développement de toute espèce de végétation.
L'île n'a que deux mille pas dans sa plus grande longueur et n'offre
aucune perspective; tout se dessine nettement autour de nous et
avec la plus grande clarté. A l'égal de la carène d'un vaisseau qui
coupe les ondes dans sa marche rapide, la pointe méridionale de

l'île sépare les eaux du Weser et de l'Elbe en offrant à leur courant une résistance inébranlable. A gauche, le bord oriental abrite le promontoire étroit composé de sable et de galets arrondis, et couvert d'une trentaine de maisons. Plus avant, dans la mer, brillent avec un éclat argenté les collines des dunes séparées d'Helgoland par un bras de mer de peu de largeur. Le tout est entouré du miroir de l'Océan et d'un horizon illimité.

Nous comparons la mer à un miroir; et, en effet, au premier abord, elle paraît offrir une surface unie et immobile. L'oreille cependant entend un murmure confus provenant des eaux qui se brisent contre le pied des rochers, et l'œil tant soit peu attentif ne tarde pas à découvrir que cette immense surface se soulève et s'abaisse comme si elle était douée d'une douce respiration.

Ici nous sommes séduits par une apparence de repos; car ce n'est point une masse d'eau inerte et morte; elle vit, change et remue sans cesse, elle qui, sous le nom antique d'Oceanus, embrasse les fondements de la terre.

Le mouvement de l'eau et les phénomènes qui l'accompagnent varient suivant les circonstances, mais l'élément liquide ne jouit pas en définitive d'un repos absolu. Indépendamment de la pression de l'atmosphère qui en dérange constamment l'équilibre, l'eau de la mer est douée de trois sortes de mouvements, soumis à des lois. Le soleil et la lune, agissant sur elle avec une force attractive peu apparente mais irrésistible, produisent un premier mouvement manifesté par les marées. Les autres se font reconnaître dans le tornado des Indes occidentales et le typhon de la Chine. Tous s'avancent sans bruit, mais régulièrement, d'une manière plus grandiose et plus puissante que la plus terrible révolte des éléments en fureur. Le soleil qui brille si paisiblement sur la surface limpide chasse continuellement l'eau évaporée vers les hautes régions. Sous la forme d'un gaz invisible, elle monte pour retomber sur la terre sous forme de pluie ou de neige. La plus grosse goutte de pluie laisse à peine une trace sur le sol détrempé. La masse d'eau qui tombe n'exerce pas la moindre force, dans sa chute, mais elle se réunit en sources, en ruisseaux, en rivières, en fleuves et, en coulant vers le sein de sa mère, elle fait tourner des moulins, transporte des navires et d'autres œuvres de l'homme. La force de la masse totale de l'eau courante de l'Europe correspond à environ 300 millions de chevaux, d'après le calcul usité dans les machines à vapeur. Cette force paraît être considérable, mais ne nous étonnera pas du moment que nous considérons le bruit intense que font des ruisseaux, des sources, des fleuves, des torrents, des cascades et les chutes du Niagara et du Trollhaetta. L'homme est assez facilement induit en erreur lorsqu'il regarde comme grand, comme puissant, ce qui fait une forte impression sur ses sens, et il s'abandonne aisément à l'idée de regarder comme insignifiant ce qui agit en silence et sans bruit. C'est ici le cas. En supposant que la profondeur moyenne de la mer soit de 12,000 pieds, elle doit contenir à peu près 2 1/4 billions de milles cubes d'eau, et si l'Océan était mis à sec, tous les fleuves de la terre devraient verser leurs eaux pendant 40,000 ans pour en combler de nouveau le bassin. Mais toutes les forces réunies des eaux courantes de la terre ne constituent pas encore 1/800 de la force qui a soulevé cette eau sous forme de vapeurs vers les nuages. La quantité de chaleur qui est employée pour transformer cette eau en vapeurs est égale au tiers du total de la chaleur que le soleil envoie à la terre. Cette quantité pendant une année seulement suffirait pour fondre une croûte de glace qui envelopperait le globe sur une épaisseur de 32 pieds, tandis que tout le combustible consumé en France pendant une année ne suffirait pas pour fondre une croûte de glace d'une ligne d'épaisseur. D'après des calculs techniques, on peut représenter la quantité de chaleur qui transforme annuellement l'eau de mer en vapeurs, par une force de 16 billions de chevaux; par conséquent, 79 chevaux pour chaque arpent de surface. Dans le comté le plus industriel de la Grande-Bretagne, le Lancastre, il n'y a, sur chaque arpent, qu'un 1/49 de la force d'un cheval en activité ou la 3,871e partie de 79.

Soulevée par des forces qui dépassent l'imagination la plus vaste pour retomber ensuite sous forme de pluie bienfaisante, l'eau réunie en ruisseaux ou en fleuves sert encore les desseins de l'homme et, en se précipitant de nouveau dans la mer, elle accomplit un mouve-

ment circulatoire par la terre et à travers les airs. Il va sans dire
que la force qui enchaîne le soleil et les planètes, qui rappelle la
comète errante de sa course lointaine, exerce également son influence
sur l'eau ; et si cette force attractive est secondée par l'action réunie
du soleil et de la lune, elle produit un second mouvement dans la
masse liquide.

Lorsque les compagnons de Néarque, sous Alexandre le Grand,
atteignirent les embouchures de l'Indus, ils furent surpris de voir
monter et descendre régulièrement les eaux de la mer, fait qu'ils
n'avaient point observé sur les côtes de l'Asie Mineure et de la Grèce,
et le peu de temps qu'ils restèrent en ces lieux leur suffit pour
reconnaître la liaison qui existe entre ce phénomène et les phases
de la lune. Notre satellite, plus rapproché de nous que le soleil, agit
par suite avec plus d'intensité, soulève, en vertu de la force attractive qu'il exerce sur la surface de l'Océan, l'eau sous forme d'une
lame immense, mais n'ayant que quelques pieds de hauteur, pour
l'emmener attachée à sa propre orbite, autour de la terre. Cette lame
si insignifiante et si impuissante qu'elle soit, accomplirait tranquillement sa circulation sans les obstacles qu'elle rencontre et contre
lesquels elle se roidit et concentre ses forces. D'abord, c'est la
Nouvelle-Hollande d'un côté et l'Asie méridionale de l'autre, qu'elle
rencontre sur son chemin. Comprimée entre ces terres, de peu
élevée qu'elle était, elle gagne en hauteur ce qu'elle perd en base ;
dans cet état, elle double la pointe de l'Afrique. Une heure après
que la lune atteint son apogée à Greenwich, la lame arrive à Fez et
au Maroc ; deux heures plus tard, elle se presse dans le détroit de
Gibraltar et passe près de la côte du Portugal. A la quatrième heure,
elle se précipite dans le canal et passe près de la côte occidentale de
l'Angleterre. Arrêtée par la côte rocheuse de l'Irlande et les nombreux
groupes d'îles au nord de cette terre, elle ne devient sensible qu'à
la huitième heure dans la partie supérieure de la mer du Nord et
dans les eaux des fiords de la Norwége. Les eaux soulevées du canal,
s'unissant à celles de la mer du Nord, se pressent à la onzième heure
dans l'Elbe, à 20 lieues en amont de ce fleuve. Une autre partie de
cette même lame passe de la pointe méridionale de l'Afrique vers la

côte orientale de l'Amérique, et, avec une vitesse de 120 lieues marines à l'heure, elle s'écoule le long de la côte vers le nord où, comprimée dans les golfes, tels que la baie de Fundy, elle monte à la hauteur de 80 pieds. Combien paraît donc faible la force du plus formidable des ouragans, à peine capable de pousser l'eau à 6 lieues en amont de l'Elbe ou à élever les vagues, près du cap Horn, à une hauteur de 25 pieds environ! Son effet, d'après Bergmann, s'étend tout au plus à 15 brasses de profondeur, de sorte que, pendant les plus forts ouragans, les plongeurs n'auraient rien à craindre s'ils pouvaient se maintenir à cette profondeur.

Néanmoins, l'eau de la marée n'est point aussi destructive que les lames soulevées par l'ouragan. Elle monte uniformément sur le rivage rocheux, elle en descend sans bruit comme elle était arrivée, mais avec quelques modifications, bien entendu. Là où des écueils se trouvent sur son passage, il se forme des brisants, indépendants de l'ouragan, et incommodes pour les marins. On connaît les brisants redoutés, sous le nom de *Surf*, sur les côtes de Sumatra. En réalité, la marée n'offre du danger que lorsqu'elle entre en lutte avec d'autres courants ou que, séparée en deux par des îles, les deux bras continuent ensuite leur marche dans des directions opposées. Le premier a lieu près des embouchures des fleuves, l'autre forme les grands tourbillons de mer.

Il y a quelque temps, le prince Adalbert de Prusse a donné une intéressante description de l'action de la marée aux embouchures des fleuves. « À l'embouchure de l'Amazone se présente un merveilleux phénomène appelé *Pororoca*, et qui n'est pas encore suffisamment expliqué. Au lieu de monter avec régularité, la marée, arrêtée par la grande masse d'eau apportée par le fleuve, parvient en peu de minutes à une grande élévation, culbute en quelque sorte cette mer d'eau douce, la refoule vers ses sources en roulant par-dessus avec un bruit épouvantable. Souvent la lame de la marée n'occupe point toute la largeur de l'Amazone, mais là où elle heurte contre des bas-fonds elle monte de 12 à 15 pieds, tandis qu'elle baisse et disparaît presque entièrement là où le fleuve a une grande profondeur pour reparaître plus loin dans les lieux moins profonds.

15

Ces profondeurs s'appellent *Esperas* ou endroits d'attente, parce que de petites embarcations mêmes y sont à l'abri de la fureur de la Pororoca. Une fois celle-ci passée, l'eau rentre dans la même tranquillité qu'elle avait avant le commencement du phénomène. »

Il y a longtemps qu'on a observé le même fait à l'embouchure de la Dordogne dans la Gironde, où en deux minutes de temps l'eau monte à plusieurs mètres de hauteur et roule avec la vitesse d'un coursier en amont du fleuve. Cette crue subite a reçu le nom de Mascaret ou de rat d'eau. Des crues analogues ont lieu aux embouchures du Mississipi et des fleuves de la baie d'Hudson. Dans la rivière Hougly, les Anglais les désignent sous le nom de *Bore*. Enfin elles existent aussi dans plusieurs rivières secondaires du Gange. La lutte que la marée engage pour ainsi dire avec elle-même produit en outre des tourbillons de mer. Un d'entre eux, le Charybde, a été connu des anciens; on l'appelle aujourd'hui Calofaro et il offre peu de dangers, car les gros navires voguent au-dessus sans inconvénient. Malgré cela il est un des plus célèbres, en partie par les poésies des anciens et surtout par la ballade de Schiller *le Plongeur* inspirée à l'occasion d'un événement qui s'est passé en cet endroit. Un marin napolitain, pour ainsi dire habitué à vivre dans l'eau, nageait souvent quatre à cinq jours consécutivement dans la mer. Lorsqu'il restait quelque temps à terre, il éprouvait des douleurs lancinantes dans la poitrine. Ses compagnons le nommaient, à cause de sa nature amphibie, *Pesce-Colo*. Le roi Frédéric de Sicile l'engagea deux fois à explorer le fond du gouffre; au second essai, le plongeur se noya. — Un exemple analogue d'une de ces natures amphibies a été fourni dans la personne de François de la Véga, charpentier espagnol. A l'âge de 18 ans, en 1674, entraîné par une envie irrésistible, il sauta dans la mer et ne reparut plus. Cinq ans plus tard, des pêcheurs découvrirent, dans une baie éloignée et peu fréquentée, une créature humaine nageant dans l'eau. On réussit avec quelque peine à s'en emparer au moyen de filets et on reconnut avec étonnement François de la Véga, qui était devenu idiot. Il fut soigné avec beaucoup d'attention jusqu'à ce que, neuf ans plus tard, il s'échappât une seconde fois; on ne le revit plus.

Le Maelstrom dans le district de Lofoden, en Norwége, est bien plus considérable et plus redoutable que le Charybde. Il forme un gouffre qui a 4 lieues de diamètre et qui souvent entraîne dans l'abîme le premier navire qui est à sa portée. Son origine provient de ce que la lame qui pénètre dans le canal et continue à rouler vers le nord le long de la côte occidentale du Danemark, rencontre la marée, rendue plus intense par la violence du vent d'ouest, qui vient de tourner autour de la côte septentrionale de l'Irlande.

Il y a encore un troisième mouvement qui entretient continuellement l'agitation de la mer en mélangeant les eaux et les empêchant de se corrompre sous l'action des cadavres innombrables de plantes et d'animaux dont la décomposition anéantirait très-vite la vie organique. Tant il est certain qu'ici comme partout ailleurs, le mouvement, c'est la vie, et le repos, la mort. Ce mouvement vivifiant part également du soleil, qui par sa force attractive maintient non-seulement les planètes et les comètes dans leur orbite, mais entretient, à l'aide de la chaleur de ses rayons, la circulation de l'air et de l'eau. Nous savons déjà comment l'eau monte pour former des nuages, retombe sur la terre en forme de pluie et retourne à la mer à l'aide de ruisseaux ou de fleuves. Il reste encore à mentionner un autre courant de la mer dont la puissance est également grande. Il vient à l'appui d'une des propriétés les plus remarquables et les plus importantes dont l'eau soit douée et qui, néanmoins, au premier aspect, paraît de peu de conséquence.

C'est un fait connu que tous les corps se dilatent et deviennent plus légers par la chaleur, et qu'au contraire ils se contractent et deviennent plus lourds par l'action du froid. Le mercure, par exemple, occupe un espace d'autant moindre que le froid est plus vif, et son poids spécifique est le plus considérable à la température de 40° au-dessous de zéro, qui le fait passer à l'état solide. L'eau également diminue de volume et devient plus pesante jusqu'à ce qu'elle ait atteint une température de 3°,4 R., température que l'eau conserve constamment sous toutes les latitudes à la profondeur de 3,600 pieds, d'après Dumont d'Urville. Si celle-ci s'abaisse davantage, l'eau se dilate de nouveau et arrivée à 0°, point de sa congélation, elle

devient deux fois plus légère qu'elle n'était à 3°,4 ; il suit de cette
particularité admirable que l'eau, qui, à une certaine profondeur,
conserve une température invariable de 3°,4, monte aussitôt qu'elle
vient de se refroidir davantage et ne peut se congeler qu'à la surface.

S'il n'en était pas ainsi, si l'eau, au moment de sa congélation,
devenait plus dense, elle se congèlerait au fond de la mer. Toutes
les eaux des hautes latitudes seraient converties en glace, en un seul
hiver, et aucune chaleur d'été, quelque grande qu'elle fût, ne pourrait
suffire à la faire fondre. Tout le Nord et le Sud ainsi que les deux
zones tempérées deviendraient inhabitables, et la vie organique
serait forcée de se réfugier vers l'étroite ceinture au-dessous de l'équateur. L'épaisse couche de glace, par sa propriété d'être mauvais
conducteur du calorique, empêche l'eau de se congeler à une
certaine profondeur et lui conserve son état liquide. C'est ainsi que la
chaleur interne de l'eau lui procure un double mouvement : tant
que la température est au-dessus de 3°,4, l'eau chaude et légère se
transporte à la surface et l'eau froide descend vers le fond ; mais
à partir de 3°,4 et au-dessous, l'opposé a lieu : les couches d'eau
froides montent à la surface et les chaudes descendent à leur tour.
Le premier cas a surtout lieu sous les tropiques, le dernier près
des pôles. L'effet de ce double phénomène s'étend sur l'Océan tout
entier. C'est principalement sous le soleil vertical de la zone équi-
noxiale, là où la mer a constamment une température de 21 à 22°,
que nous voyons s'évaporer les grandes masses d'eau qui forment
ensuite les nuages. L'eau échauffée se transforme continuellement
en vapeurs et cette perte est incessamment réparée par les courants
d'eau froide qui viennent des pôles. C'est la cause générale qui entretient le mouvement des eaux de la mer. Deux autres causes viennent
encore influer sur la direction et la vitesse de ces courants, mais
il est plus difficile de les ranger sous une loi. Il y a en premier lieu
les vents alizés qui les font dévier de leur direction en les poussant
de l'est à l'ouest. D'autre part, les courants venant de l'équateur et
des pôles sont diversement modifiés dans leur direction par la configuration de la terre et par celle du sol sous-marin, ce qui ne laisse
pas d'avoir une grande influence sur les relations internationales en

ce sens qu'ils transportent les vaisseaux vers leur destination ou qu'ils en entravent la marche.

Entre le 80° et le 100° long. E. de Paris, un fort courant d'eau froide s'avance du pôle sud, le long de la côte occidentale de la Nouvelle-Hollande; il tourne à gauche et prend presque la direction de l'alizé S.-E. en traversant l'océan Indien jusqu'à la côte de l'Afrique, longe celle-ci, et se dirige de nouveau vers la gauche, double le cap de Bonne-Espérance et arrive enfin dans la direction du N.-E.

En quittant la côte d'Angola, le courant traverse l'océan Atlantique et arrive au cap Roque dans l'Amérique méridionale où il se bifurque en deux bras, un méridional et un septentrional. Ce dernier tombe dans le golfe du Mexique, se transforme, à sa sortie près de la Floride, en courant chaud du golfe, glisse sur les eaux froides plus denses qui descendent des côtes du Groenland et amène ainsi la chaleur et les produits du Midi jusque sur la côte occidentale de l'Europe. Le courant du golfe amena jusque sur les côtes de l'Écosse les débris d'un vaisseau de guerre anglais *the Tilbury* qui fut détruit par un incendie dans le voisinage de la Jamaïque. Près du cap Lopez, sur la côte occidentale de l'Afrique, un autre navire anglais fit naufrage, et des barriques d'huile de palmier, qui faisaient partie de sa cargaison, furent amenées par le courant équatorial vers l'ouest dans le golfe du Mexique et de là par le courant du golfe vers l'Écosse. Les eaux du Groenland amenèrent un jour sur les côtes de Ténériffe une bouteille qui avait été jetée à la mer à quelques lieues de la pointe méridionale du Groenland.

Sous le 160°—220° long. à l'E. de Paris se précipite un autre cours très-puissant qui vient du pôle sud, prend sous le 50° latitude à droite et apporte, en remontant les côtes rocheuses du Pérou, à ce pays son climat tempéré quoique le soleil y darde perpendiculairement ses rayons; là le courant se détourne du Payta à la latitude d'environ 45°, la masse d'eau réchauffée passe lentement à travers l'océan Pacifique et se sépare en deux; la plus petite masse va baigner les îles de Timor et des Célèbes, tandis que l'autre se porte vers les côtes de l'empire chinois. Si nous ajoutons à ce qui précède que presque

chacun de ces courants provoque, le long de ses flancs, une
réaction qui apparaît sous forme d'un contre-courant, nous aurons
tracé les principaux traits de notre tableau. L'importance que les
courants doivent avoir pour le navigateur ressort facilement de ce
fait, que le courant équatorial fait avancer un navire d'environ
15 lieues par jour, indépendamment du vent, et le courant du golfe
lui-même de 30 lieues.

La différence de température des courants et de l'eau, en apparence
si tranquille, qui est à côté d'eux est très-grande et se fait sentir à de
fortes distances. M. de Humboldt a trouvé à Truxillo, où l'eau en
repos a une température de 22°, que celle du courant des côtes du
Pérou n'était que de 8°5, et lorsqu'on se fait conduire dans une
nacelle exactement sur la ligne de démarcation du courant du golfe,
on peut tenir en même temps une main dans l'eau froide, l'autre
dans l'eau chaude.

Singulier élément! L'homme dans une légère embarcation flotte
sur sa surface unie, sans fin, par-dessus des montagnes et des
vallées, de hauts plateaux et des bas-fonds, sans les connaître, et
par-ci par-là la diminution de la profondeur, qui diffère souvent
subitement de plusieurs brasses à quelques milliers de pieds,
l'avertit qu'il passe au-dessus de la cime d'une haute montagne.
Celui qui n'a pu se former d'autre idée du fond de la mer que celle
qu'il possède de la plage sablonneuse des lieux de bains est très-
éloigné de la vérité. Toute l'étendue recouverte par la mer n'embrasse que des montagnes basses et de profondes vallées en proportion desquelles le pays plat de la bruyère du nord de l'Allemagne
est déjà un plateau élevé. Dans l'océan Atlantique, à 230 lieues
au S.-O. de Sainte-Hélène, la sonde de la frégate française *Vénus* ne
trouva le fond qu'à 14,556 pieds seulement, profondeur qui correspond à la hauteur du Mont-Blanc, et le capitaine Ross, dans sa
dernière expédition au pôle sud, n'a pu, sous le 68° lat. S., trouver
de fond à une profondeur de 27,600 pieds; ainsi on pourrait placer
en cet endroit le Dawalaghiri et le Sinaï l'un sur l'autre, sans que la
cime du dernier sortît des flots. Mais ce chiffre est peu considérable si on lui compare celui fourni par le sondage du capitaine

Denham, qui le 30 octobre 1850, après un travail de 9 heures, atteignit le fond de l'océan Atlantique du sud, à une profondeur de 43,380 pieds de Paris.

Par contre les mers du nord sont moins profondes ; un soulèvement subit de 600 pieds mettrait à sec le fond de la mer du Nord et le transformerait en un paysage bien intéressant à voir. Nous verrions alors l'Elbe se diriger de Cuxhaven vers l'ouest et, en passant près de Helgoland, s'unir au Weser ; après quoi couler vers Newcastle, où il rencontrerait à mi-chemin une chaîne de collines qui le forcerait de rebrousser chemin au nord-est ; en coulant rapidement dans cette direction, il tomberait enfin à environ 15 lieues de la pointe sud de la Norwége, avec une des plus belles cataractes, dans une vallée profonde de 1,200 pieds, qui se dirige le long des côtes de ce pays vers le nord. Ici, il confondrait ses eaux avec celles de la Néva qui, dans la contrée du Seeland, se précipiterait à son tour en belles cataractes dans la même vallée. Le Rhin, au contraire, se dirigerait de son embouchure vers l'ouest, et en se réunissant aux eaux de la Tamise, il se presserait à travers un passage étroit près du cap Grisnez, sur la côte de France, et descendrait tranquillement de la hauteur du cap Lizard dans l'Atlantique.

Il ne nous est malheureusement pas possible de continuer à dessiner de cette manière une géographie complète du lit de l'Océan, car il y a encore à recueillir des observations indispensables. Rarement les vaisseaux se trouvent dans la position, peu agréable pour eux, de pouvoir en faire. Seulement, quand le temps est parfaitement calme et que la mer est tranquille, on peut sonder ses abîmes, et encore un seul sondage de 9,000 à 12,000 pieds exige-t-il deux à trois heures de travail.

Si des données exactes sur la configuration du sol sous-marin nous manquent, nous en savons malheureusement moins encore de sa qualité. Tandis que les couleurs bizarres des plantes marines et des coraux réjouissent l'œil du navigateur aux Indes occidentales, le capitaine Wood (1675) n'aperçut à une profondeur de 480 pieds, à la Nouvelle-Zemble, que des coquilles blanches ; la sonde ne fait d'ailleurs connaître que les couches les plus superficielles de la vase marine. La nature des rochers reste pour nous un mystère inexplicable, et c'est ainsi que nous perdons tout moyen de découvrir l'origine des substances minérales étrangères que charrient les eaux de l'Océan.

On a l'habitude de mettre en regard les eaux douces et l'eau salée de l'Océan, de la mer Caspienne, de la mer Morte et de quelques autres bassins considérables. Les sels qui communiquent à l'eau de mer son goût particulier et quelques autres propriétés curieuses, sont le sel marin, le sel de Glauber, les sels calcaires et de magnésie. Les sels de magnésie communiquent à l'eau de mer son goût amarescent et sont cause que les habits trempés d'eau de mer ne peuvent sécher à moins d'avoir été lavés préalablement dans de l'eau douce. Le total des sels contenus en dissolution, d'après les calculs du professeur Schafhäutl, à Munich, donne une masse de 4 1/2 millions de lieues cubes, dont le sel commun à lui seul comprend 3,051,342, masse cinq fois aussi considérable que les Alpes, et d'un tiers de moins que tout l'Himalaya. On a admis la profondeur moyenne de la mer, d'après M. de Humboldt, à 900 pieds, de sorte que les chiffres ci-dessus seraient de 3 1/8 plus grands si l'on admettait, avec Laplace, une profondeur moyenne de 3,000 pieds. D'où peut provenir cette énorme quantité de sel? La saline près de Minden, en Westphalie, d'après son état actuel, devrait couler au moins 133,000 ans pour fournir une seule lieue cube de sel, et la source donne pourtant 64,000 pieds cubes d'eau par 24 heures! Quelles immenses couches de sel l'eau tombant primitivement de l'atmosphère n'a-t-elle pas dû dissoudre pour se changer en eau de mer!

Cette grande quantité de sel explique pourquoi l'eau de mer est impotable; même séparée de ses sels par la distillation, elle continue à exercer sur l'organisme une influence délétère. Détruire cette influence est, jusqu'ici, un problème encore à résoudre. En attendant, la crainte de mourir de soif au milieu de l'eau et le danger de l'incendie sont toujours les deux fantômes qui font pâlir le marin le plus intrépide. D'un autre côté, c'est précisément le sel qui communique à l'eau de mer ses effets salutaires sur l'organisme de l'homme, dès qu'elle y est appliquée extérieurement. La meilleure preuve de ce que nous avançons est fournie par les habitants des côtes, qui se distinguent par la fraîcheur de leur teint, leur belle chevelure, leur force musculaire et par une grande insensibilité aux changements de la température. Les bains de mer sont un des moyens les plus infaillibles pour la conservation de la beauté. Leur efficacité est en rapport avec la quantité de sel qu'ils renferment. Les bains de la mer Baltique ont une influence plus faible, vu que ses eaux ne contiennent qu'un pour cent de sel; la mer du Nord en contient, au contraire 3 à 4 pour cent; et les effets attribués aux bains de la Méditerranée par les visiteurs de son littoral et de son superbe climat sont dus à la proportion de son sel qui s'élève de 5 à 6 pour cent. Il nous manque encore des données sur l'action de l'eau de la mer Morte, qui contient environ 24 pour cent de sel, où l'homme reste en suspension à la surface comme un morceau de liége, et où toute submersion est impossible; ses bords sont inhabitables par suite des vapeurs sulfureuses qui s'en échappent.

L'influence fâcheuse de l'eau de mer sur l'homme, quand elle est employée comme boisson, le dérangement complet des facultés digestives paraissent s'étendre aussi jusqu'à un certain point sur les êtres vivants qui peuplent la mer, tant animaux que végétaux. Les phénomènes, qui ne se présentent que comme une exception chez les créatures qui vivent dans l'air, forment chez eux la règle presque générale; c'est-à-dire que toutes les parties de leur corps se distinguent par une mollesse toute particulière. Les os des animaux de la mer sont flexibles, cartilagineux et ne consistent, chez la plupart, qu'en un simple cartilage; leur chair est flasque, gélatineuse. Un grand nombre d'entre eux ne semblent être composés que d'une sorte de mucilage transparent. Les plantes marines partagent cette singulière conformation.

Le fucus gigantesque de 1,500 pieds de longueur de la Terre de Feu aussi bien que la belle laitue purpurine de la mer du Nord n'ont que la consistance de la gomme adragant imbibée d'eau, et se fondent presque entièrement quand on les jette dans de l'eau douce; le carraghéen ou la mousse d'Islande, le *fucus amylaceus* blanc, qui

16

ont été admis au nombre des médicaments nutritifs et faciles à digé-
rer et dont on conseille l'usage aux enfants débiles, se transforment
par l'ébullition comme la farine d'arrowroot, en une espèce de gelée
transparente, et c'est ainsi que dans ces organismes l'eau semble
développer sa propriété élémentaire de ramollir, de dissoudre et de
liquéfier.

En effet, c'est bien là le caractère de l'eau sur notre globe. Depuis
les temps les plus reculés, on désigne sous ce nom moins une
substance chimique que son état liquide. Je ne rappellerai qu'une
seule chose généralement connue, l'eau de Cologne, qui ne contient
généralement aucune goutte d'eau. Nous connaissons une foule de
liquides, depuis le brillant et pesant mercure jusqu'au limpide éther.
La nature n'en a utilisé qu'un seul, l'eau, pour pénétrer tous les
organismes, en imbiber certaines parties solides et les rendre sou-
ples, et pour en dissoudre et liquéfier d'autres et les conduire comme
des sucs dans toutes les parties du corps. Sans l'eau point de vie,
point d'organisme possibles. En est-il autrement de ce grand organisme que nous appelons la terre? Nous avons déjà superficiellement
indiqué comment l'eau accomplit sa circulation à travers la mer, le
sol et les airs. Ce que l'homme n'a pu encore exécuter dans ses
laboratoires, le soleil le fait avec une grande facilité. Les vapeurs
aqueuses qu'il distille au moyen de ses rayons du grand alambic
de la mer, qui s'accumulent au-dessus de nos têtes sous forme de
nuages, qui se précipitent ensuite comme des trombes ou comme
une douce pluie pour féconder les moissons ou orner de perles brillantes la feuille vermeille de la rose, contiennent l'eau la plus pure
que nous connaissions sur la terre. Le sol altéré la boit avec avidité,
la distribue ensuite par des milliers de veines et la ramasse dans
d'innombrables réservoirs pour les besoins futurs. Si l'enveloppe
terrestre était transparente comme le cristal et l'eau rouge comme le
sang, nous verrions d'un seul coup d'œil les innombrables vaisseaux par lesquels circule ce suc vital! Là où il y a pléthore, la
nature vient offrir son aide, elle rompt un des petits vaisseaux et le
liquide vivifiant jaillit comme une source limpide. — Si nous avons
besoin de ce suc précieux, nous savons nous tirer d'affaire et nous

ouvrons une veine à la nature, ou, comme dit le prosaïque ingénieur,
nous ferons un puits artésien. C'est ainsi que les eaux qui circulent
dans les profondeurs cachées reviennent au jour, où, réunies à la
surface de la terre en ruisseaux, en rivières et en fleuves, elles
viennent offrir leurs services à l'homme, soit en nourrissant ses
moissons et ses troupeaux, soit en transportant ses fardeaux, soit
enfin en aidant et en décuplant la force de ses bras. Quand nous.
disions plus haut que la force de l'eau courante n'est pas grande,
ce n'est que comparativement à celle qui porte l'eau jusqu'aux
nuages. Mais si nous prenons maintenant la force de l'homme comme
point de comparaison, on la voit s'évanouir devant la puissance
colossale de la nature. Le fleuve des Amazones et le Mississipi
envoient seuls à la mer autant d'eau que tous les autres fleuves
réunis du globe, et le Niagara ne nous paraît plus que comme un
modeste fleuve intermédiaire. Prenons-le pour exemple afin de
mieux montrer la force que possède l'eau courante ; nous nous ap-
puierons sur les expériences de l'ingénieur Blackwell et sur les
calculs de M. Allen, de Providence. Aux cataractes de ce fleuve,
22,440,000 pieds cubes ou 1,402,500,000 livres d'eau se précipitent
par minute de rochers hauts de 160 pieds. D'après les principes de
la physique, on admet qu'un tiers des forces de l'eau se perd ; ce qui
reste néanmoins de celle de la chute du Niagara correspond à une
force de 4,533,334 chevaux. Comparons ces chiffres à ceux que nous
présente l'histoire des manufactures de coton en Angleterre (*History
of the cotton manufacture of the Kingdom of the Great-Brittain*) ; le
total de la force mécanique de l'industrie anglaise était en 1835

Pour le coton { en force de vapeur	33,000	}
{ en force d'eau	11,000	} chevaux.
Pour d'autres manufactures.	100,000	}
Pour bateaux à vapeur et fosses	50,000	}

Force totale.   194,000   chevaux.

Supposons vingt pour cent d'augmentation pour chaque année

jusqu'en 1843, l'industrie anglaise donnera un total de 233,000 chevaux ne travaillant que six jours de la semaine et onze heures par jour; en un mot la chute du Niagara présente une force quarante fois plus grande que celle de l'industrie anglaise, la plus puissante parmi celles de toutes les nations. Qu'elles sont insignifiantes les œuvres de l'homme comparées à la grandeur de la nature!

Mais revenons à l'eau. Ce que le soleil en a pris, la terre le lui rend. L'eau de pluie est, comme nous l'avons dit, la plus pure qu'il soit possible de trouver; mais pendant qu'elle filtre à travers le sol pour arriver aux canaux et aux réservoirs souterrains, elle dissout les sels solubles qu'elle rencontre et les entraîne avec elle. Une grande quantité de parties fertilisantes sont ainsi enlevées tous les ans à la couche arable et conduites par les fleuves à la mer. Si, pendant le trajet qu'elle parcourt, l'eau s'est en outre saturée d'acide carbonique et que sa force dissolvante, augmentée par la chaleur des feux souterrains, est devenue capable de ronger des rochers ou de dévorer la moelle de la terre, elle jaillit dans cet état à la surface, et devient une bienfaisante source minérale. Parmi les corps minéraux que l'eau dissout, le sel commun est, pour les pays situés à une grande distance de la mer, un objet d'une grande importance qui prend une place considérable dans les travaux économiques. La quantité de sel contenue dans ces sources est très-variable, elle est de trois à vingt-quatre pour cent.

La composition chimique de ces eaux est connue, grâce au progrès de la science, et ne présente plus aucun mystère. Il est plus difficile d'expliquer l'origine de leur température. On pourrait croire que les eaux adoptent la température du sol qu'elles traversent; ce qui est généralement vrai, mais les difficultés résident précisément dans l'explication de celle du sol. Sous les tropiques une source ne peut offrir qu'un faible rafraîchissement, vu que sa température ne diffère que fort peu de celle du mois le plus chaud. Dans les zones tempérées, on est étonné que précisément l'endroit de l'étang qu'on trouve être le plus froid en été ne gèle pas en hiver. C'est parce qu'il y a là des sources qui jaillissent du sein de la terre. Elles amènent les principes nutritifs de la végétation, et quand la première neige recouvre déjà les campagnes mortes, tout est encore plein de fraîcheur et de vie autour d'elles. Il en est bien autrement en Suède ; l'eau glacée des fontaines naturelles détruit tout dans son voisinage, et les ruisseaux ne coulent qu'entre des rives dénuées de toute végétation.

La raison de cet étrange phénomène, c'est que la chaleur du soleil ne pénètre que lentement et peu profondément dans le sol. Déjà à quelques pieds de profondeur de sa surface les différences de température, produites par le jour et la nuit, cessent d'être sensibles, et à une profondeur de 90 pieds (celle de la cave de l'Observatoire de Paris), la température ne varie pas d'un dixième degré pendant toute l'année. Il y règne cette température qui résulte du mélange de la chaleur de l'été et du froid de l'hiver, c'est-à-dire une température moyenne de la localité, naturellement plus élevée que celle de son hiver, plus basse que celle de son été. Comme nous disions tout à l'heure, dans le climat invariable des tropiques, nous découvrons qu'à une grande profondeur la température ne diffère que fort peu de celle du mois le plus chaud, et les sources qui y prennent naissance doivent, par suite, présenter le même phénomène. Chez nous, les sources provenant de grandes profondeurs sont encore assez chaudes pour ne pas nuire en été à la végétation, tandis qu'en hiver elles peuvent résister longtemps à l'influence de la gelée. Enfin en Suède, la température moyenne de 6°.5 est insuffisante pour la végétation des plantes et une eau comme celle de Medewi, du Wetter, qui possède une température pareille, doit nécessairement détruire la végétation des alentours.

Si nous pénétrons plus avant dans l'intérieur de la terre, cet état de choses change ; en nous rapprochant du foyer de la chaleur propre du globe, la température devient plus forte. Mais elle est indépendante du soleil et, par conséquent, complétement à l'abri des variations occasionnées par cet astre. Des forages profonds ont montré que la chaleur intérieure du globe augmente régulièrement d'un degré par 100 pieds de profondeur. Ce sont les puits artésiens qui ont surtout contribué à la connaissance de ce fait, car les différents degrés de chaleur qu'offre l'eau à des profondeurs inégales fournissent, en cette circonstance, un excellent moyen d'appréciation. Le célèbre puits de Grenelle, qui donne, à chaque Parisien, quatre litres d'eau potable toutes les 24 heures, n'atteignait point, dans le commencement, le but qu'on s'était proposé. L'eau, sortant d'une profondeur de 547 mètres, avait la température d'une véritable source tropicale, c'est-à-dire de 22°,16′ R. Maintenant on la refroidit par des moyens particuliers. Le puits de Minden, dont nous avons parlé, est un peu plus profond, il a 628,6 mètres, et l'eau qui en jaillit à 25°,1′ R. Il est le plus profond que l'on connaisse; si l'on pouvait construire à partir de son point le plus bas une galerie horizontale en se dirigeant vers le Nord, elle passerait au-dessous de la mer du Nord jusqu'en Suède. La température des sources, constante en hiver comme en été, est la raison pour laquelle le commencement de la saison des bains n'exige d'autres formalités qu'un temps favorable pour permettre l'exercice en plein air. On pourrait en dire autant, pour un autre motif, des bains de rivières et d'étangs. Leurs eaux sont peu profondes et s'échauffent facilement au contact du soleil et prennent en peu de temps une température convenable. L'eau de la mer qui, par contre, transmet difficilement le calorique, exige une action plus longue et plus forte de la part du soleil.

C'est pourquoi le médecin judicieux n'accorde à ses malades la permission de prendre les bains de mer que vers la fin de juillet ou au commencement du mois d'août.

Pendant ce temps le soir était venu.

— Ah! la magnifique étoile qui se lève là-bas ! s'écria une des jeunes dames de la société en désignant le côté du sud. — Ce n'est point une étoile, dit le vieillard, mais bien le fanal de Neuwerk qu'on vient d'allumer à l'instant, et qui est établi à 18 lieues d'ici. Il n'est pas toujours visible; mais à l'heure qu'il est, l'air est si tranquille et si transparent qu'on peut voir distinctement, à l'aide de l'éclat du phare, la fumée du vapeur de Hull qui le longe en ce moment; un peu à gauche de l'endroit où vous la voyez tourbillonner, s'étend le dangereux banc de sable mouvant dit « de l'Oiseau, » qui a déjà englouti des milliers de bateaux avec leurs équipages.

Le vieillard se tut pendant quelque temps, plongé dans ses réflexions, puis il continua d'une voix sourde :

« Jamais je n'oublierai la terrible nuit du 31 août 1829. — Dans
« l'après-midi il s'était élevé, au nord-ouest, un ouragan épouvan-
« table, tel que je n'en avais pas encore vu. De gros blocs de rochers
« dansaient sur les vagues comme si c'étaient des bouchons de liége,
« et s'entre-choquaient les uns les autres avec un bruit qui faisait
« croire qu'ils allaient se briser en mille éclats. La mer semblait
« bouillir, on ne voyait ni surface ni flots, rien qu'une nappe
« d'écume; les brisants hurlaient entre le Neustag et le Moine et
« dans le vieux Mormersgatt, en lançant l'écume jusque sur la cou-
« ronne du fanal. Nous étions là, hommes et femmes, à regarder du
« côté du Weser, où un bâtiment perdu luttait contre la tempête.
« Malgré ses voiles, il dérivait sensiblement vers l'est; déjà il avait
« dépassé Neuwerk et se trouvait tout près du Vogelsand (le banc
« de sable mouvant), lorsqu'une femme, la chevelure flottante au
« gré du vent, se jeta parmi nous, en criant : « Sauvez, sauvez
« mon mari ! votre ami à tous ! Ne reconnaissez-vous pas *la Doro-*
« *thée?* » En effet, c'était bien le malheureux navire ; l'œil de l'amour
« avait mieux vu que celui de nous autres, vieux marins ; c'était *la*
« *Dorothée* venant de Brême, conduite par un de nos meilleurs
« matelots, Jacob Jaspersen. La pauvre femme se lamentait, se tor-
« dait les mains, embrassait nos genoux et nous suppliait de sauver
« son mari; nous étions désolés de notre impuissance; hélas ! elle
« savait aussi bien que nous que, par le temps qu'il faisait, une
« barque de pêcheur ordinaire ne pouvait tenir la mer, et il n'y en
« avait point d'autre dans le port. Le moment terrible approchait de
« plus en plus ; *la Dorothée* se trouvait à peu de distance du Vogel-
« sand, lorsque tout à coup le navire s'arrête, et les voiles tombent.
« Le hardi capitaine avait jeté l'ancre au milieu des brisants ; si elle
« mordait, le navire était sauvé. Tous les yeux étaient dirigés vers
« ce point, la femme se cramponnait à mon bras, ses dents cla-
« quaient de terreur... Nous vîmes le bâtiment s'éloigner lentement
« de l'ancre ! Aussitôt poussant un cri perçant, la femme s'évanouit.
« A cet instant, Jaspersen avait de nouveau déployé toutes ses voiles
« pour recommencer encore une fois sa lutte désespérée contre les
« éléments déchaînés. La nuit le déroba à nos yeux. Aucun de nous

« n'alla se coucher, aucun ne quitta la plage, nous regardions tous
« à travers l'obscurité, en attendant le point du jour avec une grande
« anxiété ; à côté de nous gémissait la malheureuse créature. A l'ap-
« proche du matin, la tempête s'apaisa brusquement, et, lorsque le
« jour fut revenu, nous vîmes à une demi-lieue de nous *la Dorothée*
« faisant voile vers le port. Poussant des cris de joie, nous cou-
« rûmes de ce côté, et un quart d'heure après, Jaspersen embrassait
« sa tendre épouse, encore toute tremblante par suite de la mortelle
« angoisse qu'elle avait éprouvée. De jeune et florissante qu'elle était
« il y a quelques jours, une seule nuit d'un supplice horrible avait
« profondément altéré ses traits et blanchi ses cheveux!

« Oui! oui! la mer est une amie dangereuse, et malheur à celui
« qui n'a pas la force de la regarder courageusement en face! »

Nous gardâmes longtemps le silence, puis, après avoir serré la
main du vieillard, nous nous trouvâmes, peu de temps après, réunis
dans un appartement très-confortable que nous avait préparé notre
hôte.

SEPTIÈME LEÇON.

LA MER ET SES HABITANTS.

A travers l'azur trompeur
Regarde au fond des abimes.
Là te guette le requin vorace
Et la perfide sirène.
Dis-moi, marin, n'as-tu pas peur?

Et voilà que le poëte et le dessinateur nous introduisent dans le royaume mystérieux des Océanides, qui restera éternellement caché aux yeux de la plupart des mortels. Sur la surface unie et immobile d'où surgit au loin la côte rocheuse de Sitka, se trouve un navire arrêté par le calme. Sur les feuilles entrelacées des néréocystes, la paresseuse et luisante loutre de mer se rôtit au soleil ardent. Mais au-dessous de ce type de monotonie et de repos, nous voyons un tableau riche et plein de vie, d'animaux et de végétaux. Nous apercevons un combat sauvage entre des créatures animées ; nous distinguons les beautés de la nature merveilleuse étalées aux yeux du plongeur ébahi, que des ennemis sans nombre environnent de tous côtés, pour le menacer de la mort.

Toi, heureux mortel, à qui il a été permis de descendre dans ces abimes et d'en revenir sans accident, dis-nous

« Ce que tu as vu au fond de la mer! »

LA MER ET SES HABITANTS.

L'or et les joyaux ne sont pas les seuls objets
qui se cachent à la vue dans la nuit des ténèbres.
Le sage continue ses recherches sans relâche ;
Reconnaître ce qui est clair n'est qu'un jeu ;
Mais des mystères habitent l'obscurité.

FAUST.

Vous qui vivez à la lumière réjouissez-vous.
Car là-bas dans la profondeur tout est terrible ;
Que l'homme ne tente point les dieux
Et ne demande jamais à voir
Ce que, par bonté, ils tiennent caché dans la nuit des ténèbres.

Apprenez seulement à les reconnaître, ces profondeurs effrayantes,
cachées sous ce miroir brillant et trompeur.—Vous descendez ; aussitôt l'azur du ciel, la lumière du jour disparaissent peu à peu à vos
regards ; une teinte d'un jaune ardent vous environne ; elle est remplacée ensuite par une autre teinte d'un rouge flamboyant, comme si
vous plongiez dans une mer infernale sans feu, sans chaleur. Cette
couleur rouge devient plus foncée, puis pourpre, pour faire place
plus tard à une nuit noire et épaisse. Tout ce qui se meut autour de
vous a une existence sans joie et sans paix ; pour ces êtres la vie
consiste à chasser et à fuir sans cesse, à saisir une proie et à la
dévorer, à haïr et à tuer éternellement, à fournir sans trêve des

victimes à la vorace et insatiable mort. La lumière et l'éclat des couleurs s'évanouissent, une nuit sombre enveloppe cette guerre incessante et ce carnage silencieux. La richesse et la grâce des formes disparaissent également, la grossièreté s'associe à la laideur, la difformité à la bizarrerie.

Nul bon génie ne règne dans ces abîmes; de méchantes sirènes, de séduisantes ondines parcourent seules ce ténébreux empire!

C'était là l'idée que le vulgaire se formait autrefois du monde aquatique et de ses régions presque inaccessibles; mais la science qui va toujours se développant ne peut manquer d'ajouter au tableau des traits nouveaux et plus saisissants. Rien de terrestre ne peut rester caché pour toujours à l'homme dont les efforts persévérants se frayent un chemin partout, même dans les obscures profondeurs de l'incommensurable Océan; partout il porte le flambleau de ses investigations, et à la faveur de cette lumière beaucoup d'objets prennent une autre physionomie et montrent un côté plus riant. Avec la nuit d'autrefois s'enfuient aussi les hideux fantômes qu'elle a engendrés. Il est vrai que quelques traits du tableau restent vrais et ineffaçables; la science se voit forcée de constater de plus en plus qu'une destruction réciproque des êtres vivants est la condition de leur conservation; que parmi les milliers d'espèces qui composent la faune sous-marine, on ne peut jusqu'à présent en citer avec certitude aucune, pour ainsi dire, qui se nourrisse paisiblement des riches produits de la flore marine. Mais si nous réunissons les tableaux et les traits isolés qui nous sont fournis par le travail des savants, si nous prenons comme base de ces compositions l'examen que d'heureux voyageurs ont pu faire à des moments favorables dans ces abîmes, nous obtenons une galerie de paysages non moins variés, non moins beaux, et peut-être même plus splendides et plus merveilleux que ceux que l'on trouve à la surface de la terre.

Mais alors une énigme nouvelle se présente à notre esprit. L'âme seule se rend compte de la beauté; ce n'est point pour lui-même, ni pour le monceau de sable qui l'entoure, que le diamant jette des gerbes de feu, mais bien pour l'œil de l'homme qui fait qu'une âme l'admire. La riante vallée n'existe pas pour la montagne, le mélan-

colique saule pleureur ne vit pas pour le ruisseau, l'herbe dorée des
prairies n'étale point sa parure pour la sombre sapinière, mais bien
pour l'homme qui comprend tout cela avec amour et reconnaissance.
S'il en est ainsi, nous demanderons avec raison : à qui donc est
destinée cette richesse de formes et de beautés, que recouvre ce
manteau bleu, dont la surface miroitante reflète les rayons de la
lumière et semble se moquer le plus souvent de l'observateur
curieux en lui montrant sa propre image? Y a-t-il donc aussi
dans ces profondeurs des êtres animés, pour lesquels la vue du beau
est une jouissance, ou qui, parce qu'ils sont doués de sentiment,
regardent comme une beauté la composition physiquement vulgaire
de la forme et des couleurs? Nous l'ignorons; seulement nous
croyons pouvoir assurer que « le poisson qui, d'après le poëte, se
plaît tant au fond de l'eau » ne peut être cette créature sensible, car
les yeux de tous les animaux qui vivent dans l'eau sont construits
de manière à n'apercevoir que les objets qui sont dans leur voisinage immédiat, de sorte que l'homme étranger à cet élément y voit
plus loin et plus parfaitement que les habitants de l'eau mêmes. Il
ne nous reste donc qu'une chose pour arriver à la solution de la
question. De même que pour satisfaire aux règles de la symétrie, on
a placé sur les tourelles du dôme gothique de Milan de magnifiques
statuettes, à des hauteurs où l'œil de l'homme ne peut atteindre pour
les admirer, de même tous les corps physiques sont disposés sur la
surface de la terre de façon à produire l'effet du beau. La création
entière, dans ses moindres détails, en dehors même de l'homme
pensant et sensible, est coordonnée de manière à offrir l'œuvre la
plus accomplie tant sous le rapport technique que sous le rapport
esthétique.

Mais revenons à notre sujet. A côté des endroits obscurs que la
mer renferme dans son sein et qui forment pour nous des ombres
impénétrables, il se montre aussi des lumières éclatantes et douces,
teintes moyennes qui donnent au tableau un charme infini. En face
de la guerre incessante que se font les milliers de créatures du
monde aquatique, la nature, pour en adoucir l'horreur et en neutraliser les suites, a recours à une force de reproduction inépuisable,

et telle qu'on n'en trouve nulle part sur la terre. On a calculé que la
progéniture d'un couple de lapins pourrait, dans des circonstances
favorables, s'élever en dix années à un million d'individus, et ce
résultat a été considéré comme merveilleux. Cependant, dans les
mêmes conditions, la progéniture d'une carpe formerait un nombre
dont nous ne pouvons nous faire une idée, un chiffre de plusieurs
milliers de billions. Des poules ont quelquefois pondu plus de
200 œufs par an, et on les compte par centaines de milliers chez la
plupart des poissons. Mais tous ces chiffres sont dépassés encore
par les masses des petits habitants de la mer d'une organisation
moins parfaite. La baleine engloutit d'une seule fois des milliers
d'individus de l'espèce *clio borealis*, qui constituent presque uniquement sa nourriture. Freycinet et Turrel, à bord de la corvette *la
Créole*, ont observé, dans le voisinage du Tajo, une étendue d'eau de
60 millions de mètres carrés colorée en rouge écarlate. Les recherches
faites ont révélé que cette coloration provenait de la présence d'une
petite plante dont il faut 40,000 individus pour occuper l'espace d'un
millimètre carré, et par conséquent 40,000 millions pour couvrir la
superficie d'un mètre carré. Comme la coloration s'étendait à une
profondeur assez considérable, il serait impossible de dire, même
d'une manière approximative, le nombre de ces êtres vivants. Souvent
on remarque sur les côtes du Groenland des bancs d'un brun foncé
de 10 à 15 milles de largeur, sur 150 à 200 de longueur, produits
par la petite méduse brune tachetée. Un pied cube de cette eau
foncée contient un nombre de 110,592 de ces animaux, et un de
leurs bancs, qui présente une étendue insignifiante par rapport à
l'Océan, se compose d'au moins 1,600 billions d'animalcules.

Puis à cette prodigieuse multiplication vient se joindre le développement extrêmement rapide des individus. La plupart des poissons
sont déjà complètement développés au bout d'un an, bien que leur
croissance puisse durer plus longtemps, et que chez quelques habitants de l'eau, la baleine par exemple, elle puisse n'avoir pas de
bornes pour ainsi dire. En 1842, la galerie Sainte-Adélaïde à Londres
s'enrichit de deux gymnotes vivants (anguilles électriques) pesant
ensemble une livre environ. En 1848, l'un d'eux pesait 40 livres et

l'autre 50. Ils avaient par conséquent pris le double de leur poids chaque année, rapidité de croissance sans exemple parmi les animaux vivant dans l'air.

Ajoutons que chez le plus grand nombre d'individus, outre la rapidité du développement, il faut tenir compte du volume absolu du corps. Pour autant qu'il nous soit permis de faire des comparaisons, nous trouverons que des animaux appartenant à des groupes terrestres vivent dans l'eau sous un volume beaucoup plus considérable. Le plus grand mammifère et le plus grand animal sur la terre est la baleine qui, à l'état adulte, dépasse cinq fois en longueur le plus grand éléphant. Parmi les oiseaux, nous connaissons l'albatros, qui vole presque toujours au-dessus de la mer et qui a une envergure de 15 pieds. Parmi les sauriens, l'espèce la plus terrible, le crocodile, vit dans l'eau, et à côté de la jolie petite tortue terrestre vient se ranger la gigantesque tortue de mer, qui atteint parfois le poids de 1,000 livres! Le plus grand de tous les serpents connus, l'anaconda du Brésil, préfère habiter l'eau, et parmi les serpents venimeux, les serpents aquatiques de l'Inde paraissent être les plus redoutables. Mentionnons encore en passant les récits tant de fois répétés et toujours réfutés d'énormes serpents de mer. L'invraisemblance de l'existence d'un tel animal a été démontrée, il n'y a pas longtemps encore, dans une lettre du professeur Owen, un des zoologues les plus savants de notre époque, et publiée dans le *Galignani's Messenger*, du 23 novembre 1848. Son existence n'en est pas moins possible pour cela, et on pourrait opposer aux déductions scientifiques du professeur le témoignage des capitaines Sullivan d'Halifax, d'Abnour du Havre-de-Grâce et Woodward de Penobscot, qui ont juré, eux et leurs équipages, qu'ils avaient vu le fameux serpent de mer. Le dernier de ces voyageurs l'a vu même pendant une heure entière à quelques pas seulement de son navire, car le monstre l'attaquait et le poursuivait avec une grande fureur ; il n'en fut débarrassé qu'après avoir tiré sur lui à deux reprises avec un petit canon chargé à balles. Il ne put toutefois le blesser, l'animal étant recouvert d'une armure d'écailles impénétrable. Les habitants des côtes de la Norwége traitent de fou celui qui doute de l'existence

du serpent de mer. Peut-être serait-ce un individu vivant de la race
de ce terrible zeuglodon dont le docteur Koch a découvert le squelette fossile, il y a quelques années, à Alabama et qu'il a exhibé en
Allemagne; peut-être aussi cette pauvre créature, unique témoin
vivant d'une période de création disparue depuis longtemps, erre-t-
elle sans trêve ni repos, comme un autre Juif Errant, parmi les animaux, et à travers un monde devenu étranger pour elle. Quoi qu'il en
soit, nous n'avons certes pas besoin de fables pour orner la mer de
tout le charme des contes féeriques. Un aperçu rapide de la flore et
de la faune de la mer suffira pour justifier notre assertion.

Toute la flore sous-marine comprend presque exclusivement une
seule grande classe de végétaux, les algues ou les fucus. Bien que
dépourvues d'organes sexuels et douées d'organes de reproduction
très-simples, ces plantes offrent une diversité de formes telle, qu'un
paysage au fond de la mer n'est ni moins intéressant ni moins
varié que celui que présente une contrée à laquelle le soleil aurait
imprimé le riche cachet de la végétation des tropiques. Une structure
particulière, molle et gélatineuse dans toutes les parties, un ensemble d'organes arrondis ou allongés et étalés, auxquels les
expressions de *tige* et de *feuilles* ne sont point applicables comme
dans les autres plantes ; de brillantes couleurs d'un ton vert, olive,
jaune, rose et pourpre, parfois bizarrement assorties sur le même
organe foliacé, tout cela imprime à ces végétaux un caractère étrange
et féerique. Du temps de Linné, leur connaissance nous était peu
familière. De 70 espèces connues du père de la botanique lorsqu'il
forma son système, on est arrivé aujourd'hui à 2,000, et ce ne sont
point des espèces comprenant de petits individus qui échappent
facilement à l'attention, mais bien des monstres, des géants de 100
à 1,500 pieds de longueur habitant les forêts sous-marines, que les
nouveaux observateurs nous ont fait connaître. Lamouroux, Bory de
Saint-Vincent et Greville ont rendu sous ce rapport les plus grands
services à la science. Disons en outre et avant tout que les expéditions du capitaine Ross dans les régions polaires du sud et celles
qui ont été entreprises aux frais de l'empereur de Russie et de
l'Académie de Saint-Pétersbourg, par MM. Martins, Postel, de Baer

et d'autres, dans les pays polaires du nord, ont complétement modifié nos vues sur ce sujet.

Un des faits les plus remarquables qui ressort de ces recherches scientifiques, c'est que les algues marines, tout comme la végétation de la terre, se rattachent, quant à leur distribution, à des limites géographiques précises. Si l'on considère que cette répartition est liée en grande partie à des conditions différentes de chaleur et d'humidité; que la mer est peu susceptible de sentir ces différences de température, vu qu'à une profondeur relativement peu considérable, elle possède sous toutes les latitudes le même degré de chaleur, nous pouvons nous étonner avec raison de rencontrer dans la flore sous-marine tant de variations, même pour des régions voisines ou situées à de faibles distances l'une de l'autre. C'est ainsi que la mer Noire et la mer Adriatique, la mer Glaciale le long des côtes de la Laponie et de la Sibérie, la mer du Kamtschatka et les côtes des Aleutes et des Kuriles offrent cette différence. On peut dire cependant qu'en général les algues déploient le plus de richesses dans la zone tempérée et diminuent graduellement vers les pôles comme vers l'équateur.

Sur les côtes de l'île Sitka, le plongeur voit cette remarquable végétation dans toute sa beauté.

Semblable à une forêt vierge, les plantes se serrent les unes contre les autres (1). Les petites conferves et les ectocarpées recouvrent le sol comme d'un tapis de velours vert sur lequel la laitue de mer, avec son ample feuillage joue le rôle de grandes herbes; le tout est rehaussé par les iridées aux larges feuilles d'un rose ou d'un écarlate superbe; une infinité de fucus tapissent les rochers d'un beau vert olivâtre émaillé des couleurs chatoyantes de la rose de mer; les étranges thalassiophytes ou agares qui composent les plus grands buissons de ces forêts, étalent leurs feuilles jaunes, vertes ou rouges en larges éventails ou les laissent flotter au gré des courants; enfin les arbres sont représentés par les laminaires qui ressemblent à d'immenses rubans flottants de plus de 30 pieds de

(1) Voir la planche de cette leçon.

18

longueur et-sont entremèlés de macrocystés aux ramifications nombreuses et chargées de leurs kystes de la grosseur d'une poire ; viennent ensuite les alariées à longue tige, dont le tronc est garni d'une collerette de feuilles imitant une manchette et dont le sommet s'étale en une feuille-gigantesque unique, longue de 50 pieds. Mais tout cela est dépassé par les remarquables néréocystés ; de la racine, semblable à du corail, s'élève une tige filiforme longue de 70 pieds, se renflant peu à peu en forme de massue ou d'une énorme vessie couronnée d'une touffe de feuilles étroites, longues de 30 pieds. On pourrait les appeler les palmiers de la mer. Et cette énorme plante est le produit de quelques mois seulement, car elle meurt annuellement et se reproduit par semences. Le sol de ces forêts est jonché d'étoiles de mer ; aux tiges des arbres s'attachent des moules et des balanes ; entre les feuilles, des poissons rapaces poursuivent leur proie, et sur les îles flottantes formées par les feuilles serrées des néréocystés, les loutres de mer au poil luisant se réchauffent aux rayons solaires. C'est pourquoi ces plantes sont connues sous le nom vulgaire de *choux aux loutres* (1). Tel est le complément d'un paysage qu'il n'est donné qu'à un petit nombre d'hommes d'admirer dans toute sa beauté et dans tous ses détails.

Des hippopotames, des manatis, des rytines et des sirènes vivent de la végétation de ces fucacées, et on a pu déjà s'imaginer d'avance que l'homme n'a pas négligé de prendre possession de la part de son héritage. En effet, l'utilité que ces végétaux procurent surtout aux habitants des côtes n'est point à dédaigner. Dans les rues d'Édimbourg, il n'est pas rare d'entendre les cris : *Buy peppes-dulse and tangle* (2), poussés par les habitants des villages situés sur le littoral, pour offrir en vente leur laitue de mer ; la mousse dite d'Irlande (3) ou carraghen et l'algue à farine (4), sont devenues un objet de commerce considérable et sont employées en guise de salep,

(1) *Bobrowaja Kapusta.*
(2) *Laurentia pinnatifida* Lamour., et *Hafgygia digitata.* Kg.
(3) Chondrus crispus Lyngb.
(4) *Sphaerococcus confervus* des Ag.

d'arrowroot, de mousse d'Islande, comme aliment d'une digestion
facile pour les enfants et les poitrinaires. L'usage qu'on fait des
grandes espèces de fucus, tels que le fucus sucré, le fucus des moutons, etc., et qui jouent un grand rôle dans l'alimentation des
moutons et des bêtes à cornes est bien plus important encore. On
s'en sert surtout sur les côtes de la Normandie, de l'Irlande, de
l'Écosse et de la Norwége, ainsi que dans les îles Fœroë et en
Islande. Les énormes monceaux de fucus que chaque ouragan
accumule sur les côtes occidentales de l'Europe sont très-recherchés
par les agriculteurs des côtes du nord de la France, et transportés
à grands frais sur leurs champs pour y servir d'engrais. Leur qualité principale repose dans une propriété physiologique de leur mode
de nutrition. La chimie moderne y a découvert un élément bien
remarquable, non-seulement à cause de l'usage qu'on en fait dans
les arts, mais principalement en médecine. Cette substance a reçu
le nom d'*iode*. Elle se présente sous forme de paillettes noires,
cristallines, ayant un éclat métallique. Elle est soluble dans l'alcool
et peu soluble dans l'eau ; exposée à la chaleur, elle se volatilise sous
forme de vapeurs violacées ; c'est cette dernière propriété qui l'a fait
nommer iode, du mot grec *Jon* qui signifie « violette. » Bien qu'on
en trouve des traces dans quelques sources d'eau minérale, l'iode
n'existe réellement que dans la mer, mais en quantité si minime
qu'on ne pourrait l'extraire sans de très-grands frais. Ici les fucus
nous viennent en aide en ce sens que, dans l'acte de leur nutrition,
ils absorbent et conservent les sels d'iode que l'eau tient en dissolution. Sur les côtes de la France, de l'Écosse et de l'Irlande, ces
plantes servent aux pauvres comme combustible, et leurs cendres
soigneusement recueillies faisaient autrefois un objet de commerce
pour les fabricants de savon et étaient connues sous le nom de
varech ou de *kelp*, espèce de sel de soude impur. Cette industrie se
serait perdue depuis longtemps au détriment de ces pauvres gens,
vu qu'on fabrique aujourd'hui le sel de soude en grand, à l'aide de
procédés chimiques et à meilleur marché, si en 1811 l'attention d'un
fabricant de Marseille, M. Courtois, n'eût été éveillée par les vapeurs
violacées qui s'échappaient de ses chaudières contenant la lessive.

Depuis lors les demandes de cette substance n'ont fait qu'augmenter pour en extraire l'iode.

Nous avons déjà eu l'occasion d'admirer la force productrice de la mer par quelques exemples, et en effet, il y a lieu de s'étonner quand on voit ces quantités énormes de végétaux marins que chaque tempête accumule sur la plage, que l'industrie de l'homme met à profit, et que les eaux lui rapportent tous les ans, sans que jamais leur quantité s'amoindrisse.

Les peuples de l'antiquité se sont aperçus de bonne heure des grandes ressources qu'offre la mer, et partout ils se sont établis de préférence près de l'eau qu'ils croyaient être un élément recélant les germes de la vie commune. Les poésies des Orientaux et des Indiens, les fables des Grecs, qui nous disent que l'Okeanos embrasse toute la terre, et cette légende des juifs « la terre était déserte et vide, et l'esprit de Dieu planait au-dessus des eaux, » font toutes plus ou moins allusion à la mer comme source inépuisable de la vie. Dans la science moderne même, l'idée qu'une production spontanée d'infusoires et de plantes microscopiques puisse avoir lieu dans l'eau, pourvu qu'il y existe un degré de chaleur convenable, a trouvé un grand nombre d'adhérents parmi les savants. Les débats ne sont pas encore terminés sur la question de savoir si les petites plantes et les animalcules qui se forment ainsi dans toute espèce d'eau qui n'est pas absolument pure, sont dus à des œufs ou à des spores amenés par l'air, ou bien à une force créatrice de la nature qui ne cesse jamais de se manifester. Bien que les naturalistes les plus distingués, les expérimentateurs les plus exercés professent aujourd'hui de plus en plus l'opinion qu'une création spontanée d'organismes est contraire à l'expérience et aux principes d'une saine philosophie naturelle, il existe néanmoins des adversaires également respectables qui affirment le fait. Un grand nombre de questions analogues subsisteront encore longtemps, comme autant d'énigmes à résoudre. Sans vouloir renouveler cette discussion, nous demandons qu'il nous soit permis de citer un des exemples les plus frappants et les plus connus, parce que, mieux que tout autre, il prouve la rapidité prodigieuse et l'abondance admirable du développement organique.

Quand on passe au filtre le jus d'un raisin mûr, on obtient un liquide clair et limpide. Au bout d'une demi-heure la liqueur commence à se troubler, des bulles d'air se dégagent, en un mot elle entre en fermentation; trois heures après il se forme à sa surface une couche d'une substance d'un gris jaunâtre nommée *la levûre* et qui montre, examinée au microscope, un amas de petites plantes innombrables appartenant au groupe des conferves. Peu d'heures suffisent à la production de milliers et de millions de ces petits végétaux. Un seul pouce cube de levûre en contient 1,152,000,000. Quel nombre y en aura-t il dans une grande cuve à fermentation ou dans les cuves réunies de tous les vignerons et de tous les brasseurs?

Mais revenons à la flore et à la faune sous-marines. Nous avons déroulé dans un tableau la richesse du monde végétal des mers du Nord. Quittons maintenant ces forêts aquatiques et leurs plantes gigantesques, parmi lesquelles le fucus porte-poire (1), par exemple, atteint l'énorme longueur de 500 à 1,500 pieds : jetons un dernier regard fugitif sur les baleines qui se jouent à leur ombre, sur les troupeaux de chiens de mer, les myriades de harengs, de cabillauds, de saumons et de thons. Tournons-nous vers les régions où le soleil est plus ardent, pour voir si dans les mers antarctiques nous retrouvons au fond de l'Océan la même profusion que déploie la flore aérienne. Plongeons dans le cristal limpide de la mer des Indes, et aussitôt nous aurons devant les yeux l'aspect le plus enchanteur, le plus merveilleux. Des massifs d'arbustes au singulier branchage portent des fleurs vivantes; des masses compactes de méandrines et d'astrées forment un étrange contraste avec les organes palmés ou en forme de coupes qu'étalent les explanaires et les tortueux madrépores avec leurs grosses branches articulées ou couvertes de rameaux digitiformes. Le coloris en est au-dessus de toute description; le vert le plus frais alterne avec le brun ou le jaune; des nuances de pourpre se confondent avec le rouge, le brun pâle et le bleu le plus foncé. Des nullipores d'un rouge pâle,

(1) Macrocystis pyrifera ag.

jaunes ou de couleur fleur de pêcher recouvrent les masses flétries et sont eux-mêmes entremêlés et tapissés de gracieux rétipores couleur de perle et imitant les plus admirables sculptures d'ivoire. Près de là se balancent les gorgones percées à jour comme des éventails et reflétant dés nuances jaunes et lilas. Le sable pur du fond est recouvert par des milliers de hérissons et d'étoiles de mer

La vignette représente quelques-uns des habitants de l'eau : sur le premier plan, des coquilles, des étoiles de mer ; au milieu, un cabillaud ayant à droite un cariophyllée ; à gauche, un millepore ; en arrière, une méandrine et deux astrées globuleuses, formant un roc volumineux. Une végétation de fucus se mêle à tout cet ensemble ; on distingue surtout des nereocystes à tige renflée en poire et couronnée d'une touffe de feuilles rubanées.

aux formes bizarres et aux couleurs les plus variées. A l'instar des mousses et des lichens les flustres et les eschares s'attachent aux branches des coraux dont les troncs sont habités par des patelles rayées de jaune, de vert et de pourpre ressemblant par la forme à d'énormes coccus ; les anémones de mer pareilles, aux fleurs gigantesques et éclatantes des cactus, étalent sur les anfractuosités des rochers leurs couronnes de tentacules, ou plus modestement ornent, comme nos renoncules bigarrées, les parterres sous-marins. Autour des fleurs des coraux jouent et voltigent les colibris de mer, de petits poissons aux reflets rouges ou bleus ou d'un feu vert doré et argenté; semblables aux esprits de l'abîme les méduses branlent sans bruit leurs cloches bleuâtres à travers ce monde enchanté. Ici les isabelles (1) chatoyantes de couleur violette ou d'un vert doré, livrent la chasse aux coquettes (2) tachetées d'un rouge de feu, de violet et de vermillon; là s'élance la tænaïde (3) à l'instar d'un serpent et ressemblant à un ruban argenté qui réfléchit des teintes roses et azurées. Viennent ensuite les seiches fabuleuses affectant toutes les couleurs de l'arc-en-ciel, lesquelles disparaissent et reparaissent tour à tour, se confondent de la manière la plus fantastique ou se recherchent pour se séparer ensuite de nouveau. Et tous ces animaux se succèdent avec la plus grande rapidité formant les plus merveilleux contrastes d'ombres et de lumières. Le moindre souffle qui frise la surface de l'eau fait disparaître le tout comme par enchantement. Si maintenant le soleil roule son char vers l'occident et que les ombres de la nuit descendent dans les abîmes, ce jardin fantastique recommence à briller avec une nouvelle splendeur. Des millions d'étincelles de méduses et de crustacés microscopiques dansent dans l'obscurité comme autant de vers luisants. Plus loin on voit la magnifique plume de mer (4), rouge pendant le jour, balancer ses lueurs verdâtres; partout ce ne sont qu'étincelles lumineuses, que jets de flammes et de feu brillamment colorés; ce qui le jour s'efface dans la splendeur générale brille maintenant avec un éclat empreint de toutes les nuances de l'arc-en-ciel; et pour compléter les mille et une merveilles de cette illumination féerique, ajoutons que les môles (5), formant des disques argentés de près de six pieds de diamètre, nagent avec majesté au milieu de myriades d'étoiles étincelantes.

La plus luxuriante végétation des tropiques ne peut offrir une plus grande richesse de formes, et elle le cède de beaucoup sous le rap-

(1) Holacanthes ciliaris.
(2) Holacanthes tricolor.
(3) Lepidopus argyreus.
(4) Veretillum cynomorium.
(5) Orthagoriscus mola.

port de la magnificence et des couleurs. Ce qui est singulier, c'est
que ce paysage sous-marin est formé exclusivement d'animaux. Car
quelque caractéristique que soit la végétation marine de la zone
tempérée, elle ne peut atteindre à la richesse et à la variété du monde
animal aquatique qui prédomine sous les tropiques. C'est ici qu'on
trouve seulement tout ce que les grandes classes des poissons, des
hérissons de mer, des méduses, des polypes, des mollusques offrent
de plus admirable et de plus bizarre. Ces animaux s'enracinent dans
le sable blanc, tapissent les rochers escarpés, ou s'attachent les
uns aux autres comme des parasites. On les voit nager dans tous les
sens, se lancer dans toutes les directions. Les plantes, au contraire,
ne sont représentées que par un petit nombre d'individus. Chose
remarquable, c'est que la loi qui répartit le règne animal sur une
plus grande surface, parce qu'il est plus apte à s'accommoder aux
exigences des climats que le règne végétal, se retrouve également
dans les profondeurs de la mer, mais dans un sens perpendiculaire,
car au fur et à mesure que nous descendons dans l'eau, nous voyons
les plantes disparaître peu à peu et plus vite que les animaux; et en
effet, la sonde nous ramène encore des infusoires des endroits où
aucun rayon lumineux ne peut plus pénétrer et où toute trace de
plantes a disparu. Aux pôles également, lorsqu'on ne rencontre plus
la moindre algue, que toute végétation a cédé devant les glaces éter-
nelles, les baleines, les phoques, les oiseaux et une foule d'animaux
inférieurs semblent s'y plaire et narguer les rigueurs excessives de
ces régions inhospitalières.

Ce n'est point notre intention de développer davantage les trésors
de la vie sous-marine. Il est impossible d'entrer dans les détails des
rapports qu'elle présente avec l'homme et avec ses besoins. Le temps
et la place nous manquent, un seul groupe isolé appelle encore notre
attention à cause de sa liaison intime avec l'intérêt du botaniste et
de la part notable que les animaux de ce groupe prennent dans la
constitution du sol destiné à produire les plantes, je veux parler des
coraux. Qu'il suffise donc dans le tableau déjà esquissé de faire
deviner sa richesse plutôt que de la détailler, d'en indiquer le merveilleux plutôt que de le passer en revue dans toute sa force et toute

son abondance. La mer, sans aucun doute, cache les plus grandes beautés de la création, et un grand nombre d'entre elles qui, autrefois, ne semblaient vivre que dans l'imagination des poètes, ont été reconnues exister en réalité. Ajoutons encore un trait, afin de lui imprimer le caractère d'un conte de fées. Le voyageur solitaire, que la soif de l'étude a poussé sur les côtes de Ceylan afin d'y faire des recherches sur l'organisation des êtres qui peuplent l'Océan, va retourner le soir dans sa demeure, chargé du produit de ses investigations. Tout à coup, au milieu de la tranquillité d'une nuit sereine éclairée par la lueur argentine de la lune, une douce musique semblable à l'harmonie des harpes d'Éole frappe son oreille. Ces sons mélancoliques, assez forts pour couvrir le bruit des brisants, viennent de la plage voisine et rappellent à l'imagination le chant des sirènes. Ce sont des moules chantantes qui font entendre du rivage une douce et plaintive mélodie (1).

Mais revenons au paysage que nous avons essayé de retracer rapidement. Entre autres animaux qui entrent dans sa composition, les coraux viennent en premier lieu à cause de leur beauté, de leur existence si curieuse et de l'influence spéciale qu'ils exercent sur la formation de la terre ferme. Connus des Grecs anciens et nommés par eux « Filles de la mer (2), » ils furent depuis les temps les plus reculés un objet d'observation, mais donnèrent aussi sujet à beaucoup de fables et à beaucoup d'erreurs scientifiques. Surpris de voir que ces belles et élégantes formes florales enlevées de l'élément liquide ressemblent à une simple pierre brunâtre, on a été convaincu pendant longtemps de la nature végétale de ces tendres créatures qui une fois exposées à l'air se pétrifiaient, disait-on, instantanément. Cette erreur fut encore fortifiée par la confusion des vrais coraux pierreux avec les espèces molles et cartilagineuses. Au dernier siècle même la conviction de leur nature végétale était encore tellement dominante, que Réaumur (en 1727), lorsqu'il présenta à l'Académie un traité sur la nature animale des coraux, croyait devoir taire le nom de Peyssonel, qui en était l'auteur. Il craignait justement

(1) *Athenaeum* 1848. N° 1089, p. 913.
(2) *Kure halos*, de là le nom *curatium*, plus tard *corallium*, *corail*.

de compromettre pour toujours l'avenir d'un jeune naturaliste qui professait des idées en apparence extravagantes. Ce ne fut qu'en 1740, que l'immortel savant hollandais Trembley démontra, d'une manière irrécusable, la nature animale des coraux et leur affinité avec les autres polypes; et Ellis, Pallas et Cavalini étendirent encore dans la seconde moitié du xviiie siècle nos connaissances au sujet de ces êtres intéressants.

Déjà, avant cette époque, on avait remarqué qu'une partie de ces animaux au moins formaient dans leur intérieur un noyau pierreux qui, composé de carbonate de chaux, constitue la base du polype dans ses formes les plus variées. Ce noyau est recouvert d'une substance mucilagineuse animale qui établit pour ainsi dire la communication entre les nombreux polypes qui forment une famille inséparable. En 1702 un voyageur anglais peu connu du reste, M. Strachan, avait observé que les coraux étaient capables de former les grandes masses de rochers ; mais ce ne fut que l'ingénieux compagnon de Cook, Jean Reinhold Forster, qui établit d'une manière positive (1780) qu'un grand nombre des îles de la mer du Sud devaient leur existence à l'agglomération des coraux. Cette opinion fut plus tard confirmée et en même temps développée par Flinders et Peron. On attribuait à ces petits zoophytes le mérite d'élever du fond de la mer, et souvent à de très-grandes profondeurs, des murailles circulaires qui atteignent la surface de l'eau. Ils vivaient ainsi tranquillement à l'abri des brisants au centre de ces ports construits par eux, jusqu'à ce que les vagues en eussent comblé l'enceinte en y amenant du sable et des coquilles. Plus tard des troncs d'arbres amenés par les flots ou des semences apportées par les oiseaux avaient pris peu à peu possession de la nouvelle terre, et en avaient refoulé les premiers fondateurs. Cette hypothèse parut offrir beaucoup de vraisemblance surtout aux yeux des géognostes qui croyaient y trouver une explication satisfaisante de plusieurs phénomènes que présente la terre ferme. En effet, quelques chaînes de montagnes semblent être composées presque exclusivement de coraux; nous citerons, par exemple, celles qui ceignent, à quelques petites interruptions près, toute la forêt de la Thuringe et qui notamment dans les environs de Pœsneck s'élèvent en rochers perpendiculaires très-considérables.

Mais ce ne fut là que le début d'une longue série d'études approfondies, et d'habiles recherches tendantes à expliquer les puissantes formations de coraux de l'océan Pacifique. Elle ne fut close définitivement qu'il y a peu d'années, grâce aux efforts du savant voyageur et zoologue anglais Charles Darwin.

Avant d'entrer plus en détail dans cet intéressant sujet, donnons d'abord une description succincte des rochers et des îles de corail de la mer du Sud. Rien n'a plus étonné le célèbre Cook et les voyageurs modernes, rien n'a exercé davantage leur perspiçacité que les lagunes ou attoles. Une île circulaire ayant à peine quelques centaines de pas de diamètre et plusieurs pieds d'élévation au-dessus du niveau de la mer, attaquée sans cesse par les brisants les plus impétueux, renferme un bassin rempli d'eau parfaitement tranquille. Un petit nombre de plantes, parmi lesquelles domine le cocotier, forme pour ainsi dire une couronne de verdure du côté intérieur du bassin. L'eau en est peu profonde et claire, et, sous la lumière verticale du soleil, elle paraît avoir une couleur du plus beau vert; le fond se compose d'un sable blanc et pur. La surface unie du bassin, large souvent d'une lieue, est séparée des eaux presque noires de l'Océan par une ligne de brisants d'un blanc de neige, sur laquelle se dessinent avec la plus grande netteté les formes et la fraîche verdure des palmiers. Au-dessus de tout cela, l'azur immense de la voûte céleste. Cet ensemble produit un effet grandiose et sublime. Plus admirables encore sont les phénomènes des brisants circulaires qui enferment un bassin rempli d'une eau tranquille, sans que la moindre ligne de terre ne s'élève au-dessus de l'eau pour en former la limite. Cook a le premier observé ces faits dans la mer Pacifique.

Des bancs de coraux plus grands, plus étendus et recouverts de palmiers environnent souvent, mais à grande distance, une île montagneuse, et ici la vue la plus magnifique qu'on puisse imaginer se déroule devant les yeux du voyageur étonné : derrière lui une montagne boisée, à droite et à gauche la plus luxuriante végétation des tropiques, devant lui un miroir limpide comme le cristal, borné par une ligne de palmiers; plus loin il aperçoit l'écume neigeuse des brisants et l'Océan sans fin. C'est là le spectacle qui a surtout excité l'admiration de tous ceux qui ont pu visiter Tahiti, la reine des îles, ou l'île de Vanikoro si tristement célèbre par le naufrage de la Pérouse. D'autres îles ont tout près de leur rivage une étroite ceinture de bancs de coraux, tandis que le long des côtes de l'Australie, par exemple, ceux-ci forment à cinq ou dix lieues du rivage une barrière continue de plus de trois cents lieues de longueur.

Il en est encore qui présentent parallèlement au rivage, mais au-dessus du plus haut niveau de la mer, des remparts hauts et larges formés de coraux morts. Quiconque entreprend d'expliquer ces formations curieuses de l'océan Pacifique et de l'océan Indien, doit réunir en un seul ensemble toutes ces diverses modifications, car toute explication partant d'un fait isolé doit être considérée comme n'ayant aucune valeur.

Les lagunes sont, comme nous l'avons déjà dit, les plus remarquables de toutes ces formations, et elles ont par conséquent attiré l'attention bien avant les autres. Des milliers d'îles disséminées sur l'immense étendue de l'Océan austral offrent toutes les mêmes phénomènes; elles ont à peine quelques pieds d'élévation au-dessus du niveau de l'Océan qui, dans ces endroits, a une profondeur incalculable, et leur construction, qui renferme un bassin circulaire, est presque exclusivement l'ouvrage des polypes, actuellement encore vivants, et se compose de débris arrachés par les brisants, le tout recouvert d'un sable blanc et brillant. Partout on ne rencontre que de la chaux carbonatée sécrétée par ces animaux, réduite en petits fragments ou à l'état de sable, et l'Indien qui prend possession d'une pareille île, fouille avec ardeur les racines entrelacées des arbres amenés de loin par les flots, dans l'espoir d'y trouver quelque pierre dure pour en armer ses flèches ou pour battre du feu. Cette terre, ainsi construite par les polypes au sein des mers, s'élève à la surface à l'aide des nombreux fragments et débris que les vagues y accumulent. Ces mêmes vagues doivent en outre la peupler et la couvrir de végétation. Et, en effet, elles amènent des semences, même des arbres vivants, transportent parfois avec ceux-ci un lézard ou quelque autre insecte; bientôt des oiseaux aquatiques de différentes espèces viennent l'animer et fécondent par leurs déjections ce sol encore aride.

L'île des Cocos ou de Keeling compte, parmi ses vingt espèces de plantes, des genres qui lui sont venus de Java ou de l'Australie; ce qui ne paraît possible qu'en supposant que les graines ont été poussées jusqu'aux côtes de l'Australie par la mousson du N.-O. et sont arrivées de là en apportant des semences de ces pays par l'intermédiaire des vents alizés du S.-E., après avoir accompli une traversée de 1,800 à 2,400 milles anglais.

Les plus anciens voyageurs, qui croyaient ne devoir s'occuper que de ces lagunes, étaient d'avis que les ouvrages des polypes s'élevaient du fond de la mer. Cette manière de voir devait nécessairement être abandonnée, aussitôt qu'on eut observé que ces animaux ne peuvent vivre dans une profondeur dépassant 50 pieds. Plus tard, on les croyait construites sur le bord des cratères de volcans sous-marins, et on n'apercevait pas la grande invraisemblance d'une hypothèse qui donnerait à la mer du Sud plusieurs milliers de volcans, tous d'une égale hauteur. On ne tenait pas compte non plus des autres bancs de coraux, auxquels on ne pouvait appliquer cette hypothèse, vu que ces bancs s'étendent souvent sur une longueur non interrompue de 10 à 20 lieues; de plus une crête de montagnes d'une hauteur égalant une lieue d'étendue est sans exemple dans la nature.

Depuis Charles Darwin, qui accompagna pendant les années 1832-1836 le capitaine Fitzroy dans son expédition autour du monde, réunit tous les faits cités plus haut et il s'en servit pour l'explication d'une théorie générale. Il fut secondé dans ce travail par sa connaissance approfondie des particularités de la vie des zoophytes.

La limite supérieure de la végétation des polypiers est la hauteur la plus basse de l'eau, car ils meurent dès qu'ils sont en contact avec l'air ou avec le soleil. Ils ne construisent jamais dans de l'eau trouble, ni dans de l'eau stagnante, mais, chose singulière, toujours au milieu de l'eau la plus agitée, ou au milieu des brisants, de manière que la force vitale lutte victorieusement contre celle de la matière inerte capable cependant de détruire les rochers les plus durs. En examinant avec soin toutes ces particularités, Darwin arriva à la conclusion frappante que le point essentiel dans tous ces phénomènes ne consiste point dans les constructions des zoophytes, mais plutôt dans l'affaissement ou l'élévation du sol sur lequel les polypes élevèrent leurs constructions primitives. C'est chose vraiment admirable que la facilité avec laquelle on peut expliquer tous ces faits, en les rapportant à ce seul phénomène géologique. Figurons-nous une île dans le domaine des polypiers coralloïdes; ceux-ci s'y établiront tout alentour et commenceront leurs constructions à une distance telle, que l'eau, troublée par le mouvement des vagues, ne puisse les déranger dans leur travail. Dès qu'ils auront de cette manière entouré l'île d'un banc de rochers qui atteint la hauteur la plus basse de l'eau, il ne leur sera plus possible de continuer, si ce n'est dans une direction horizontale. Mais alors les vagues commenceront leur action destructive, des morceaux de la muraille seront arrachés et rejetés sur le banc où ils seront brisés et réduits en sable par le choc répété des flots qui les rouleront les uns sur les autres; les interstices seront comblés et cimentés par les débris, et cette action continuera de la sorte, jusqu'à ce que le banc soit parvenu à une élévation assez grande pour que les lames de la marée ne puissent plus la dépasser.

Si maintenant l'île, soulevée lentement par des forces volcaniques, sort du sein des flots, les polypes meurent et les parties centrales les plus élevées se trouveront entourées d'une ceinture de rochers coralloïdes, à l'intérieur desquels commence seulement la couche unie de sable ou la plage. C'est l'état exact dans lequel a dû se trouver la forêt de la Thuringe, à une époque où la plus grande partie de l'Allemagne était encore recouverte par la mer. Du sein de celle-ci l'Hercynie supérieure, le Taunus et quelques autres cimes de montagnes se sont également élevés comme autant d'îles montagneuses. Maintenant quand l'île, au lieu de s'élever, s'abaisse, alors les formations deviennent plus variées (voir les figures ci-contre); la terre se perd pour toujours dans l'Océan, mais non pas les récifs qui l'environnent, car à mesure qu'elle s'enfonce, les con-

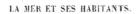

Ile avec un cercle de bancs de corail.

Ile abaissée avec un récif de corail en forme
d'anneau.

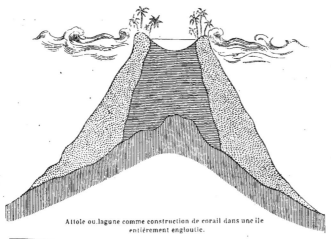

Attole ou lagune comme construction de corail dans une ile
entièrement engloutie.

 1. Rochers de l'île.

 2. Formation des coraux.

 3. Sable provenant de coraux et de coquillages écrasés.

structions recommencent et les flots qui les recouvrent continuellement de fragments et de sable parviennent à les élever au-dessus du
niveau de l'Océan. Bientôt ces récifs se trouvent à une grande
distance de l'île devenue de plus en plus petite, bien qu'ils se res-
serrent à leur tour au fur et à mesure que les vagues en 'arrachent
et en détruisent les parties. A la fin, la pointe la plus élevée de l'île
est descendue dans la mer, et il ne reste plus rien que la ceinture
circulaire qui renferme dans son enceinte une eau parfaitement à
l'abri des brisants et des vagues. S'il arrive alors un affaissement
trop précipité pour que les polypes puissent le suivre, il en résulte
un brisant circulaire sous-marin, tel que celui que Cook a découvert
le premier. La formation de toutes les îles, même jusqu'aux particularités les plus insignifiantes, peut être expliquée d'après la théorie
de Darwin; mais nous craignons de fatiguer le lecteur en entrant
dans trop de détails.

Adressons-nous maintenant à ceux qui voudraient rejeter notre
manière de voir, parce qu'ils ne comprennent pas que des îles puissent se soulever ou s'abaisser sans la coopération des volcans;
d'autant plus qu'il ne s'agit point ici d'une île isolée, mais d'étendues
immenses de la mer du Sud et de l'Océan des Indes orientales qui
embrassent plusieurs milliers de lieues carrées. Nous sommes habitués à regarder la terre comme fixe et la mer comme mobile, mais
le naturaliste considère la chose sous un tout autre point de vue. La
mer se maintient constamment à sa hauteur moyenne, tandis que la
terre seule change très-souvent de niveau. Darwin a démontré, à
l'aide d'observations qu'il a faites, qu'il y a dans la mer du Sud des
régions fort vastes et parallèles les unes aux autres, qui se soulèvent
et s'abaissent alternativement. La Nouvelle-Hollande est une de ces
régions qui s'abaissent. Cette partie de monde si étrange, bien loin
d'être un pays jeune et nouveau, est au contraire bien ancienne, sa
flore bizarre ainsi que sa singulière faune n'offrant presque aucune
affinité avec celles des autres pays; elles rappellent des périodes de
formation de la terre passées depuis longtemps. C'est un vieillard
mourant de décrépitude que les flots ensevelissent insensiblement.

Que des éruptions volcaniques puissent produire brusquement des îles et des montagnes sous-marines, c'est là un fait trop connu pour qu'il soit nécessaire de le démontrer par de nombreux exemples. Telles sont les collines troezéniennes près de Méthone, lesquelles s'étendent jusqu'au Jorullo dans le Mexique; telles sont encore les nouvelles îles de Santorin qui se succèdent jusqu'à la nouvelle île près d'Umnak, au milieu des Aleutes. Les observations les plus exactes faites dans le Chili, et qu'on a citées assez souvent, ont établi à jamais la possibilité des faits que nous venons de rapporter.

La modification qui s'était opérée dans le fond de la mer à la suite d'un pareil soulèvement pendant le tremblement de terre du 20 février 1835, occasionna la perte de la frégate *Challenger*, commandée par le capitaine Fitzroy, et cet officier fut traduit devant un conseil de guerre qui, naturellement, prononça son acquittement.

Il est bien plus incroyable que ces modifications, occasionnées par l'intermédiaire de forces aussi puissantes, puissent avoir lieu sans cause apparente, sans aucune de ces convulsions qui éveillent l'attention de l'homme. Des pays entiers se soulèvent ou s'abaissent, et il est certain que la plus grande partie de notre globe se trouve dans ce cas.

Il va sans dire qu'il est très-difficile de démontrer dans l'intérieur des terres de pareils changements survenus d'une manière insensible, et nous n'avons connaissance que de deux cas.

L'un d'eux a été rapporté par Boussingault qui, en comparant ses travaux avec ceux que M. de Humboldt avait faits 50 ans auparavant, a conclu que la ligne des neiges sur les Cordillères de Bogota était remontée; circonstance qui ne peut s'expliquer que par l'abaissement de ces montagnes opéré depuis cette époque. L'autre cas est une histoire connue des habitants des environs d'Iéna; on voit actuellement la tour de la ville, qui était masquée il y a 80 ans par des montagnes interposées. Il est probable cependant que la coupe d'un bois situé entre la ville et les points de vue dont on parle, soit la véritable cause du phénomène en question.

Mais il est facile de constater ces soulèvements et ces abaissements sur les côtes, à l'aide du niveau de la mer. Du temps de Celsius déjà, les habitants des côtes orientales et occidentales de la Suède étaient convaincus que l'eau se retirait. Celsius lui-même a fait des recherches à ce sujet et mis la chose hors de doute, quoique Léopold de Bach eût expliqué le premier que toute la Suède, à l'exception de Schonen, au sud de Soelvitsbourg, s'était lentement élevée du sein de la mer. Celsius en fixa même la mesure à 3 pieds par siècle, de sorte qu'on peut dire que dans quelques milliers d'années, on pourra aller à pied de Stockholm à Abo. Ce soulèvement diminue du nord au sud ; Schonen et Bornholm sont des points fixes, mais au delà, au contraire, dans le Jutland, on a des preuves décisives d'un abaissement sensible du sol, qui s'étend également jusqu'aux côtes de la Baltique en Prusse.

Le phénomène qui nous occupe n'a pas lieu dans ces contrées seules ; car le célèbre géologue Leyell en a fait connaître de semblables sur les côtes orientales de l'Amérique, et d'autres encore, quoique étudiées avec moins de précision, sont connues en Europe. Presque toute la côte occidentale de l'Écosse et de l'Angleterre présente souvent jusqu'à la hauteur de 500 pieds des rangées de bancs disposés en terrasses, qui contiennent les mêmes espèces de coquillages vivant actuellement à leur pied ; à Moel-Fryfane-Caernarvonshire, ces bancs s'élèvent même à 1,000 pieds au-dessus du niveau de la mer. Après des travaux inutiles, le port de Hithe, dans le Kent, autrefois un des meilleurs connus, est transformé aujourd'hui en pâturages. Ces preuves évidentes d'un soulèvement du pays, preuves que nous pourrions au besoin encore augmenter par de nombreux exemples, cessent tout à fait de se montrer à l'extrême sud de la Grande-Bretagne, où un affaissement se manifeste d'une manière évidente.

Les habitants des côtes de la Hollande et de l'Allemagne luttent, à l'instar des zoophytes de la mer du Sud, contre l'envahissement des eaux, en construisant des digues nombreuses et solides. Jusqu'ici, heureusement, l'abaissement du sol n'a eu aucun résultat fâcheux. Cependant, la Frise, en 1240, fut en partie la proie de l'Océan qui en arracha une langue de 6 lieues d'étendue. L'île dite Nordstrand fut à son tour engloutie, le 11 octobre 1638, et il n'en resta que les petits îlots « le Nordstrand et le Gelworm ; » Il en est

de même des ilots qui existent le long de la côte de la mer du Nord,
lesquels se morcellent et disparaissent de plus en plus.

En 1277, la mer fit irruption et elle forma le Dollart et le Zuy-
derzee; et, en 1421, le Biesbosh. En 1532, la partie orientale du
Ludheveland fut également submergée avec les villes de Borselen,
de Remersvaled et de nombreux villages. En 1658, l'île d'Orisant, au
N.-E. de Nordbeveland, subit le même sort. Sur toute la côte orientale du Zutland, des forêts sous-marines, ainsi que des champs
cultivés, présentement sans eau, annoncent l'affaissement du pays.
Mais les côtes occidentales de la France nous offrent un tableau plus
frappant encore. En 1752, un bâtiment anglais fit naufrage à Bourg-
neuf, près de la Rochelle, sur un banc d'huîtres, et cette carcasse
se trouve maintenant au milieu d'un champ cultivé, à 15 pieds au-
dessus du niveau de la mer. Cette commune a gagné, à elle seule
pendant les dernières 25 années, plus de 2,000 arpents de terre
arable qu'elle a arrachés à la mer. Jadis les Hollandais déchargeaient
leur sel au port Bahaud, situé actuellement à 1,000 pieds de la mer.
Olonne, qui était une île, est maintenant réunie à la terre ferme par
des prairies et des marécages. La même chose se passe à Marennes
et à Oléron, et si nous continuons à longer les côtes, nous rencon-
trerons des phénomènes analogues sur la Méditerranée. Saint Louis
s'embarqua en 1248 à Aigues-Mortes, port célèbre à cette époque.
Aujourd'hui cette ville se trouve située à une lieue de distance de la
mer. Si nous passons en Italie, nous pourrions citer d'intéressants
exemples à Rome et à Naples. Rome, entre autres, possède le célèbre
temple de Sérapis de Puzzuoli, dont les trois colonnes présentent, à
une hauteur considérable, des marques où des moules ont rongé la
pierre, témoignage irréfutable d'un affaissement du sol qui s'est de
nouveau soulevé plus tard. Gœthe a, dans ses études sur l'histoire
naturelle, soumis ce temple à un examen spécial; malheureusement,
le génie de la science ne lui fut pas aussi favorable que sa Muse, et
ici, comme dans beaucoup d'autres cas, il s'est trompé grossièrement. Présentement la base du temple submergée montre un nouvel
affaissement du sol, et un vieux moine, d'un cloître voisin, raconte
que dans sa jeunesse il a cueilli des raisins dans l'endroit du jardin,

où se balancent les barques des pêcheurs. Mais quittons un pays où les mouvements du sol se rapportent décidément à des phénomènes volcaniques, et occupons-nous plutôt de la mer Adriatique.

On sait quelle masse énorme de vase et de gravier le Pô charrie tous les ans dans la partie supérieure de l'Adriatique ; une diminution d'eau et un exhaussement du fond de la mer seraient donc une conséquence naturelle de ce fait, et c'est ce qui, effectivement, a lieu, mais d'une certaine manière ; malgré cela, on doit être surpris que des preuves irrécusables démontrent que tout le pays s'affaisse lentement.

L'antique et vénérable ville des doges, la superbe Venise, s'enfonce peu à peu dans l'abîme. Déjà, en 1722, lorsque le pavé de la place Saint-Marc dut être exhaussé de 1 1/2 pied, on rencontra, à 5 pieds de profondeur, un autre pavé qui, dans ce moment, se trouvait de 3 à 3 1/2 pieds au-dessous du niveau de l'eau ; aujourd'hui quand les eaux sont hautes, elles coulent dans les églises et les magasins de cette place. Trieste nous offre des faits qui ne sont pas moins concluants. Près de Zara, des mosaïques admirables se trouvent entièrement sous l'eau. A la pointe méridionale de l'île Poragnitza, on voit, quand la mer est basse et tranquille, toute une rangée de sarcophages construits en pierre. Nous retrouvons les mêmes phénomènes le long de toute la côte de Dalmatie. A peine l'Anglais Wilder avait-il démontré, par des observations scrupuleuses faites dans les ruines et confrontées avec des données historiques, que, depuis le temps des Romains, toute la côte de l'Asie Mineure s'affaisse à partir de Tyr jusqu'à Alexandrie, que Murchison, dans sa *Géologie de la Russie*, affirma que le nord de ce pays et la Sibérie septentrionale, depuis l'époque où les mammouths furent ensevelis vivants, n'ont point cessé de se soulever ; et il n'y a pas longtemps encore que le docteur Pingel, de Copenhague, s'appuyant sur des observations positives, a prouvé l'affaissement successif du Groenland. Bref, de quelque côté que les géognostes, mis en éveil par Celsius et Léopold de Buch, dirigent leurs recherches, ils constatent un soulèvement ou un abaissement du sol, et l'étude de la géologie nous enseigne que ces phénomènes ne présentent rien de nouveau dans l'histoire de notre planète; qu'au contraire, ce jeu de la nature, depuis des centaines de milliers d'années, a constamment modifié et fixé la géographie de la terre.

Observons l'aiguille d'une montre aussi attentivement que nous voudrons, nous ne pouvons remarquer son mouvement, parce qu'il a lieu dans un espace fort limité; mais nous savons que l'aiguille marche toujours. C'est de la même manière que le mouvement du sol s'opère sans relâche sous nos pieds, quoique nous ne puissions le distinguer à cause de son extrême lenteur.

Les connaissances historiques nous apprennent que le drame du développement du genre humain se passe sur la terre ferme. Quel contraste entre cette immobilité géographique apparente des lieux, et la mobilité incessante de la race humaine! Les montagnes et les vallées restent les mêmes. Mais de quels changements et de quels développements l'humanité n'est-elle point capable, et quel progrès n'a-t-elle pas fait déjà? Peut-être aussi n'en a-t-elle pas fait du tout. — Car, en somme, tout dépend du point de vue d'où nous considérons les choses. — Par l'application de la force de la vapeur, l'homme a réussi à s'élever, pour ainsi dire, au-dessus de l'espace, et à parcourir en un temps comparativement court des distances en réalité fort considérables. D'après les essais des ingénieurs, faits sur le *Great Western rail road*, en Angleterre, il ne serait pas impossible, en supposant une ligne parfaitement droite, d'aller de Londres à Paris en 2 1/2 heures de temps; de Berlin à Hambourg en 1 1/2 heure.

Admettons qu'il soit permis à l'homme de s'affranchir de la dépendance du temps, qu'il lui soit possible de réunir en bloc ce qui se trouve séparé par des siècles entiers; en un mot, admettons que nous puissions plonger le regard dans l'histoire de notre globe, de manière à parcourir des milliers d'années d'un seul coup d'œil, quel autre spectacle nous aurions devant nous! Ce qui est solide et fixe en apparence changerait de rôle avec ce qui est mobile et variable. Nous verrions la terre ferme se soulever et s'abaisser, comme la mer agitée par la tempête; puis apparaître un instant pour s'engloutir ensuite, nous verrions des montagnes se poser les unes au-dessus des autres, tomber aussitôt en ruine, et leurs débris entraînés dans

la mer indifférente, calme et immuable. — Et l'humanité? Elle nous
montre toujours la même image à travers les siècles passés. Dans
les rues et sur les places publiques, dans les temples et les églises,
la foule se réunit silencieuse pour entendre un grand docteur prê-
cher éternellement les mêmes maximes de sagesse, depuis Jésus-
Christ jusqu'à Luther, depuis Cong-fu-tse jusqu'à Kant, tandis
qu'il rencontre toujours la même surdité chez ses auditeurs. Ce qui
a été sera toujours. La nature à elle seule est une histoire animée de
la création. L'humanité est stationnaire, et dans chaque individu
recommence de nouveau la lutte séculaire entre les passions et les
devoirs.

HUITIÈME LEÇON.

DE QUOI VIT L'HOMME?

PREMIÈRE RÉPONSE.

Un homme obscur, mais honnête, méditant sur la nature et ses divers règnes, au fond de sa cuisine sombre, composant avec peine et à sa manière, à l'aide de ses adeptes, des mélanges innombrables d'après des recettes infinies.

L'idée que Gœthe nous donne d'un alchimiste est exprimée avec infiniment plus de justesse que beaucoup de chimistes ne l'ont fait de leurs prédécesseurs. Le voilà assis dans sa sombre cuisine environné de tous côtés de cornues, de bocaux, de boîtes, encombré d'instruments et d'ustensiles antiques et de tous genres.

Il médite sur la pierre philosophale qui le mettra à même de transformer en or les métaux les plus vils ; ce qu'il a commencé et cherché sur des routes faussement tracées s'est accompli ; ses disciples l'ont trouvé toutefois d'une manière tout autre qu'on ne s'y attendait ; la chimie, en prêtant ses forces aux arts et à la mécanique, nous a appris à transformer en or les métaux vulgaires et notamment le fer ; la chimie nous a montré le chemin par lequel nous pouvons pénétrer dans le labyrinthe confus des matières et des forces que nous appelons l'organisme et la vie ; la chimie nous offre encore son secours, quand il s'agit de soutenir et de fortifier l'organisme dérangé par ses luttes contre les éléments hostiles. Le contenu des pages qui vont suivre est un don de la chimie moderne à la fleur de sa jeunesse ; le père qui l'a engendrée est assis et médite dans sa cuisine d'alchimiste.

DE QUOI VIT L'HOMME!

> La nourriture du sol n'est pas matérielle.
> FAUST.

Si nous interrogeons le savant pour savoir ce qui le pousse à se priver de toutes les jouissances de la vie et à méditer dans son cabinet solitaire sur les problèmes les plus abstraits; si nous demandons au soldat pourquoi il consent à affronter le danger des batailles; à l'infatigable commerçant, pourquoi il s'efforce de mettre ici-bas le besoin au niveau de la production; si nous recherchons chez le criminel la cause qui le rend audacieux, et le porte à braver une mort ignominieuse, tous feront à peu près la même réponse qui, dépouillée des locutions propres aux différents individus, revient à ceçi : « Que faire, il le faut bien; l'homme ne peut pas vivre d'air. » Cette raison paraît péremptoire et concluante; et la justice criminelle, si sévère qu'elle soit, s'est convaincue de la validité de telles raisons, et, dans beaucoup de cas, elle admet la faim comme une circonstance atténuante.

Mais voici le naturaliste, cet homme incommode qui ne veut reconnaître aucune autorité, qui ne croit que ce qu'il peut toucher

des mains, et s'écrie : « Fous que vous êtes, l'homme peut effectivement vivre d'air ; oui, il vit d'air uniquement et de rien d'autre. « Un
tel langage n'est que de la présomption pour le théologien qui
réplique d'un ton irrité : « Homme, songe à ta fin, tu es fait de,poussière et tu y retourneras. » « Sottise que tout cela, riposte le naturaliste, ce serait une singulière métamorphose de la matière ! Notre
origine provient de l'air et nous y retournerons après notre dissolution définitive. » Le moraliste n'aime pas non plus ce langage, et
l'ami de la nature se met à réfléchir ; car au fond il ne voudrait pas
se brouiller avec tous ces pieux personnages. Mais en définitive il a
émis un paradoxe, et c'est à lui de voir comment il se justifiera.

De quoi vit donc l'homme ? telle est la question. La réponse sera
multiple : Le Gaucho qui, sur son cheval presque sauvage, parcourt les Pampas étendues de Buenos-Ayres, lançant avec une
adresse extrême le lasso à l'autruche timide ou au taureau farouche,
consomme 10 à 12 livres de viande par jour ; une tranche de citrouille
qu'on lui offre dans une hacienda est pour lui une véritable jouissance. Le mot de *pain* ne se trouve pas dans son vocabulaire.
Las de son travail de chaque jour, l'Irlandais, plein d'insouciance,
se régale de ses *patatoes and point*, et ne cesse jamais d'égayer son
repas frugal par des plaisanteries. La viande lui est une 'chose
étrangère, et heureux est celui qui a pu se procurer quatre fois par
année un hareng pour assaisonner ses pommes de terre. Le chasseur
des prairies, qui abat le bison d'un coup infaillible, savoure avec
plaisir la loupe succulente et entrelardée qu'il vient de rôtir entre
deux pierres brûlantes ; pendant ce temps l'industrieux Chinois porte
au marché ses rats engraissés avec soin et enfilés dans des baguettes
blanches, bien assuré de trouver parmi les gourmets de Pékin des
chalands généreux ; et dans sa hutte chaude et enfumée, presque
ensevelie sous la neige et la glace, le Groenlandais dévore le lard
qu'il vient, il n'y a qu'un instant, de couper aux flancs d'une baleine
échouée. Ici l'esclave nègre mâche la canne à sucre et mange ses
bananes ; là le négociant africain vide son sachet de dattes, seule
nourriture qui le soutient pendant les longs voyages à travers le
désert ; plus loin le Siamois se remplit l'estomac d'une quantité de

riz effrayante, qui ferait reculer l'Européen le plus avide. Et quel que soit l'endroit de la terre habitée où nous demandions l'hospitalité, partout on nous offre un aliment différent « le pain quotidien » sous une autre forme.

Mais, demanderons-nous, l'homme est-il réellement un être tellement accommodant, qu'il puisse se construire à l'aide des matières les plus hétérogènes, l'habitation matérielle de son esprit, ou bien toutes ces différentes espèces d'aliments ne contiennent-elles qu'un seul ou un petit nombre d'éléments similaires qui constituent la nourriture de l'homme ? C'est cette dernière hypothèse qui est la vraie. Quatre éléments intimement unis composent la vie et forment le monde.

Tout ce qui nous entoure est constitué d'un petit nombre d'éléments, d'environ 53 corps simples découverts successivement par la chimie. Il y en a surtout quatre d'entre eux qui entrent dans la composition de tout être organisé vivant sur la terre : l'azote et l'oxygène sont les éléments les plus importants de l'air atmosphérique ; l'oxygène et l'hydrogène forment l'eau, par leur combinaison ; le carbone et l'oxygène produisent l'acide carbonique, et, enfin, l'azote et l'hydrogène se réunissent pour composer l'ammoniaque, gaz qui s'exhale en grande quantité des cheminées de la terre, autrement nommées volcans. Ce sont ces quatre éléments, à savoir : le carbone, l'hydrogène, l'oxygène et l'azote, qui. dans leurs combinaisons diverses, forment les substances dont se composent les plantes et les animaux ; trois d'entre eux sont gazeux, le carbone est solide et, une fois cristallisé, il prend le nom de diamant. Les corps les plus répandus dans la nature, qui résultent de la combinaison de ces éléments, sont l'eau, liquide à la température ordinaire, contenue dans l'air sous forme de vapeurs ; l'acide carbonique et l'ammoniaque suspendus dans l'atmosphère sous forme de gaz. La connaissance de ces diverses combinaisons est le pivot de l'étude de la vie animale et végétale.

Notre atmosphère se compose d'environ 4/5 d'azote et de 1/5 d'oxygène joints à 1,2000 de gaz acide carbonique, et au gaz ammoniacal en quantité inconnue.

Depuis que Priestley nous a fait connaître l'oxygène et son importance pour la respiration, on croyait pouvoir estimer la bonne qualité
de l'air d'après la quantité d'oxygène qu'il contenait; une nouvelle
science, l'eudiométrie, se forma et eut pour mission de rechercher les
proportions d'oxygène et d'azote contenues dans l'air; les méthodes
mises en usage, perfectionnées de plus en plus, ont prouvé que la
composition de l'air est partout la même à quelque millièmes près.
Cependant, on s'est trop empressé de tirer de cette composition
constante des conclusions se rapportant à l'acte vital des végétaux et
des animaux. Notre atmosphère contient, d'après les calculs de
E. Schmid, environ 2,551,586,000 livres d'oxygène; la dépense annuelle consommée par la respiration des hommes et des animaux et
par la combustion, est de 2 1/2 billions ou à peine une dix-millième
partie. Une quantité aussi insignifiante ne saurait être appréciée par
nos instruments, quand même on les aurait confectionnés et appli-
qués depuis des siècles avec la même précision et les mêmes soins
qu'aujourd'hui. Nos méthodes sont plus perfectionnées dans la détermination de l'acide carbonique de l'air, et voici comment on procède
dans ce calcul : pendant la respiration l'homme exhale un pouce
cube d'acide carbonique pour chaque pouce cube d'oxygène qu'il
respire, et un échange analogue a lieu dans la combustion. Il faudrait donc, d'après les données ci-dessus, qu'après un laps de 3,000
ans une quantité de 15,000 billions de livres d'acide carbonique fût
mêlée à l'air atmosphérique en laissant de côté les énormes quantités
de gaz qu'exhalent les volcans. Le rapport de cette quantité de gaz
acide carbonique à l'oxygène devrait donc être comme de 1 à 200,
tandis qu'en réalité il ne fait que la moitié ou le quart de cette proportion, lors même que nous portons en ligne de compte l'acide exhalé
par les volcans. Il s'ensuit qu'il doit exister quelque part un procédé
qui consomme ou ramène l'acide carbonique de l'air à d'autres combinaisons. L'oxygène est doué de la propriété de se combiner avec
d'autres corps et surtout avec le carbone et l'hydrogène. Cette combinaison, le chimiste l'appelle combustion, bien que des phénomènes
lumineux ne s'y montrent pas, mais que toujours une quantité de
chaleur proportionnée à l'oxygène consumé soit dégagée.

L'azote, au contraire, n'a qu'une faible affinité pour d'autres corps ; mais il se combine facilement avec l'hydrogène pour former de l'ammoniaque. Les quatre corps que nous venons de nommer, en se réunissant dans différentes proportions, constituent une infinité de substances organiques que l'on pourrait classer en deux séries distinctes. L'une comprend les corps composés des quatre éléments réunis : tels sont l'albumine, la fibrine, la caséine, la gélatine. Le corps animal entier est composé de ces matières, et quand elles en sont séparées ou que la vie les quitte, elles se décomposent en fort peu de temps et donnent de l'eau, de l'ammoniaque et de l'acide carbonique qui se dégagent dans l'air. La seconde série contient, au contraire, des substances privées d'azote, savoir : la gomme, le sucre, l'amidon, les liquides qui en dérivent, tels que l'alcool, le vin, le beurre et enfin les corps gras. Ceux-ci passent par le corps animal en ce sens que leur carbone et l'hydrogène sont consumés par l'oxygène aspiré pendant la respiration, et ensuite exhalés sous forme de gaz acide carbonique et d'eau. Par cet acte de combustion lente mais incessante, la nature entretient la chaleur indispensable à la vie animale.

Nous avons vu cependant, dans les brillantes découvertes de la chimie moderne et de la physiologie, que le corps animal est incapable de composer les premiers éléments ou d'autres matières, sauf la caséine, des substances dont il est lui-même formé, telles que l'albumine, la fibrine, etc., et que l'animal doit trouver ces substances toutes faites déjà dans sa nourriture, afin de pouvoir se les assimiler. L'albumine, la fibrine et la caséine ont donc exclusivement été appelées par Liebig, et cela avec raison, substances alimentaires. On ne peut les remplacer par aucune autre, et quand elles font défaut, le corps doit mourir. Les corps non azotés ne peuvent pas faire défaut non plus ; ce sont pour ainsi dire les combustibles du foyer de la vie animale, et ces substances qu'on appelle aliments dans la vie commune, Liebig les désigne sous le nom de moyens de respiration.

Si nous comparons maintenant les besoins que le corps animal réclame dans l'intérêt de sa conservation et les principes constituants des végétaux qui lui servent de nourriture, nous trouvons dans toutes les plantes et dans toutes leurs parties une quantité plus ou moins grande d'albumine dissoute dans le suc végétal. Dans le froment, dans les grains des céréales, se trouve une quantité plus ou moins considérable d'une substance qu'on avait jadis désignée sous le nom de *gluten*. Liebig et Mulder ont montré que le gluten est analogue à un mélange de gélatine et de fibrine animale. Dans les pois, les fèves, les lentilles, etc., la chimie avait découvert un corps qu'on avait nommé *légumine*, d'après la famille de plantes, *les légumineuses*, dans les semences desquelles elle se trouve. Aujourd'hui, nous savons d'une manière plus exacte que la légumine ne diffère presque pas de la caséine animale. La légumine et le gluten, la caséine et la fibrine se trouvent probablement dans toutes les cellules végétales.

La seconde série de substances non azotées n'est pas moins généralement répandue dans le monde végétal. En passant en revue toutes les substances alimentaires que l'homme choisit dans ce règne, nous en trouvons trois groupes dont le premier se distingue par la grande quantité d'amidon qu'il produit. Telles sont les céréales et les légumineuses, les tubercules, les pommes de terre, les topinambours, le majoc, le yams ou taroo et enfin les tiges à moelle farineuse des cycadées et des palmiers qui fournissent le sagou.

Le deuxième groupe comprend les fruits gommeux sucrés, qui doivent leurs propriétés rafraîchissantes à l'acide citrique, malique et tartrique, et leur arome à des matières particulières. Nous citerons, outre les fruits connus chez nous, la datte, la banane et le fruit à pain, les tiges sucrées de la canne et les racines charnues gorgées de gomme et de sucre qui nous servent de légumes ; enfin le groupe de semences oléagineuses des différents fruits, la noix de coco, la noix du sapin du Chili, la noix de Para, et puis le grand nombre de noix et d'amandes qui se consomment pour apaiser la faim ou pour stimuler l'appétit. N'oublions pas, dans cette énumération, les boissons d'origine végétale.

La vigne a accompagné l'homme presque partout où les conditions climatériques ne s'y opposaient pas. Les cidres, la bière et l'eau-de-

vie sont des boissons en honneur dans un grand nombre de pays. Il
reste encore au psychologue à étudier la circonstance remarquable
que, partout où le genre humain s'est propagé sur la terre et s'est
trouvé au plus haut ou au-plus bas degré de civilisation (à l'exception
de quelques tribus peut-être plus rapprochées de la brute que de
l'homme), il a l'habitude de se mettre, à l'aide de moyens différents,
dans un état d'exaltation mentale dont le suprême degré s'appelle
ivresse.

Le poulque des Mexicains, le vin de palmier des Chiliens, la
boisson de maïs mâché des habitants de l'Orénoque et de l'Amazone,
enfin le kumis des Tatares préparé avec le lait de jument, tout cela
ressemble à nos boissons fermentées, en ce sens que, dans toutes,
l'alcool provenant de la transformation du sucre et de l'amidon, par
la fermentation, y constitue le principe enivrant. Nous ne savons
pas expliquer les effets des feuilles du cocca, arbrisseau améri-
cain (1). La plus grande jouissance du muletier péruvien consiste à
les mâcher pour se mettre dans un état de douce rêverie. Sans être
ivre, cette excitation le fait passer des jours entiers dans l'oisiveté;
par contre, la consommation de l'agaric-mouche par les habitants de
la Sibérie, l'usage de l'opium chez les Asiatiques du sud, du haschich
ou de l'extrait de chanvre chez les Africains du nord et du sud, et
enfin la boisson poivrée que préparent les habitants des îles du Sud,
sont autant de véritables empoisonnements narcotiques qui, en se
répétant souvent, entraînent la destruction du corps.

Deux hommes ont récemment déclaré la guerre, avec plus ou moins
de succès, à toutes ces substances capables de surexciter l'imagination. L'un d'eux, l'empereur de la Chine, a combattu avec des armes
matérielles et a succombé à la tâche; l'autre, en luttant avec la force
de l'esprit et du raisonnement, a remporté la victoire la plus écla-
tante; je veux parler du vaillant apôtre de la tempérance, du vertueux
père Mathew. En compensation, il conseille une autre boisson que
nous avons empruntée aux Chinois. Mais le thé est-il effectivement
sans danger? C'est encore une question, et je ne puis m'y arrêter.

(1) *Erythrozylon cocca Lam.*
(2) *Pipes methysticum Forst.*

Qu'il me soit permis à ce sujet d'appeler l'attention sur une énigme physiologique qui attend encore sa solution.

En 1554, un soulèvement eut lieu à Constantinople; le haut clergé s'adressa au Sultan et lui fit les plus horribles menaces. Le succès extraordinaire des nouveaux cafés qu'on venait d'ouvrir la même année en était la cause. La foule se pressait dans ces endroits et les assiégeait toute la journée, de sorte que les mosquées restaient désertes.

Le Sultan se tira d'embarras de la manière la plus avantageuse pour lui; il imposa aux cafés une haute contribution; et tout en calmant le clergé, il se procura un revenu considérable. Ce qui n'empêcha pas l'usage du café de se propager avec une grande rapidité par l'Europe entière. En 1652, le Grec Pasqua ouvrit le premier café dans George-Yard, Lombardstreet (d'après Mac Culloch dans Saint-Michels-Alby, Cornhill, à l'endroit où se trouve aujourd'hui le *Virginia-Café*), et, en 1671, le premier établissement de ce genre sur le continent fut ouvert à Marseille. Le total de la production peut s'élever en ce moment à 500 millions de livres, tandis qu'elle dépassait à peine 10 millions il y a 150 ans. M. de Humboldt a porté, en 1820, la consommation du café en Europe à 150 millions de livres. Actuellement, elle va jusqu'à 250 millions. Le prix de cette denrée a aussi beaucoup diminué, car si les 150 millions de livres valaient, en 1820, environ 100 millions de francs, les 250 millions ne coûtent pas aujourd'hui plus de 90 millions de francs.

Où a pris naissance l'usage du café? qui a découvert cette précieuse denrée? Nous l'ignorons. Les données les plus sûres à ce sujet sont consignées dans l'ouvrage écrit en 1566 par le cheik Abdelkader-Ebn-Mohammed, et que Sylvestre de Sacy nous a communiqué dans sa chrestomatie arabe sous le titre : « *Le soutien de l'innocence relativement à la légalité du café.* »

Suivant l'auteur, l'usage en a été introduit vers le commencement du xvᵉ siècle, par le très-savant et pieux cheik Djemal-Eddin-Ebn-Abou-Alfaggar dans la province d'Aden, d'où il s'est propagé en peu de temps à la Mecque et à Médine. Lui-même a connu cette boisson dans l'Abyssinie où l'on en faisait usage depuis les temps les plus

anciens. Il est donc faux de placer l'origine du café dans
l'Arabie.

Dans ces temps-là on buvait la décoction des coques aussi bien
que celle des fèves torréfiées, appelées *bounn* par les Arabes, et la
liqueur elle-même ainsi préparée portait le nom de *kahwa*. Les
sages, Tadjeddin-Ebn-Jacoub entre autres, recommandaient de
prendre de l'eau froide avec le café afin de combattre l'insomnie,
mais c'était précisément détruire le motif de son usage. On voulait
rester éveillé pendant les nuits consacrées à la prière. Pendant le
service divin, on puisait au moyen d'une petite coupe du café dans
un vase brun d'une grande capacité et on l'offrait aux assistants.
Ceci explique aisément pourquoi le café dut devenir pour quelques
orthodoxes mahométans un sujet d'attaques et, en général, un objet
de profondes dissertations théologiques. Ses ennemis ne craignaient
pas de soutenir que les visages de ceux qui en buvaient paraîtraient,
au jour de la résurrection, plus noirs que le café même. Mais comme
les femmes, suivant le Coran, n'entrent pas en paradis, elles pouvaient savourer sans crainte leur liqueur favorite. D'autres relations,
communiquées par Abd-el-Kader-Ebn-Mahommed, nous démontrent
que l'usage du café était connu en Abyssinie depuis la plus haute
antiquité, et que, dans l'Arabie même, il est venu remplacer une
autre boisson, le cafta, qui lui ressemblait beaucoup quant à ses
vertus, et dont l'origine est également inconnue. Il se préparait avec
les feuilles d'un arbrisseau appelé *Catha-Edulis-Forsk*.

Lorsque les Espagnols abordèrent pour la première fois au
Mexique, ils firent connaissance avec une boisson dont on se servait dans le pays de temps immémorial. Les indigènes l'appelaient
chocollatl; ils la préparaient avec les graines d'un arbre nommé par
eux *cacahoaquahuitl*. L'usage du chocolat se propagea ensuite aussi
loin que s'étendait la domination espagnole, et plus tard il s'est
répandu dans tout le reste de l'Europe.

Au commencement du xviie siècle, tous les membres d'une ambas-
sade russe, envoyée en Chine, reçurent en échange de quelques peaux
de zibeline des feuilles vertes, desséchées et soigneusement empa-
quetées. Nonobstant leurs protestations et leur refus d'accepter une

22

chose inutile à leurs yeux, ils durent se résigner à les emporter avec eux. A leur retour à Moscou, ils les firent préparer d'après la prescription, et dès lors le thé devint la boisson favorite du pays.

A peu près à la même époque, la Compagnie hollandaise des Indes orientales essaya d'introduire en Chine des feuilles de sauge (*salvia officinalis*) dont on préparait une sorte de breuvage, et elle reçut en échange du thé de la Chine. En 1664, la Compagnie anglaise des Indes orientales crut faire un cadeau très-important au roi d'Angleterre en lui offrant deux livres de thé. L'usage de cette boisson se perd dans la nuit des temps, et les légendes du IIIe siècle en font déjà mention. Une anecdote chinoise des plus anciennes rappelle d'une manière remarquable le motif de l'introduction du thé en Chine. Un pieux ermite ayant été souvent surpris par le sommeil pendant ses longues veilles et ses prières nocturnes, s'irrita de ce que ses paupières appesanties se fermaient malgré lui; il prit la résolution de se venger de la faiblesse de la chair; il les coupa et les jeta à terre. Un dieu miséricordieux en fit à l'instant pousser le théier dont les feuilles ont encore la forme d'une paupière garnie de cils et possèdent la vertu de chasser le sommeil. Lorsque les Européens firent connaissance de cette plante, son usage était déjà répandu dans toute la partie S.-E. de l'Asie. L'Europe ne resta pas longtemps en arrière de ses maîtres. Aujourd'hui on exporte de la Chine par mer 100 millions de livres, par la voie de Kiachta, 10 millions, et vers le Thibet et les Indes orientales, environ 30 millions de livres. Dans les provinces de la Chine et du Japon, on consomme plus de 400 millions de livres de ces feuilles, de sorte que la production totale peut être évaluée à plus de 500 millions de livres.

Autant le Chinois aime passionnément son thé, autant le Brésilien et presque toute la population de l'Amérique méridionale aime son maté, le thé du Paraguay. Ce sont les feuilles d'une espèce de houx (*ilex paraguayensis*, St.-Hil.) qui, au besoin, est remplacé par le camini (les feuilles de *cassine ganganha*, Mart.) ou par la guarana, espèce de café préparé avec les semences d'une paullinie (*paullinia sorbilio*, Mart?). L'usage du maté au Brésil date également des temps les plus reculés.

Ces boissons sont donc devenues des besoins indispensables à la vie, aussi leur usage se perd-il dans la nuit des siècles et est-il enveloppé des ténèbres de la Fable. Partout l'homme les a placées au nombre de ses besoins journaliers, non pas après avoir apprécié leurs vertus et leurs effets sur l'organisme, ou après les avoir comparées à d'autres substances alimentaires déjà connues, mais tout bonnement sous l'impulsion d'un instinct involontaire.

La grande importance du sujet, jointe à l'intérêt qui ressort des considérations dont nous venons de parler, a engagé la chimie à voir si, de son côté, elle ne pourrait pas contribuer à éclaircir ce phénomène curieux. Le résultat a été tout autre que celui qu'on attendait et, au lieu de défaire le nœud de l'énigme, elle l'a serré de plus en plus.

Oudry a trouvé dans le thé un corps cristallisé en aiguilles fines et blanches qu'il a nommé *théine*, et qui forme un demi pour cent du thé. Avant lui déjà Runge avait découvert dans le café une substance dont les cristaux fins et satinés forment environ un demi pour cent du café. Runge l'a nommée *caféine*. Un autre a trouvé dans le cacao la théobromine en petite quantité; et, plus tard, on a démontré l'existence de la théine dans le maté, de la caféine dans la guarana, et, enfin des comparaisons exactes ont montré l'identité de la théine et de la caféine, qui se distinguent de tous les corps organiques connus par la grande quantité d'azote, et prouvé que la théobromine leur est sinon identique, du moins très-voisine. Ne doit-il pas paraître extrêmement étrange qu'une proportion minime d'un corps particulier se trouve précisément dans ces boissons qui sont devenues si rapidement un besoin indispensable des hommes? Problème surprenant dont la solution nous paraît d'autant plus difficile que les essais faits par des médecins et des chimistes n'ont constaté aucun effet positif de la théine, prise en petite quantité, sur l'économie animale.

Après cette digression qui, après tout, n'est pas étrangère à notre sujet, revenons à la question principale. L'homme a donc besoin pour se nourrir de trois substances azotées : de la fibrine, de la caséine et de l'albumine, et il les trouve non-seulement dans le règne

animal, mais aussi dans le règne végétal où elles sont généralement répandues. Il lui faut en outre, pour l'entretien de la respiration et de la chaleur interne, une certaine quantité de matières non
azotées, qui lui sont offertes par la graisse des animaux, les légumes,
les tubercules, les racines et autres substances végétales. Il est donc
facile de s'expliquer quelques-uns des phénomènes les plus saillants de la nutrition des animaux et de l'homme. Les peuples qui
se nourrissent du produit de la chasse, ainsi que les animaux carnivores, ont besoin d'une grande quantité de nourriture qui est ordinairement peu grasse. Par une activité corporelle considérable, ils
décomposent ces aliments azotés en deux moitiés, l'une contenant
tout l'azote, l'autre tout le carbone et l'hydrogène, et c'est celle-ci
qu'ils emploient à la respiration, attendu que les autres matières
sont impropres à cette fonction. C'est ce qui explique la vie remuante
et sans repos de l'animal carnassier et du chasseur, car ce n'est qu'à
l'aide des plus grands efforts du corps qu'il peut décomposer la
quantité de substance azotée nécessaire à l'entretien de la chaleur
de son corps. Ceci explique également la grande quantité de nourriture que ce genre de vie demande et qui entraîne la destruction
d'un plus grand nombre d'animaux que n'en exigerait le besoin
réel. C'est pour ces motifs que l'animal rapace ou qu'une nation
chasseresse a besoin de domaines si étendus et, comme conséquence, n'admet point une population agglomérée. L'état de berger
forme ici le passage, en ce sens que l'homme utilise les animaux
domestiques pour tirer du lait et de la graisse qu'ils fournissent en
abondance les éléments dont il a besoin pour sa propre constitution,
et qu'il ne trouve qu'en quantité minime dans les animaux sauvages.

Le genre de vie le plus convenable est celui de l'agriculteur qui
compose sa nourriture dans les mêmes proportions à peu près que
la nature les offre dans le lait au petit enfant. Celui-ci en retire la
substance azotée, et dans le beurre et le sucre de lait, il puise les
moyens de respiration. Ailleurs nous rencontrons les extrêmes chez
les peuples qui, comme les Hindous, les nègres et certaines classes
de nations européennes, ne vivent uniquement que de riz, de

bananes, de pommes de terre ne contenant que peu de matière azotée. De là les quantités énormes de nourriture que ces peuples sont obligés de consommer afin de pouvoir en extraire le vrai principe alimentaire. A côté de ces peuples on peut placer ceux de nos animaux domestiques et autres qui ne vivent que d'herbes et passent toute leur existence à manger et à dormir; ceux-ci également ont besoin d'absorber de grandes masses, parce qu'elles ne contiennent comparativement que peu de substance azotée. Nous trouvons encore dans les pays polaires la consommation d'énormes quantités de graisse comme raison d'être de la vie sous ces climats. Ici également cet instinct s'explique facilement par les considérations émises plus haut. L'homme, afin de pouvoir y vivre, doit être en état de produire une grande quantité de chaleur, et la graisse, qui ne se compose presque que de carbone et d'hydrogène, lui sert en quelque sorte de combustible. Nos considérations nous ont donc enfin conduit à connaître que le monde animal entier vit médiatement du monde végétal au moyen de sa nourriture végétale et immédiatement de la chair des animaux qui n'est autre chose que de la substance végétale modifiée.

Mais ici nous ne sommes pas encore au bout, et la question de savoir de quoi se nourrit la plante se présente d'elle-même; sa solution fait encore l'objet des débats les plus vifs que la science ait eus à soutenir; elle comprend la théorie de l'industrie la plus importante que l'homme ait inventée, c'est-à-dire l'agriculture. Une réponse exacte à cette question a déjà été donnée par les physiologues et les chimistes du milieu du siècle dernier; depuis elle a été développée de plus en plus dans ses différents détails, et notamment par Liebig, qui l'a traitée avec tant de netteté et de clarté, qu'elle a suscité à l'instant une lutte générale, qui finira par la reconnaissance des véritables principes et par leur admission au vocabulaire de la science.

Nous demanderons d'abord de quoi se compose la plante. Si nous faisons abstraction, comme nous l'avons fait pour les animaux, des éléments inorganiques, des terres et des sels, la réponse ressort d'elle-même des deux séries de substances que nous avons établies plus haut.

Le corps de la plante est formé de matières non azotées, de cellulose et de gélatine végétale qui sont identiques avec le sucre, la gomme et l'amidon, et ne se distinguent de la graisse et de la cire que par une proportion moindre d'oxygène. La plante a besoin en outre de matière azotée, non pas précisément pour la construction de son corps, mais pour l'entretien de l'acte chimique qui opère la transformation du suc nourricier absorbé. La question concernant la nutrition de la plante comprend, par conséquent, celle de l'origine du carbone et de l'azote, car l'hydrogène et l'oxygène sont abondamment fournis par l'eau et l'air atmosphérique. L'opinion admise jusqu'à ce jour disait que la plante prend son carbone et son azote dans le fumier ou l'humus du sol.

Les corps des animaux ou des végétaux entrent en putréfaction après leur mort, et sont transformés, tôt ou tard, en acide carbonique, en eau et en ammoniaque qui se dégagent dans l'atmosphère. Aussi longtemps que la décomposition n'est pas achevée, reste un résidu d'une couleur plus ou moins brunâtre, plus ou moins altérée qu'on appelle au début de la décomposition *fumier*, et quand elle est terminée, *humus* ou *terreau*. C'est un mélange complexe de plusieurs produits de la décomposition. Voici comment on raisonne : le carbone et l'azote sont abondamment représentés dans l'humus ; dans un sol richement fumé, les plantes prospèrent mieux que dans un sol pauvre ; par conséquent, l'humus est la source du carbone et de l'azote contenus dans la plante. Mais ce qui manque à ce raisonnement, c'est une conclusion logique.

Il fut un temps où aucun végétal ne couvrait la surface de notre globe, où aucun animal n'y vivait, où aucune trace d'humus ne pouvait y exister. C'est dans ce sol entièrement dépourvu d'humus que se développa successivement une végétation si riche, si luxuriante et en si grande masse que, quoique ensevelie par des révolutions ultérieures, mais conservée pour nos besoins, elle occupe encore aujourd'hui une place essentielle dans l'économie des peuples ; je veux parler de la végétation d'une des plus anciennes formations géognostiques, de la période du charbon de terre. La consommation annuelle de ce combustible en Europe est de plus de 700 millions

de quintaux, et la géognosie démontre que si même elle allait en
augmentant, la provision ne s'épuiserait pas avant cinq siècles. Une
telle quantité correspond environ à 250,000 millions de quintaux de
carbone que certainement les plantes n'ont pu retirer du sol qui,
dans ces périodes primitives, était dépourvu d'humus. Ce raisonnement faux suppose implicitement l'hypothèse suivante : « Il existe
sur la terre une quantité déterminée de substance organique qui
circule, en quelque sorte, d'un règne organisé à l'autre : ainsi, par
exemple, l'animal mort sert de nourriture à la plante, et celle-ci,
après s'être développée, nourrit à son tour l'animal. »

Cela pourrait bien être le cas, si l'acte de la décomposition ne
venait s'y opposer, car toujours une partie au moins de la substance
organique est enlevée à cette prétendue circulation et dissipée dans
l'air sous forme d'ammoniaque et d'acide carbonique. Aussi toute la
matière organique que l'on suppose être créée simultanément avec
la terre devrait, de cette manière, finir par être entièrement absorbée
après un temps plus ou moins prolongé ; or, c'est le contraire qui a
lieu. Pendant le cours des grandes périodes géognostiques aussi
bien que pendant la période de la terre qui commence par l'histoire
de l'homme, elle nous montre, de siècle en siècle, une augmentation
sensible toujours croissante de la vie organique, une augmentation
continuelle du monde animal et du monde végétal. D'où provient-
elle, s'il n'existe pas un procédé qui ramène la substance inorganique à la vie organisée ? D'un autre côté, nous pouvons facilement
calculer quelles quantités énormes d'ammoniaque se sont accumulées dans l'atmosphère par la respiration, la combustion et la
putréfaction de milliards de corps d'animaux et de plantes, ainsi
que par les exhalaisons continuelles des volcans depuis des milliers
d'années, tandis que, réellement, la proportion en est si minime. Il
faut bien qu'il existe une influence capable de retirer ces substances
de l'atmosphère et de les incorporer dans le monde organique.
Et nous sommes en état de le démontrer en grand comme en petit,
dans les parties prises en masse du monde comme dans les districts
d'une moindre étendue.

Les pampas de l'Amérique du Sud offraient du temps de l'invasion

espagnole la même végétation aride qu'aujourd'hui, et elle se main-
tiendra aussi longtemps qu'elle n'aura pas subi les modifications
qu'apportent le voisinage des villes et qu'on ne s'opposera point à
l'intrusion du grand chardon des pampas et de l'artichaut; une
population clair-semée, un nombre presque toujours le même d'animaux indigènes parcouraient alors comme aujourd'hui ces vastes
plaines désertes. Les Espagnols y importèrent le cheval et les bêtes
à cornes qui se multiplièrent en peu de temps au point que Monte-
video seule exporte annuellemeut 300,000 peaux de taureaux. Les
guerres du général Rosas coûtèrent la vie à des milliers de chevaux,
et on n'en observe pas la moindre diminution.

La vie organique indigène, considérée en masse, n'a donc pas
diminué depuis la découverte des Espagnols, mais bien augmenté;
car des millions de livres de carbone et d'azote ont été exportées
sous forme de peaux sans que le pays ait reçu la moindre compensation en matières organiques. D'où proviennent donc ces masses,
si ce n'est de l'atmosphère?

Négligeons toutes les autres substances qui composent le thé, il
n'en restera pas moins toujours 300,000 livres d'azote que la Chine
exporte annuellement dans le demi pour cent de théine. Une forêt
parfaitement aménagée fournit annuellement, par 25 ares, 2,500 livres
de bois sec contenant environ 1,000 livres de carbone. Mais nous
n'engraissons pas le sol des forêts, et son humus, loin de diminuer,
augmente d'année en année par la chute des feuilles. Sur les Alpes
de la Suisse et du Tyrol, à des endroits inaccessibles aux animaux,
on fauche tous les ans une quantité d'herbe sans rendre au sol la
moindre particule de substance organique. D'où provient ce foin,
si ce n'est de l'atmosphère? La plante a besoin de carbone et d'azote,
et, dans l'Amérique méridionale, dans les forêts et sur les Alpes sauvages, il n'y a pour elle d'autre possibilité d'en obtenir que par le
moyen de l'ammoniaque et de l'acide carbonique contenus dans
l'air. Les provinces de la Hollande du nord et du sud, de la Frise, de
Groningue et de Drenthe, exportent annuellement dans leur fromage
environ un million de livres d'azote. Elles le prennent par l'intermédiaire de leurs vaches élevées dans les prairies qui ne sont jamais

engraissées que par les déjections du bétail même. Ces déjections ne peuvent être considérées comme une compensation, car tout ce que les animaux produisent ne provient-il pas des prairies elles-mêmes? D'où viennent donc ces énormes quantités d'azote? Peut-être le carbonate d'ammoniaque exhalé par le Vésuve, l'Etna ou les volcans des Cordillères, est-il amené aux plantes des prairies de la Hollande au moyen des courants atmosphériques.

Ces faits et une foule d'autres de ce genre, pris ensemble, nous fournissent la preuve de ce que nous venons d'avancer, et cette preuve est élevée au-dessus de tout doute par les expériences les plus grandioses et presque les seules vraiment scientifiques de Boussingault. Ce savant a consacré à ces essais quatre hectares de terre de sa propriété située à Bechelbronn, en Alsace, essais qui furent continués pendant plusieurs années consécutives. La longue durée du temps et l'étendue du terrain répondent à l'avance aux objections qu'on est souvent autorisé à faire aux résultats d'expériences en petit. Boussingault fit cultiver ces quatre hectares d'après la méthode usitée en Alsace. Le fumier fut pesé scrupuleusement, ainsi que les récoltes, qui furent ensuite soumises à une analyse chimique, afin d'y découvrir la quantité de carbone, d'oxygène, d'hydrogène, d'azote et d'éléments minéraux. Le résultat de ces expériences fut que les récoltes produisirent deux fois autant d'azote, trois fois autant de carbone et d'hydrogène et quatre fois autant d'oxygène que le fumier n'en contenait, supposition faite, toutefois, que la totalité du fumier amené au champ fut entièrement absorbée par les plantes, ce qui n'a jamais lieu. Si, par conséquent, l'acide carbonique, l'ammoniaque et l'eau sont la nourriture de la plante, nous trouvons que nous sommes incapables de combiner ces substances d'une manière à les forcer à contenir moins d'oxygène qu'il ne s'en trouve dans les plantes; il faut donc nécessairement qu'une partie de cet élément soit séparé pendant l'acte vital de la végétation.

Le résultat final de nos considérations est la théorie suivante sur l'échange de la matière dans les trois règnes de la nature. La putréfaction et la respiration décomposent tous les corps des végétaux et des animaux; la quantité d'oxygène de l'air est diminuée, et il se

forme de l'acide carbonique, de l'ammoniaque et de l'eau qui se
répandent dans l'atmosphère. La plante s'empare de ces corps et en
forme, en rejetant l'oxygène, des substances riches en carbone et en
hydrogène, mais privées d'azote, telles que l'amidon, le sucre, la
gomme, la graisse ; ou des substances azotées, telles que l'albumine,
la fibrine et la caséine. Ces substances servent aux animaux en ce
qu'ils les assimilent et les aident dans leur respiration au moyen de
leur décomposition. Cette théorie, d'après les faits relatés plus haut,
est solidement établie, et le naturaliste a raison quand il dit que
l'homme vit en définitive de l'air par l'intermédiaire des plantes. En
d'autres termes : la plante absorbe dans l'atmosphère les substances
dont elle compose sa nourriture. La vie elle-même n'est qu'un acte
de combustion terminé par la putréfaction. Par cette combustion
tous les éléments retournent à l'air et une petite quantité, les cendres
seules, reste dans la terre d'où elle tire son oxygène. Mais hors de
ces flammes lentes et invisibles s'élève un nouveau phénix, l'âme
immortelle qui monte dans les airs, où notre histoire naturelle n'a
plus aucun empire.

DE QUOI VIT L'HOMME?

DEUXIÈME RÉPONSE.

La nature dort pendant l'hiver, dit un vieil adage, qui n'est pas vrai, et qui calomnie celle qui ne cesse jamais d'être en activité.

Malgré son regard sévère l'hiver a un cœur chaud.

Il rêve un doux avenir, et il songe aux fleurs printanières.

La chaude couverture de la neige cache des forces actives qui décomposent, dissolvent et recomposent le sol, le modifient, et l'élaborent afin qu'il soit en état de pouvoir offrir à la flore du printemps, la matière dont elle a besoin, et que la végétation de l'année précédente a épuisée.

Le bruit de la hache a cessé de se faire entendre, la fumée bleuâtre qui s'élève des cheminées couvertes de neige, annonce l'heure du dîner ; les bûcherons se sont réunis autour d'un bon feu, afin de prendre le repas que la bonne ménagère vient de leur servir. Mais le feu qui a servi à le préparer, la flamme qui réchauffe les mains engourdies de l'ouvrier, ne consume pas entièrement la matière qui lui a servi d'aliments ; il reste de la cendre : on la répand sur le sol comme une poussière sans valeur, et c'est ainsi que sans s'en douter on la rend à sa destination. Plus loin l'agriculteur laborieux répand du fumier sur son champ. Quelque différents que paraissent être ces procédés, ils sont cependant les mêmes. Si nous brûlons un morceau de bois, nous détruisons une partie de la substance organique, en la changeant en acide carbonique et en eau ; une partie s'échappe sous forme de fumée ; une autre n'est pas consumée et reste sous forme de cendres. L'acte de la nutrition chez les animaux comme chez l'homme n'est autre chose qu'une combustion. Le fumier que nous transportons sur nos champs est de la fumée, et les cendres en sont la partie non consumée, ou incombustible. Une définition de cette proposition et une explication scientifique du paysage d'hiver formeront l'objet de la leçon suivante.

V. Gérard.

Y. A. NARGEL. R.† Sc.

DE QUOI VIT L'HOMME?

> Il mangera de la poussière avec avidité, comme le fait le célèbre serpent de ma race.
>
> FAUST.

Les mots de notre épigraphe, que le poëte met dans la bouche de l'esprit malin, seraient-ils vrais? Cette sentence de la vie commune et de la poésie sainte : que l'homme n'est que poussière et qu'il retourne en poussière, serait-elle plus qu'une parabole poétique? L'histoire naturelle et la physiologie sont seules en état de répondre à ces questions.

Dans une leçon précédente nous avons pris la défense du naturaliste, lorsqu'il soutient que l'homme ne vit que d'air; qu'il provient de la poussière et qu'il y retournera. La putréfaction dissout tous les corps en ammoniaque, en acide carbonique et en eau, et ces substances se dissipent sous forme de gaz et de vapeurs aqueuses.

L'homme tire sa nourriture du règne végétal, soit médiatement, soit immédiatement, et il vit aux dépens de l'acide carbonique, de l'ammoniaque et de l'eau contenus dans l'atmosphère.

Cette opinion est due aux recherches des naturalistes les plus distingués du dernier siècle; mais ce n'est que Liebig qui a établi cette théorie de manière à fixer l'attention générale. Des voix puissantes se sont élevées de différents côtés contre lui, mais pour des motifs tout à fait divers. Cette opposition n'est pas entièrement suscitée par la chose en elle-même, mais par la façon injustifiable avec laquelle Liebig a parlé des études qui lui étaient étrangères et des hommes les plus compétents sous ce rapport. Quelques personnes, dont l'esprit étroit n'était pas au niveau de l'état actuel des sciences, ont aussi combattu sa théorie; on a élevé des objections provenant d'un malentendu que Liebig lui-même avait causé en comprenant et en exposant mal son opinion. On croyait que l'échange de la matière dans les trois règnes de la nature devait constituer une théorie de la vie animale et végétale, et l'on se figurait en outre qu'en montrant une foule de faits inexpliqués, elle ne pouvait suffire à éclairer l'ensemble, et que rien n'était plus aisé que de la renverser. Il en est cependant tout autrement de ces rapports grandioses signalés entre la vie animale et la vie végétale. Ces esquisses sont en général tracées et établies d'une manière inébranlable pour le règne animal et le règne végétal, et elles peuvent nous servir de règles pour nous guider dans l'achèvement du tableau et pour l'appréciation des faits et des hypothèses qui manquent encore pour former un ensemble accompli.

Cette théorie nous apprend uniquement et d'une manière générale, ce qui se passe entre les plantes et les animaux, entre les animaux et l'atmosphère, entre celle-ci et les plantes; mais elle ne nous explique pas les procédés chimiques qui s'opèrent dans la plante et dans l'animal. Toutefois elle fixe le débat sur ce point important : que tout essai d'explication est faux du moment qu'il ne prend pas son point de départ dans la théorie de l'échange de la matière. Tous les essais tentés pour déduire la nutrition des plantes des substances organiques du sol, sont restés sans effet, parce que nous savons, par notre théorie, que toute la masse de matière organique ne suffirait pas pour produire le quart des végétaux qui existent.

Ici se présente cependant une objection qui paraît très-défavorable à la théorie, car rien en effet ne frappe plus les yeux que la différence entre la végétation d'un terrain engraissé et celle d'un terrain maigre. Si la plante absorbe dans l'air de l'acide carbonique, de l'ammoniaque et de l'eau, si c'est là son unique nourriture, à quoi sert donc le fumier? pourquoi engraissons-nous la terre? Cette question a besoin d'être résolue à l'aide des raisons tirées de la physique et de la chimie, les premières rendant compte de l'effet de l'humus en général, les autres expliquant la nécessité et l'avantage du fumier.

L'acide carbonique, l'ammoniaque et les vapeurs aqueuses de l'atmosphère constituent les aliments des végétaux; mais il s'agit de savoir quels sont les organes qui les absorbent. L'eau, on ne peut en douter, est absorbée par les racines. Il paraît même résulter des expériences de l'Anglais Hales et de l'Allemand Schübler que les plantes absorbent beaucoup plus d'eau qu'il n'en tombe du ciel? La fleur du tournesol absorbe journellement une livre et un quart d'eau; ainsi, en supposant que chacune de ces plantes occupe quatre pieds carrés, celles qui couvriraient le quart d'un hectare (ou 25 ares) auraient besoin, pendant les quatre mois de l'été, de 1,500,000 livres d'eau. Mais elles n'occupent pas à elles seules toute la surface, il y a des herbes entre elles qui absorbent également une quantité d'eau que l'on peut évaluer aussi à 1,500,000 livres. Un quart d'hectare de fleurs de tournesols exige donc 3 millions de livres d'eau.

Des calculs semblables ont établi qu'un champ de choux exige cinq millions de livres d'eau, ainsi qu'un verger planté de poiriers nains; et un arpent de houblon, 6 à 7 millions. Ces expériences ont été faites en Angleterre où, pendant les quatre mois de l'été, il tombe tout au plus sur une acre de terre, 1,600,000 livres d'eau. Ce serait se tromper grossièrement que de croire que toute l'eau de pluie profite aux plantes; une grande partie s'évapore, et une autre partie encore plus considérable filtre à travers le sol pour alimenter les sources. Nous ne pouvons fixer au juste cette dernière quantité, il nous manque encore des données suffisantes; toutefois il est remarquable que les méthodes perfectionnées d'aujourd'hui ont prouvé que les anciens physiciens l'avaient évaluée trop au-dessous du chiffre réel. Ils avaient admis que 1/6 de l'eau environ qui tombe du ciel est ramené par les fleuves à la mer. Les calculs plus exacts de

Virgile l'a dit avant nous (1). Une de nos plus belles orchidées, le *cypripedium calceolus*, croît dans les basses Alpes de la Suisse, partout où la chaux carbonisée alpine forme le fond du sol. Elle se montre aussi dans la chaux coquillière de la Souabe, disparaît ensuite brusquement, dès qu'on arrive en deçà du Danube, dans la région sablonneuse du Jura et au milieu des prés du Keuper. On la voit de nouveau dans la chaux coquillière de la Thuringe et l'accompagne le long de la Werra jusqu'aux environs de Gœttingue, disparaît dans le grès bigarré de l'Eichfeld et le granit de la Hercynie supérieure pour se remontrer encore dans les formations calcaires à l'est du Brocken. Alors on la cherche en vain dans toutes les formations argileuses et siliceuses de la plaine du nord de l'Allemagne, pour la retrouver à l'extrême nord dans l'île de Rugen où s'élèvent les roches crayeuses d'Arkona, etc. Sur la côte occidentale de la France croissent plusieurs plantes littorales, d'un aspect peu apparent, les *salsola* et les *salicornia*, dont les habitants se servent pour en extraire de la soude. En continuant notre pérégrination vers l'est, nous ne rencontrons plus ces plantes que par-ci par-là, lorsque le sol est imprégné de sel. Enfin, nous arrivons dans les vastes steppes de la partie S.-E. de la Russie, lesquelles, en été, sont souvent recouvertes d'une épaisse croûte de sel, et ressemblent au fond desséché d'une ancienne mer. Là on retrouve ces mêmes plantes dans toute leur vigueur comme sur les côtes de la France. Sur les côtes nord de l'Allemagne, dans le sable maigre des dunes, croît le petit garon d'Espagne (*armeria vulgaris*) qui s'est propagé dans les plaines sablonneuses du nord de ce pays; plus loin, il disparaît dans les terrains granitiques, argileux et gypseux de la Hercynie, au milieu des porphyres et de la chaux coquillière de la Thuringe, et reparaît seulement au delà du Mein dans la plaine siliceuse du Keuper qui environne la vieille Nurenberg. Il descend alors dans la direction du sud vers le Palatinat, où il se trouve de nouveau arrêté par la chaux coquillière des Alpes de la Souabe,

(1)   « ... non omnis fert omnia tellus,
Hic segetes, *illic* veniunt felicius uvae. »

                              VIRG., *Georg.*, l. 1, p. 54.

qu'il traverse ainsi que les Alpes, pour reparaître dans le terrain siliceux du nord de l'Italie. Comment se fait-il donc que les plantes dont nous venons de parler évitent partout le sol le plus fertile et n'existent que dans un petit nombre de districts? Ne serait-ce pas la silice, la chaux et le sel qui en seraient la cause?

Et puis on pourrait se demander encore pourquoi, dans un sol pareil, une plante parvient au plus haut degré de son développement, tandis qu'une autre y languit et peut à peine y vivre? Pourquoi, enfin, la vie et la prospérité de nos plantes cultivées sont si intimement liées à l'engraissement du terrain avec des substances organiques? Cette question a été résolue à fond par Liebig, et d'une manière scientifique. Pourquoi, dit-il, le froment ne prospère-t-il pas dans un sol très-chargé d'humus ou composé de terreau de bois? Parce que le froment contient une substance, la silice, sans laquelle il ne peut subsister et qui ne se trouve point dans les terrains de ce genre. Si nous brûlons une plante quelconque, nous obtenons, après l'incinération, un résidu plus ou moins considérable qu'on appelle les cendres. Celles-ci sont un mélange de chaux, de silice, de soude, de potasse, de sel commun, d'un composé de chaux carbonatée et phosphatée, de plâtre, de magnésie, de fer, etc. Mais si nous comparons les cendres de différentes plantes, nous rencontrons des phénomènes remarquables. Nous trouvons que la même plante donne presque toujours la même quantité de cendres, et que ces dernières, dans leur composition chimique, sont soumises à certaines limites invariables. Nous découvrons enfin que les différentes plantes donnent également des cendres différentes. De même qu'il serait peu rationnel de supposer que la racine de la sagittaire produit sa belle fécule uniquement pour que nous puissions en nourrir nos enfants et nos malades, et que cette substance n'a aucune signification spéciale pour la vie de la plante elle-même, de même il serait absurde d'admettre que les plantes absorbent une proportion déterminée de substances inorganiques, afin que nous puissions, à l'occasion, en extraire une certaine dose de potasse. Le phénomène de cette absorption doit, au contraire, nous amener à conclure que ces substances sont aussi indispensables à leur exis-

tence que les matières organiques elles-mêmes. Au reste, peu
importe si l'état actuel de la science nous permet de déterminer
l'importance de tel ou tel élément pour la vie de la plante; il suffit
de savoir que ces substances sont indispensables à l'existence du
végétal.

Quelque neuve et étrange que puisse paraître l'opinion que nous
venons d'émettre sur le rôle que joue la petite quantité de cendres
dans la vie de la plante, on finira par l'admettre, et l'on s'habituera
à la considérer comme une vérité du moment, que la connaissance
de certains principes fondamentaux saura fortifier encore. On
comprendra alors que toute la richesse et l'immense variété de la
végétation terrestre sous des latitudes et des longitudes différentes,
dans des terrains cultivés ou incultes, dépendent uniquement de la
diversité des matières inorganiques contenues dans le sol. En considérant la végétation spontanée de nos climats, nous pouvons
classer les sols en deux groupes principaux : le sol tourbeux et le
marécageux consistant presque entièrement en humus ou en débris
organiques; ou bien le sol argileux, le calcaire et le siliceux, dans
lesquels les éléments inorganiques prédominent au point que, dans
les meilleurs d'entre eux, l'humus n'entre que pour 10 pour cent tout
au plus, et dans d'autres que pour un demi pour cent seulement. Ce
sol tourbeux, si riche en humus, ne nourrit qu'à peine trois cents
espèces sur les 5,000 qui composent la Flore de l'Europe centrale:
et peut-être n'y existe-t-il pas 50 espèces, ce qui ne fait pas encore
une sur cent, dont l'existence soit exclusivement liée au sol marécageux, et qui ne prospérerait pas dans tout autre sol suffisamment
humide. La plupart de ces plantes appartiennent à la famille des
joncs et des carex, que l'agriculteur déteste et rejette comme inutiles
ou de mauvaise nature. L'autre classe de terres produit et nourrit,
au contraire, toutes les bonnes plantes de nos latitudes, et la variété
en est assez grande pour être admirée de celui qui n'a pas vu les
tropiques. La végétation la plus luxuriante se trouve dans les terrains riches en éléments inorganiques et pauvres en humus, tels que
ceux formés par le détritus de basalte, de granit, de porphire ainsi
que les sols calcaires et marécageux. Toutes ces espèces de plantes

nous reviennent annuellement sous la même forme; leur caractère
reste rigoureusement le même, et si nous fouillons les dernières
formations géognostiques, nous découvrons parmi les décombres de
la dernière révolution tellurique des restes qui offrent les mêmes
caractères que les plantes d'aujourd'hui. Le port de la ville de Hambourg, qui occupe un vaste espace dans la direction du S.-E. et du
N.-O., est situé sur l'emplacement d'une forêt ensevelie à une profondeur de 30 ou 100 pieds au-dessous de la surface du sol. Elle se
composait des mêmes tilleuls et des mêmes chênes que nous voyons
encore aujourd'hui dans cette contrée. Des fouilles pratiquées dans
cet endroit ont amené à la surface des milliers de noisettes qui ne
différaient en rien de nos noisettes d'aujourd'hui. C'est ainsi que la
végétation de nos latitudes s'est conservée à travers des milliers
d'années, avec tous les caractères qu'elle avait adoptés à l'époque
des grands changements climatériques. Il en est tout autrement du
sol cultivé. Nous ne prendrons en considération que la terre franche
de nos jardins, parce qu'elle montre au plus haut degré les caractères que nous nous proposons de faire ressortir : nous bornons nos
cultures à un nombre assez restreint de plantes, dont le choix, abandonné d'abord au hasard, est réglé maintenant d'après des principes
déterminés. Toutes nous montrent des caractères qu'elles ne possé-
daient pas à l'état sauvage, mais que nous recherchons de préférence.
L'excellente carotte d'Alteringham, douce et succulente, est à l'état
sauvage sèche, grêle et insipide. La tige du chou-rave de Vienne, de
grêle, ligneuse et sèche qu'elle était, est devenue tendre et savou-
reuse; le chou-fleur, qui est blanc et si estimé, n'offre dans son état
naturel qu'une saveur piquante, un pédoncule filiforme, garni de
petits rameaux grêles chargés de petits bourgeons verts d'un goût
amer, et ainsi de suite.

Toutes ces diverses propriétés pleines d'importance pour l'économie de l'homme sont provoquées par un procédé chimique
spécial, primitivement étranger à la plante, et résultent de l'absorption de certains éléments inorganiques que les sols contiennent dans
des proportions très-inégales.

Dès qu'un terrain renferme en abondance des sels que les plantes

recherchent, il modifiera les caractères de celles-ci au point de
former des variétés et même des monstruosités, ce qui n'arrive que
très-rarement ou jamais, lorsqu'elles végètent à l'état sauvage dans
un terrain naturel. Toutes ne montrent pas, il est vrai, une égale
tendance à modifier leurs caractères, car tandis que les unes les conservent obstinément dans toutes les conditions de leurs formes
primitives et jusque dans les moindres détails, d'autres produisent
sans peine une infinité de variétés. Il y en a aussi dont les variétés
montrent peu de constance et retournent facilement au type primitif;
qui se transforment en espèces nouvelles, ou bien en produisent qui
au bout de quelques générations deviennent constantes et se propagent invariablement au moyen de leurs graines pour constituer de
cette manière des sous-espèces. C'est précisément cette propriété
qui les rend aptes à devenir un objet avantageux de culture, car en
produisant facilement une foule de variétés il nous devient aisé de
choisir celles qui nous conviennent le mieux.

Nous nous trouvons donc en présence de trois classes de sols bien
distincts : le sol commun, le sol marécageux et le sol franc des
jardins. La première nourrit une infinité de plantes différentes, qui
conservent invariablement leurs formes et leur caractères. Le sol
marécageux a une végétation très-pauvre et ne produit que des
plantes inutiles et douées de formes peu gracieuses. Enfin, le sol des
jardins nourrit non-seulement toutes celles que nous lui confions,
mais il leur donne une richesse de formes qui se multiplie à l'infini,
à moins qu'elles ne soient ramenées à leur type naturel par la cessa-
tion des causes qui les en avaient fait dévier, et à laquelle l'inclé-
menee du climat est seule capable de mettre un terme.

Deux autres circonstances se présentent ici à notre examen. Nous
avons d'une part le sol commun contenant peu ou point de débris
organiques, et orné pourtant d'une végétation très-riche; et d'autre
part, le sol marécageux et le sol franc des jardins, chargés jusqu'à
l'excès d'humus ou de détritus organiques. La différence dans la
végétation de ces deux genres de terrains est bien grande, et s'explique par la manière dont ils se forment dans la nature ou sous la
main de l'homme. Le sol tourbeux se produit là où des restes de

végétaux se décomposent sous l'influence d'un excès d'eau; il s'ensuit que l'eau y amène tous les sels qu'elle peut dissoudre. Le sol
des jardins retient ces sels qui profitent immédiatement aux végétaux
et s'y accumulent même en excès, si le terrain est fortement engraissé; par contre, la matière organique en se décomposant diminue
de plus en plus et ne peut s'y accumuler en aussi grande quantité
que dans les tourbières et dans les terrains marécageux où l'eau
empêche, en quelque sorte, ou mieux retarde le progrès de la
décomposition de l'humus. Il ne peut exister d'argument plus frappant en faveur de la justesse de cette nouvelle théorie de la nutrition
des plantes que ces considérations établies et confirmées par Liebig
et Boussingault.

Mais revenons à notre première question : de quoi l'homme vit-il?
Nous avons vu que les liquides nourriciers qui circulent dans son
corps, que les muscles, la peau, et la gélatine qui forme la base de
ses os, se composent essentiellement de matières azotées que les
plantes lui offrent sous forme d'aliment. Mais la gélatine ne constitue
pas les os à elle seule; nous y trouvons en outre une substance
terreuse qui est une combinaison de chaux carbonatée. C'est à celle-
ci que l'os doit sa solidité, sa dureté, et c'est elle qui le rend apte à
devenir le ferme soutien du corps; nous savons que lorsque cette
substance vient à manquer, une maladie cruelle, connue sous le
nom de ramollissement des os, se déclare aussitôt. D'où l'homme
tire-t-il cet élément essentiel? Les liquides de notre corps tiennent
en dissolution une quantité déterminée de certains sels sans lesquels
ils nous deviendraient inutiles. Nous devons également tenir compte
de ces sels, si nous voulons expliquer le phénomène de la nutrition
chez les animaux.

L'acte vital décompose et expulse sans cesse une certaine quantité
des parties azotées et des parties inorganiques du corps, et elle doit
nécessairement se renouveler.

Ici nous songeons involontairement aux Ottomakes qui mangent
de la terre, aux nègres qui avalent des boulettes d'argile; nous nous
rappelons une foule d'autres circonstances où, par suite de famines
ou de caprices, des hommes ont mangé de la farine fossile, espèce

de terre calcaire ou siliceuse. Mais nous nous détournerons aussitôt
de cette pensée, en remarquant qu'il ne s'agit point ici d'un aliment
général commun à tous les hommes, mais de quelques phénomènes
produits par un état maladif des nerfs gastriques, ou par un usage
anormal qu'un besoin impérieux impose à l'homme. La source dans
laquelle le corps puise ces éléments inorganiques doit être la même
pour tous les animaux, et nous ne pouvons la trouver que dans les
plantes. Si donc les substances azotées et la terre phosphatée sont
les matériaux qui servent à bâtir le corps, si nous savons que des
sels alcalins sont constamment contenus dans la bile, qui, selon
Liebig, joue un grand rôle dans la respiration destinée à entretenir
la chaleur animale, nous devons être surpris de rencontrer dans les
plantes des substances accompagnées de sels phosphoriques et les
matières non azotées mélangées de sels alcalins. C'est ainsi que la
nature a rassemblé sagement dans la plante les sels et les combinaisons nécessaires à l'entretien du corps des animaux et des hommes.

La science naturelle ne peut cependant pas s'étendre sur ces considérations téléologiques. Notre tâche est maintenant de démontrer
que ces sels inorganiques ont pour la plante elle-même une grande
importance vitale. Si même nous ne sommes pas encore en état de
fournir cette preuve, nous sommes néanmoins autorisés, en présence
des proportions constantes de ces sels, à considérer leur nécessité
comme absolue, ainsi que l'a très-bien démontré le premier M. de
Saussure dans ses immortelles *Recherches sur la végétation*. En se
fondant sur cette méthode, Liebig s'est prononcé de la manière
suivante : attendu que les aliments organiques des plantes se
trouvent partout en égale quantité, ce ne sont pas eux qui déterminent la grande diversité du règne végétal, mais la cause doit résider
plutôt dans les éléments inorganiques, et au lieu d'enfouir le fumier
dans nos champs, nous ferions tout aussi bien de le brûler préalablement et d'en répandre les cendres, car ce n'est que dans celles-ci
que réside l'efficacité des engrais (1).

(1) A cette partie de la théorie de Liebig, l'expérience a donné le plus éclatant
démenti, et on doit s'étonner que le célèbre auteur l'ait reproduite sous cette forme.
(*Note du traducteur*.)

Il est facile de concevoir que ce principe, appliqué à l'agriculture, répand une nouvelle clarté sur tous les phénomènes jusqu'ici inexpliqués. Maintenant nous comprendrons comment une prairie soumise à l'irrigation peut rendre tous les ans sans fumier une grande quantité de foin, grâce aux sels qui lui sont amenés par l'eau de source. Nous nous expliquons pourquoi le Péruvien peut obtenir dans le sable mouvant de son pays, qui est des plus secs, d'abondantes récoltes de maïs, dès qu'un mince filet d'eau descendant des Andes y amène les sels solubles et indispensables.

Une multitude de phénomènes semblables s'expliquent de cette manière à l'aide de l'opinion ingénieuse de Liebig, ainsi qu'un grand nombre de nouvelles idées si fécondes pour le progrès de l'agriculture. Sans doute l'avenir les mettra à profit, et un résultat meilleur et certain sera le fruit de ce nouveau système. C'est pourquoi nous trouvons fort naturel que l'Angleterre, où l'agriculture est plus développée qu'ailleurs, ait pu combler d'honneurs l'homme que l'on considère à juste titre comme le fondateur de l'agriculture rationnelle.

Quand nous analysons les cendres des plantes, nous y trouvons principalement quatre éléments qui les caractérisent, savoir : des sels très-solubles, de la terre, surtout de la terre calcaire et de la magnésie, de l'acide phosphorique et de la silice. C'est tantôt l'une, tantôt l'autre de ces substances qui prédomine.

D'après cela, Liebig a classé les plantes cultivées en :

1° Plantes alcalines, telles que les pommes de terre, les betteraves.

2° Plantes calcaires, telles que les pois, le trèfle et d'autres.

3° Plantes siliceuses, telles que les graminées.

4° Plantes phosphoriques, telles que le seigle et le froment.

Outre ces substances, elles contiennent encore des matières dont la quantité et l'importance nous sont inconnues jusqu'ici. Tous ces éléments se trouvent dans les roches qui composent les montagnes, mais dans un état presque insoluble et inaccessible à la plante. La question de savoir comment ces éléments se sont rendus solubles, comment ils se sont formés insensiblement en terre arable, appartient au domaine de la géognosie. En nous transportant par la pensée à la légende dont parle la tradition des Hébreux, « la terre était sans forme et vide, et les ténèbres régnaient sur la surface de l'abîme, et l'esprit de Dieu se mouvait au-dessus des eaux, » nous voyons notre planète enveloppée d'épais brouillards, couverte en grande partie d'une masse d'eau du fond de laquelle sortent, soulevées par des forces volcaniques, d'abord les montagnes formées d'une masse incandescente à demi fondue qui, en se refroidissant à l'air, prenait une consistance plus ou moins cristallisée; c'étaient les montagnes primitives. En même temps des forces analogues soulèvent le fond de la mer au-dessus du niveau des eaux et présentent des couches superposées de sédiments; ce sont les montagnes de transition. Mais aussitôt commence l'action décomposante de l'atmosphère; l'eau de l'air s'introduit dans les fentes et les ruptures occasionnées par le refroidissement. La gelée fait éclater les couches superficielles, et les fragments roulent dans la profondeur, s'entre-choquant, se brisant et se réduisant en sable et en poussière que les averses entraînent en partie dans les plaines et que les fleuves charrient à la mer. Ainsi il s'y dépose de nouvelles couches qui s'agrandissent de plus en plus, pour être enfin soulevées à leur tour avec des masses fondues et former des terrains de diluvion secondaires et tertiaires. Les grands amas, disséminés à la surface de la terre ferme, sont réunis par les averses torrentielles et les parties dénudées des roches sont continuellement entamées par un procédé chimique, renforcé par l'action de l'humidité et de l'oxygène de l'air, jusqu'à ce que le tout soit réduit en une poussière que la pluie, le vent et les petits courants recueillent ensemble pour en composer les terrains d'alluvion.

C'est de cette manière que se forme la croûte nue de notre globe. Mais à l'aide de moyens que nous ne pouvons concevoir, la nature fait germer, sur les montagnes de transition, dès qu'elles se sont élevées au-dessus de la mer, une foule de végétaux qui trouvent leur nourriture dans les éléments, que nous avons déjà plusieurs fois signalés et dans le détritus des dépôts sédimentaires de l'Océan. Il se produit un monde d'organismes pleins de vie, dont l'immense variété ne dépend pas des quatre éléments, mais des modifications extrêmes des actes chimiques qui résultent des proportions nombreuses en vertu desquelles les éléments inorganiques se combinent. La substance brun foncé connue sous le nom d'humus, résultant de la décomposition des corps organiques, établit de son côté la possibilité que les innombrables organismes qui y trouvent des sucs nourriciers pourraient bien y arriver également au plus haut degré de leur développement. L'efflorescence des roches et sa réduction en éléments solubles, ainsi que la putréfaction des corps organiques, dépendent de la chaleur et de l'état chimique de l'atmosphère. Des conditions telles que nous les trouvons présentement encore sous les tropiques accélèrent la décomposition et la pourriture des corps, et font naître la superbe végétation de ces contrées. Aux périodes antérieures, notre globe a dû être généralement plus humide, plus épais, et par conséquent plus chaud. Alors une immensité d'organismes pouvaient partout se développer sans entraves, et nous en trouvons aujourd'hui, sous toutes les latitudes, en état de putréfaction et renfermés dans des couches rocheuses.

Mais revenons à notre sujet. La théorie établie par Liebig démontre que ce sont précisément les éléments que nous sommes dans l'habitude de négliger qui ont une importance très-essentielle pour la vie de la plante. Sans doute, les substances végétales dont nous formons notre nourriture se composent de carbone, d'oxygène, d'hydrogène et d'azote. Mais aussi longtemps que ces quatre éléments restent seuls, ils ne sont d'aucune utilité pour la plante ; pas le moindre atome d'albumine, de fibrine ou de gluten ne peut en résulter si le phosphore ne vient s'y joindre. Bien que l'amidon, le sucre, l'acide citrique, l'essence de fleurs d'oranger, soient composés d'oxygène, de carbone et d'hydrogène, la plante est incapable de produire une seule de ces substances, quand les sels alcalins lui font défaut.

La tige grêle du froment ne peut se dresser pour exposer au soleil ses grains précieux, si la silice qui donne à ses tissus la solidité nécessaire ne lui vient en aide. En s'appuyant sur ces faits, Liebig a cherché à renverser notre système agricole et a recommandé l'usage des engrais minéraux de son invention. Son but était de fournir un engrais particulier pour chaque genre de plantes, et

contenant dans un état soluble les éléments qui manquent dans le
sol. L'expérience doit décider de la justesse de sa théorie. Ajoutons
cependant que la physiologie végétale pourrait bien faire une objection sérieuse à ce système d'engrais, et l'expérience, nous en sommes
sûr, la confirmera. C'est que l'humus, bien qu'il ne soit pas un
aliment direct pour les plantes, est cependant un élément indispensable à toutes les bonnes terres, sauf peut-être aux terrains argileux.
Les vues purement chimiques de Liebig pourraient bien, sous ce
rapport, devenir funestes aux cultivateurs, à qui le défaut de connaissances approfondies en histoire naturelle ne permet pas de corriger
par d'autres moyens ce qu'il y a de défectueux dans la théorie ; d'un
autre côté, la plupart des agriculteurs, par manque d'instruction, sont
incapables de suivre avec fruit la marche des nouvelles découvertes
du siècle.

Peut-être aussi, un événement, en lui-même fort regrettable, fera-t-il
tourner l'attention vers les résultats de la science, et ce sera un
bonheur pour la régénération de l'agriculture. Je veux parler de la
maladie des pommes de terre qui s'est montrée, pendant les derniers
temps, sous une forme menaçante bien propre à inspirer la plus
grande inquiétude, et qui, selon moi, fournit une des preuves les
plus éclatantes en faveur de la théorie de Liebig.

La maladie des pommes de terre n'est point un fait isolé dans
l'histoire ; il y a plus de cent ans qu'une maladie analogue existait
parmi ces précieux tubercules, et chaque fois qu'elle se montre de
nouveau, elle augmente d'intensité. Elle est entièrement indépendante
du temps ; cela est prouvé par les symptômes devenus de plus en
plus graves, surtout lorsqu'elle s'est déclarée en 1845 à la fois dans
le sud de la Suède et dans l'Amérique méridionale ; car ces contrées
jouissaient alors de la plus belle température, vu celle de l'Europe
centrale où le temps était généralement mauvais. D'ailleurs, aucune
exposition, aucune méthode spéciale de culture n'a pu garantir la
plante des atteintes du mal, même aucune espèce ou variété n'en a été
préservée, preuve convaincante que ce n'était point ici une influence
extérieure qui en était cause, mais que c'était bien une dégénérescence
interne. Si nous demandons comment une pareille dégénérescence a

pu se développer, les considérations suivantes peuvent nous fournir quelques éclaircissements. La pomme de terre sauvage est un petit tubercule verdâtre d'un goût amer, mais qui contient beaucoup de fécule. Elle appartient à la classe des plantes qui, dans un bon sol, sont susceptibles de produire beaucoup de variétés, assez constantes quand les conditions de culture restent les mêmes. Dans le cas contraire, il se forme de nouvelles variétés, ou elles dégénèrent, comme on dit vulgairement. Les différences entre celles-ci consistent dans la forme des tubercules et dans l'époque de leur maturité. La différence qui se rapporte à la quantité de fécule et d'albumine est beaucoup plus essentielle. La fécule ou l'amidon, corps non azoté, est la partie caractéristique de la pomme de terre et résiste assez longtemps à la pourriture. Sa production exige, selon Liebig, une grande quantité de potasse, et c'est ce qui fait ranger la plante dans la classe des espèces alcalines. L'albumine est au contraire une substance azotée, très-prompte à se désorganiser, et présente ce fait que d'autres corps, tels que la cellulose et l'amidon, qui résistent longtemps à la décomposition, y sont entraînés par elle. La production de l'albumine suppose la présence d'une grande quantité de sels phosphoriques.

Si nous analysons le tubercule sain et normal, nous y trouvons les quantités des substances azotées et non azotées dans le rapport de 1 à 20; les proportions de sels phosphoriques aux sels alcalins, comme 1 à 10; le sol fraîchement engraissé contient, pour des raisons physiologiques que nous ne pouvons pas développer ici, des substances inorganiques dans le rapport de 1 à 2. Il suit de là que la pomme de terre, cultivée dans un pareil terrain, est forcée d'absorber une plus grande quantité de sels phosphoriques que celle dont elle a besoin selon sa nature, et que, par suite, il se forme en elle une plus grande quantité de matière azotée, d'albumine, qu'elle ne devait contenir dans son état normal. Ces dernières substances doivent nécessairement s'accumuler dans un organe aussi aqueux que l'est la pomme de terre, et de là la tendance à se décomposer qui alors se manifeste sous une foule de symptômes et de maladies différentes, par exemple, la pourriture sèche qui attaque la fécule, la pourriture humide qui détruit le tissu cellulaire. Qu'une pareille

disposition se déclare comme maladie, dès que les influences extérieures lui deviennent favorables, est chose facile à concevoir, et les
symptômes doivent s'aggraver si ces influences continuent à sévir.
C'est dans ces circonstances que la théorie de Boussingault et de
Liebig nous offre un point de départ pour trouver des moyens
d'empêcher le mal. En consacrant une attention spéciale aux substances inorganiques, nous reconnaîtrons qu'il ne s'agit point que
les divers éléments soient présents dans le sol, mais qu'ils y soient
en quantité suffisante et dans les proportions voulues. Il est évident
que la prise en considération de ces conditions est très-importante
à l'égard des plantes qui sont portées à produire des variétés, et
surtout de celles dont la composition chimique supporte sans grand
inconvénient une modification de leurs éléments constitutifs. Tout
cela concerne avant tout la pomme de terre et un peu moins le froment et le seigle.

Si nous comparons les éléments contenus dans les cendres de ces
derniers avec ceux renfermés dans un sol fraîchement engraissé,
nous trouvons que les proportions y sont presque égales de part et
d'autre ; et, chose remarquable, si nous déduisons les éléments des
cendres du seigle de ceux qui restent dans le sol, nous arrivons à
des proportions que nous retrouvons presque exactement dans les
cendres des pommes de terre. La conclusion est donc simplement
celle-ci : que nous ne pouvons plus, comme nous avons l'habitude
de le faire, cultiver les pommes de terre dans un sol fraîchement
fumé, mais que nous devons, au contraire, commencer par le seigle
et faire succéder à celui-ci les pommes de terre, ou, mieux encore,
les pommes de terre après le trèfle qu'on aurait semé en seconde
récolte dans le seigle.

Le principe, que la plante n'absorbe dans le sol que des matières
inorganiques et que celles-ci forment la véritable richesse, restera
donc irréfuté. Mais les éléments organiques et inorganiques sont si
intimement liés dans la plante, qu'on ne peut en même temps parler
des uns sans faire mention des autres.

Ils sont non-seulement d'une grande utilité à notre corps, mais
même ils sont indispensables pour sa conservation. Voyons de quoi

l'homme se compose. L'homme adulte pèse, d'après Quetelet, en moyenne, 140 livres, et après avoir défalqué la grande quantité d'eau qui circule dans toutes les parties du corps, il reste environ 35 livres, dont 13 pour les os et 22 pour les autres parties. Les premiers contiennent en moyenne 66 pour cent, et le reste 3 pour cent de substance terreuse qui subsiste après l'incinération. L'homme se compose donc de plus d'un tiers de matières inorganiques qui sont indispensables à son existence, et qu'il doit, par conséquent, absorber dans sa nourriture. Il doit, selon l'expression du malin esprit, effectivement se nourrir de poussière.

De même que les organes mous du corps humain s'usent à chaque fonction qu'ils exécutent et doivent être restaurés par la nutrition, de même l'homme perd constamment une partie des éléments inorganiques qu'il doit restituer sans relâche. Mais entre ces deux classes de substances, il existe, pendant la vie, des rapports particuliers. L'enfant, par exemple, qui doit encore croître, dont les organes doivent encore se développer, absorbe plus de ces substances qu'il n'en use; chez les adultes, il existe une espèce d'équilibre dans la recette et la dépense; mais, dans la vieillesse, cet équilibre est rompu. Le vieillard use plus de substances organiques qu'il n'en remplace par les aliments; sa force musculaire diminue; la quantité de sang s'amoindrit; en un mot, il maigrit. Quant à la quantité des substances inorganiques usées, elle n'égale point celle fournie par la nourriture. Sous ce rapport, l'homme retourne à l'enfance, et notre perception de la vie et de la mort devient tout autre, tout opposée à celle que nous avions dans notre jeunesse. Les éléments s'accumulent de plus en plus dans le corps; les organes mous et flexibles deviennent raides, s'ossifient et refusent leur service; la poussière attire le corps de plus en plus vers la poussière, jusqu'à ce qu'enfin l'âme, lasse de cette contrainte, se dépouille de son enveloppe trop lourde pour elle. Elle abandonne le corps né de la poussière à la combustion lente que nous appelons pourriture. L'âme, elle seule, immortelle et incorruptible, quitte l'esclavage des lois de la nature et s'envole vers le régulateur de la liberté spirituelle.

DIXIÈME LEÇON.

DU SUC LAITEUX DES PLANTES.

26

Le paysage ci-contre représente une vue de l'île de Java ; ce tableau caractéristique est tout à fait propre à servir d'introduction aux considérations qui vont suivre sur le suc laiteux des plantes. Deux figures principales de végétaux frappent d'abord notre vue ; la belle tige élancée du Pahon-upas ou arbre vénéneux de Java, et le tronc gigantesque d'un figuier formant sans cesse de nouvelles tiges à l'aide de ses racines aériennes, tous les deux appartenant à la famille des urticées, groupe de plantes qui se distinguent des autres par un suc laiteux d'une nature extrêmement variable. Tandis qu'il est innocent et riche en caoutchouc dans le figuier, celui du Pahon-upas contient un des poisons les plus violents que nous connaissons. Un petit trait de bois trempé dans ce poison, et lancé au moyen d'une sarbacane, suffit pour donner la mort en quelques secondes au tigre le plus vigoureux.

Si l'île de Java présente un grand intérêt par rapport aux curieux phénomènes qu'offre son sol volcanique, les végétaux que l'on y rencontre, sous les formes les plus bizarres, les plus riches et les plus luxuriantes, ne contribuent pas moins à en faire un lieu d'exploration des plus attrayants pour le naturaliste.

DU SUC LAITEUX DES PLANTES.

> Voici une liqueur qui enivre à l'instant.
>
> FAUST.

Dans la brillante arène du beau monde, dont le fameux obélisque de Luxor orne l'entrée, sur le champ de bataille où la victoire de la mode se décide par des luttes paisibles, bien qu'autrefois ce terrain fût consacré à *l'humilité de Notre-Dame*, à Longchamps, enfin, il se livrait, il n'y a pas longtemps, un combat singulier entre le paletot et le makintosh. Le premier fût vainqueur d'abord; mais, peu de temps après, il a succombé à son tour pour céder la place au burnous et à d'autres vêtements, tandis que le makintosh, quoiqu'il ne soit plus un objet de mode, a prolongé son existence jusqu'à ce jour. Peut-être n'est-il pas superflu de rechercher les causes qui lui ont valu le privilége de pouvoir se maintenir au rang des vêtements indispensables. En dehors des champions de la mode, il y a deux partis en présence dont l'un soutient l'excellence du makintosh et dont l'autre le condamne d'une manière absolue. Écoutons l'un et l'autre.

Le premier en vante la légèreté, l'imperméabilité et la chaleur.

Ces avantages sont dus à une substance particulière dont l'étoffe du makintosh est imprégnée et connue sous le nom de gomme élastique ou caoutchouc. Son usage a pris, depuis quelque temps, dans l'industrie, une extension telle qu'il n'est pas sans intérêt d'en faire une étude particulière. Les Anglais surtout font un usage considérable de ce produit végétal. En 1820, on en introduisit en Angleterre 52.000 livres. En 1829, à peu près 100,000 livres, et pendant l'année 1833, plus de 178,676 livres ont été déclarées à la douane. Depuis, l'usage du caoutchouc est toujours allé en croissant. Dans une fabrique de Greenwich, 800 livres sont tous les jours soumises à la distillation sèche dans des vases de cuivre. Le résidu qu'on obtient est une substance gluante d'une nature particulière qui ne perd jamais sa ductilité et son élasticité, qui résiste à l'action de l'air et de l'humidité, et qui, pour ce motif, sert à détremper les câbles de la marine anglaise, afin de leur donner plus de durée. Le liquide distillé qu'on trouve dans les récipients est une huile volatile empyreumatique, douée de la propriété de dissoudre facilement le caoutchouc lui-même, tout en lui conservant, après son évaporation, ses propriétés naturelles. A l'aide de ce procédé, on est parvenu à donner au caoutchouc toutes les formes imaginables et à communiquer son imperméabilité aux étoffes de toute espèce. Telle est l'origine de tous ces tissus imperméables, qui portent le nom de leur inventeur, Makintosh.

L'élasticité du caoutchouc est une des propriétés qui le rend apte à une foule d'usages. On le coupe à l'aide de machines particulières en fils très-fins que l'on enveloppe de lin, de coton ou de soie pour en tisser des étoffes. Mais sa propriété la plus remarquable consiste en ce fait qu'il ne perd point son élasticité par sa combinaison avec le soufre, ce qui, au contraire, l'augmente de beaucoup, et le garantit contre l'influence du changement de la température.

Le caoutchouc, ainsi modifié, prend le nom de caoutchouc vulcanisé, et trouve aujourd'hui une immense application; chaque dame compte des objets de caoutchouc vulcanisé parmi les divers objets de toilette.

L'Amérique méridionale est le pays qui fournit la plus grande

quantité de caoutchouc pour la consommation; mais les Indes orientales en livrent aussi une quantité assez considérable, et l'Afrique
elle-même pourrait en exporter, si la civilisation arriérée de ses
habitants ne s'opposait à l'utilisation de leurs produits. Tous les
pays qui comptent le caoutchouc au nombre de leurs productions,
sont situés sous la zone torride. M. de Humboldt fait observer
dans ses *Idées sur une géographie des plantes*, que le nombre des
plantes lactifères augmente à mesure qu'on avance vers l'équateur.
C'est précisément le suc laiteux d'une de ces plantes qui contient
cette substance élastique si remarquable. La chaleur des tropiques
paraît exercer une grande influence sur la formation du caoutchouc,
car on a fait la remarque que les végétaux qui le produisent sous les
tropiques ne contiennent, élevés chez nous dans les serres, qu'une
substance qui ressemble à la glu que nous retirons du gui indigène.

Tout le monde connaît l'euphorbe indigène, dont le suc laiteux et
blanc sert vulgairement de remède contre les verrues. Qui n'a pas
vu, dans sa jeunesse, que, lorsqu'on déchire la feuille ou la tige de la
chélidoine, il s'en échappe aussitôt un lait d'un beau jaune d'or?
Chacun a également pu observer que, lorsque notre laitue se couvre
de fleurs, elle lance au moindre attouchement des gouttelettes d'un
blanc laiteux. Ces sucs, au reste, existent dans beaucoup de plantes
et la nature se plaît parfois à y réunir des matières fort utiles aux
poisons les plus violents; nous ne citerons, comme exemple, que
l'opium qui est le suc desséché du pavot de nos jardins.

Un plus grand nombre de plantes, celles qui appartiennent spécialement aux trois grandes familles des euphorbiacées, des apocynées et des urticées, se distinguent par une structure anatomique
différente. Dans leur écorce, et quelquefois dans la moelle de leurs
tiges, nous trouvons une quantité de tubes allongés, anastomosés et
plus ou moins flexibles, qui ressemblent aux veines des animaux.
Cette ressemblance a déterminé le professeur Schultze, de Berlin, à
établir une théorie de circulation qui aurait lieu dans ces tubes, et
a nommé ce liquide *le suc vital*. Malheureusement, la science a
été forcée de condamner cette théorie et de la considérer comme une
simple utopie, quoiqu'elle ait été honorée par l'Académie de Paris

d'un des prix Monthyon. Dans ces tubes se trouve un suc de la consistance d'un lait très-gras, et qui, par suite, a reçu le nom de *suc laiteux*. Sa couleur est ordinairement blanche, mais quelquefois il est jaune, rouge, bleu ou vert ; le plus souvent aussi il est complétement incolore et un peu opaque. Tout comme le lait animal, il se compose d'un liquide aqueux et de petits globules qui y sont suspendus. Quant à sa propriété, elle est très-variable, vu qu'on y trouve les substances les plus hétérogènes et dans les proportions les plus variées. Toujours il contient plus ou moins de caoutchouc, sous forme de globules qui ne peuvent se mélanger et se confondre à cause d'une substance albumineuse qui les sépare. La même chose a lieu dans le lait de vache où le beurre reste suspendu à l'aide d'une substance analogue. Lorsqu'on laisse reposer le suc laiteux pendant quelque temps, les globules de caoutchouc apparaissent à la surface comme la crème dans le lait.

Les trois grandes familles de végétaux qui se font remarquer par le suc laiteux qu'elles contiennent, bien qu'elles aient une construction botanique différente, se ressemblent néanmoins par l'analogie de leur suc.

Il ne sera pas sans intérêt d'étudier un peu mieux ces trois familles et d'en mentionner les espèces les plus remarquables. La plus importante, par rapport au caoutchouc, est la famille des euphorbiacées. On exporte annuellement du port de Para, dans l'Amérique méridionale, de ceux de la Guyane et des États voisins, une quantité incroyable de cette matière, que l'on extrait d'un grand arbre indigène de ces pays (*siphonia elastica*, Pers.).

En 1736, le célèbre savant français La Condamine appela le premier l'attention sur le caoutchouc et décrivit la manière dont on se le procure. Ce bel arbre atteint environ 60 pieds de hauteur ; son écorce est lisse, d'un vert brunâtre ; les naturels y pratiquent des incisions longitudinales pénétrant jusqu'au bois pour livrer passage à la séve qui en découle en abondance. Avant qu'elle ait eu le temps de se dessécher, on l'étend sur des moules d'argile non cuite, ayant la forme de bouteilles et que l'on sèche ensuite à la fumée. On recouvre l'enduit de nouvelles couches jusqu'à ce qu'il ait l'épaisseur voulue. Au moyen de cette opération qui n'enlève pas les matières étrangères rendues plus sales encore par la fumée, le caoutchouc prend la couleur brunâtre ou noire que nous lui connaissons, tandis qu'il est blanc ou d'un jaune pâle et presque transparent, lorsqu'il est entièrement pur. Des détails plus précis sur cet arbre et sur la préparation de son produit nous ont été fournis en 1751 par Fresneau et par l'infatigable naturaliste Aublet Dupetit-Thouars.

Il y a encore d'autres plantes appartenant à ce groupe qui contiennent du caoutchouc, mais aucune n'en renferme une quantité aussi considérable. Le suc de la *Siphonia elastica* ne possède aucune propriété nuisible; celui de la Tabayba dolce (*Euphorbia balsamifera*, Ait.) ressemble au lait frais, et les indigènes, d'après Léopold de Buch (*Description des îles Canaries*), en font une gelée qu'ils mangent avec délices, mais toutes ne sont pas aussi innocentes; il faut se méfier de la plupart d'entre elles qui contiennent souvent un poison virulent. Chose étrange, elles offrent généralement, malgré cela, une nourriture très-saine. Par toute l'Amérique centrale la culture de la racine du manioc (*Manihot utilissima*, Pohl.) est une des branches les plus importantes de l'agriculture. Les naturels du pays et les Européens, l'esclave noir et le nègre libre remplacent notre pain blanc et le riz par le *tapiocca* et la *maudiocca farinha* ou la *cassave*, farine qu'on extrait de cette plante extrèmement vénéneuse et dont on fait des galettes, le *pan de tierra caliente* des Mexicains.

On fait cependant une différence entre la juca douce (*juca dolce*, c'est le nom de la plante dans le pays) et la juca acide et amère (*juca amarga*). La première est cultivée avec soin et on la mange sans inconvénient, tandis que l'autre, à l'état frais, contient un poison mortel. Elle sert néanmoins de nourriture aux naturels du pays, que nous allons suivre un moment dans leurs camps. Au milieu d'une forêt épaisse de la Guyane, le chef de la tribu, après avoir étendu son hamac entre deux grands magnolias, se repose à l'ombre des larges feuilles des bananiers; il fume paresseusement et regarde le mouvement que se donne sa famille. Sur ces entrefaites sa femme écrase le manioc dans le creux d'un arbre à l'aide d'un pilon de bois, enveloppe la pulpe dans un tissu serré, fait de fibres de feuilles, et

auquel elle attache une grosse pierre; le tout est suspendu à un
bâton reposant sur deux fourches plantées en terre. Le poids de la
pierre fait l'effet d'une presse et exprime tout le jus contenu dans le
manioc. A mesure qu'il s'écoule, on le reçoit dans une calebasse (*cres-
centia cujete*, L.), et un garçon accroupi à côté y trempe les flèches
du père, pendant que sa mère arrange le feu destiné à sécher le
marc et à le priver de son poison volatil. Le résidu est ensuite
pulvérisé entre deux pierres et la farine de cassave est toute préparée.

Pendant ce temps, l'enfant achève sa dangereuse besogne; le jus
a déposé une tendre fécule qu'on sépare du liquide et qui, après
avoir été lavée plusieurs fois dans de l'eau fraîche, constitue l'arrowroot ou tapiocca. C'est de cette façon qu'on prépare partout
cette substance nutritive.

Le sauvage, après avoir assouvi sa faim, cherche une nouvelle
place pour y faire sa sieste, mais malheur à lui si, par inadvertance,
il se couche sous le redoutable mancenillier (*hippomane manci-
nella*, L.) une pluie soudaine tombe de ses feuilles et éveille le
malheureux sous les douleurs atroces qu'elle lui cause; son corps
se couvre presque aussitôt d'ampoules, d'ulcères, et s'il conserve la
vie, il gardera du moins un souvenir éternel des propriétés vénéneuses des euphorbiacées. Une pareille méprise n'arrivera que
rarement à un naturel du pays, car en Amérique on craint et on évite
le mancenillier tout comme à Java le fabuleux arbre à poison.
Heureusement on trouve presque toujours à côté de lui l'arbre à
trompette (*bignania leucoxylon*, L.) dont le jus est le contre-poison
le plus sûr contre l'action de cette funeste euphorbiacée. Plusieurs
autres arbres, dont les émanations et les sucs mettent toujours la vie
en danger, appartiennent à cette grande famille. Le planteur du Cap
se sert, comme d'un moyen infaillible pour tuer les hyènes, de
morceaux de viande qu'il a préalablement saupoudrés avec les
fruits pulvérisés d'une plante qui croît dans le pays et nommée *hyœ-
nanche globosa*, Lam... Les sauvages de l'Afrique méridionale empoisonnent leurs flèches avec le lait euphorbia (*euphorbia caput
medusæ*, L.), ainsi que nous l'apprend Bruce, et, d'après Virey, les

Éthiopiens se servent d'autres espèces dans le même but. (*Euphorbia heptagona*, E.; *virosa* et *E. cereiformis*.)

Les habitants de la pointe méridionale de l'Amérique emploient le suc de l'*euphorbia cotinifolia*, L. Notre buis, en apparence si innocent et qui appartient également à cette famille, est tellement nuisible que dans une contrée de la Perse, où il est très-répandu, on ne peut élever des chameaux parce qu'on ne parvient pas à les empêcher de manger cette plante. Nous ne pouvons quitter cette famille sans faire mention d'un phénomène remarquable dont parle Martius dans la relation de son voyage au Brésil; il s'agit d'une espèce d'euphorbe (*E. phosphorea*, Mart.) dont le lait, quand il s'écoule de la tige pendant les nuits sombres et tièdes de l'été, répand une lumière phosphorescente. Si la famille dont nous venons d'entretenir le lecteur ne produit que des fleurs peu apparentes et n'attire l'attention que par les formes bizarres que quelques-unes d'entre elles affectent, c'est par celles-ci qu'elles se rapprochent des laitues.

La famille des apocynées, au contraire, est une de celles dont les fleurs admirables, rehaussées par la singularité de leurs formes, font un des plus grands ornements de nos jardins et de nos serres. Quel amateur ne connaît pas les *carissa, allamanda*, les *thevetia , cerbera, plumeria, vinca, nerium* et les *gelseminum?* Qui n'a pas vu les tiges singulières des *stapelies* et leurs fleurs couleur de crapaud exhalant une odeur fétide? Cette famille n'est pas moins intéressante sous d'autres rapports. Le meilleur caoutchouc qu'on connaisse, celui de Pulo-Penang, provient d'une plante de cette famille; celui de Sumatra nous est fourni par l'*urceola elastica*, Roxb.; à Madagascar on l'extrait de la *vahea-gummifera*, Poir., une partie de celui du Brésil est tirée du *collophora utilis*, Mart., et de l'*hancornia speciosa*, Mart., tandis que celui des Indes orientales l'est de la *willughbeja edulis*, Roxb., appartenant toutes au groupe des apocynées.

Chose étrange, les familles que nous venons de passer en revue offrent le singulier phénomène déjà signalé chez les euphorbiacées, à savoir que le suc laiteux de quelques genres est riche en caoutchouc ou se transforme dans d'autres en un lait doux, sain et d'un goût agréable, ou bien se présente sous forme des poisons les plus subtils et les plus âcres. Dans les forêts de la Guyane anglaise pousse un arbre que les naturels appellent Hya-Hya (*Tabernœmontana utilis*, Arn.), dont l'écorce et la moelle sont tellement riches en lait, qu'un tronc d'un faible diamètre, abattu par les compagnons d'Arnott sur le bord d'une rivière, rendit les eaux toutes blanches pendant près d'une heure. Ce lait est complétement anodin, d'un goût agréable et d'un effet rafraîchissant. On vante encore plus le lait de l'arbre à vache du Ceylan, le *kiriaghuma* (*gymneura lactiferum*, Rob. Br.), dont les Cingalis se servent, d'après Burmann, comme nous nous servons du lait de nos vaches.

Le mets du woorarée, préparé par les habitants du bord de l'Orénoque, est d'une tout autre nature. Ces Indiens le retirent du jus d'une plante ainsi que de l'écorce du *strychnos gyanensis*, Mart., et du *strychnos toxifera*, Schomb., de la famille des apocynées, et ils le préparent en prononçant des paroles magiques et mystérieuses. Schomburgk, dans les relations de ses voyages, nous a laissé une intéressante et poétique description de cette préparation, et Poeppig, dans ses pérégrinations romanesques à travers l'Amérique du Sud, a été souvent témoin des foudroyantes propriétés de ce poison. Le sauvage s'arme d'un long tube bien régulier; ses flèches, taillées d'un bois dur, longues d'un pied, ont la pointe trempée dans le woorarée, tandis que le bout opposé est enveloppé d'une quantité de coton suffisante pour occuper exactement l'entrée du tube. Muni de cette arme terrible, il cherche à surprendre son ennemi qui se régale tranquillement du cerf qu'il vient de tuer. Pas le moindre bruit ne trahit ses mouvements furtifs; son pied semble glisser sur le sol. Mais voilà qu'il s'arrête, il souffle avec force dans sa sarbacane meurtrière, le trait vole et va atteindre à plus de 30 pas de distance la malheureuse victime sans défense, qui, à la plus légère blessure, tombe dans des convulsions atroces et rend l'âme immédiatement.

Les Américains du Nord se servent également d'une apocynée pour empoisonner leurs dards (*gonolobium macrophyllum*, Mich.), et Mungo-Park rapporte le même fait des Mandingos sur le Niger; mais c'est une espèce d'échites dont ils se servent. Une foule de plantes de la même famille possèdent des poisons analogues (*Cer-*

bera-Thevetia, L., et *Cerbera-Ahovai*, L.); ce sont leurs graines surtout qui les distinguent des plantes précédentes par leurs propriétés
toxicologiques, car on y trouve deux des poisons les plus violents,
la strychnine et la brucine. Nous citerons deux médicaments très-
actifs, la fève de Saint-Ignace de Manille et la noix vomique, qu'on
trouve partout sous les tropiques (*Ignatia amara*, L., et *strychnos
nux vomica*, L.). Nous ne pouvons passer sous silence la coutume
singulière qu'ont les Malgaches (habitants de Madagascar), de faire
prouver, par une espèce de jugement de Dieu, la culpabilité ou l'innocence d'un individu et de faire dépendre cette dernière de la force
de l'estomac. L'homme accusé d'un crime est obligé, en présence
du peuple et des prêtres, d'avaler une noix de Thangin (*Tanghinia
venenifera*, Poir.). Si son estomac est assez fort pour pouvoir vomir
le terrible poison, l'accusé est acquitté; sinon il est considéré comme
coupable et il ne tarde pas à subir son châtiment, car le malheureux
meurt presque immédiatement après. Il serait très-facile de faire
comprendre à chacun quelques-uns des caractères les plus essentiels des deux familles dont nous venons de nous occuper; et il
deviendrait ainsi fort aisé de reconnaître les végétaux qui leur appartiennent. Il en est tout autrement de celle qui va suivre et qui
sera la dernière que nous citerons. En effet, les plantes de la famille
des orties ou des urticées sont très-différentes entre elles pour ce qui
regarde leur forme extérieure, depuis l'humble ortie, la pariétaire
de nos jardins, jusqu'à l'énorme arbre à pin (*artocarpus incisa* et
integrifolia) qui protége de ses vastes branches et de son ample
feuillage la cabane de l'habitant des îles de la mer du Sud, et le
nourrit de ses fruits savoureux. La famille des euphorbiacées ne
renferme que peu d'espèces qui produisent des graines comestibles
(*Aleurites moluccana*, W., *conceveibum gujanense*, Bl.), tandis que
plusieurs arbres de la famille des apocynées offrent aux habitants
des pays chauds des fruits très-rafraîchissants et, par conséquent,
fort recherchés (*carissa carandas*, *arduina edulis*, Sp.). Mais la
famille des urticées donne une variété étonnante de fruits. Les petites
graines huileuses du chanvre, les bouquets verts uniformes qui garnissent gracieusement le houblon, la mûre aromatique, la figue

sucrée, le fruit à pin, toutes ces formes si différentes appartiennent au même groupe végétal, et le botaniste retrouve dans chacune d'elles une même conformation fondamentale, quelque invraisemblable que cela puisse paraître aux yeux du vulgaire. Une seule propriété est commune à toutes les espèces de ce genre nombreux, c'est celle de posséder des fibres très-fines, très-souples, très-solides et qui forment la couche interne de l'écorce. Fabriquée autrefois des fibres de l'ortie, la mousseline en porte encore toujours le nom, et l'industrie du bon Tahitien nous prépare des tissus d'une grande finesse travaillés sans rouet et sans métier, avec la blanche et fine écorce du mûrier à papier (*broussonetia papyrifera*, Vent.).

Un arbre gracieux de la même famille, le holquahuitl des Mexicains ou l'*Ule di papantla* des Espagnols (*castilloa elastica*, Deppé), fournit le caoutchouc dans la Nouvelle-Espagne, et les énormes quantités de cette substance qu'on apporte des ports des Indes orientales proviennent en grande partie de ces magnifiques figuiers si communs dans la partie tropicale de l'Asie. Au sommet de leur tronc épais et large, mais ayant rarement plus de 15 pieds de hauteur, repose l'immense couronne des bananes ou figues sacrées (*ficus religiosa*). Leurs branches s'étendent dans une direction horizontale à plus de cent pieds du tronc et émettent de distance en distance des racines adventives qui, descendant perpendiculairement vers le sol, finissent par y pénétrer et par former de la sorte autant de tiges propres à étançonner les branches. Dans le Siam ces arbres admirables, dont un seul forme tout un massif ou un petit bois, sont consacrés au dieu Fo, et c'est sur ses branches que le bonze paresseux construit sa hutte, semblable à une cage, pour passer son temps à l'ombre, soit dans le sommeil, soit dans la contemplation. Ces grands figuiers (*ficus religiosa*, *indica*, *benjaminea*, L., et *elastica*, Roxb.) ne donnent pas, il est vrai, des fruits bons à manger, mais leur lait contient le caoutchouc en abondance.

Il y en a aussi qui contiennent un suc assez doux. Le plus remarquable d'entre eux est l'arbre à vache, *palo de vacca* ou *arbol de leche*, de l'Amérique méridionale (*galactodendron utile*, Kunth.), que M. de Humboldt nous a fait connaître le premier; à l'aide d'une incision

un peu profonde pratiquée dans son écorce, on obtient une grande
quantité d'un liquide blanc et gras, exhalant l'odeur agréable du lait
animal et qui en possède toutes les propriétés, de sorte qu'il constitue non seulement une boisson salutaire, mais encore une nourriture substantielle.

Quel contraste entre ces précieuses qualités et celles des autres
urticées! On serait tenté de les appeler les serpents du règne végétal,
et le parallèle ne serait pas difficile à établir. Le caractère le plus
frappant de cette ressemblance réside dans l'organe à l'aide duquel
les uns et les autres empoisonnent les blessures qu'ils font. Les
serpents ont en avant dans la mâchoire supérieure deux dents longues et minces, légèrement crochues, traversées dans toute leur
longueur par un canal étroit qui aboutit à leur pointe extrêmement
aiguë. Ces dents ne sont pas comme les autres solidement fixées
dans leurs alvéoles, mais elles ressemblent aux griffes des chats,

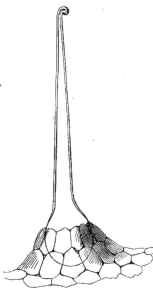

avec cette différence qu'elles sont
moins rétractiles. A la base de
chacune d'elles, dans la cavité de
la mâchoire, se trouve logée une
petite glande sécrétant le venin
qui communique avec le canal de
la dent. Quand l'animal mord,
celle-ci, refoulée par la résistance
du corps mordu, comprime la
glande et fait pénétrer la liqueur
caustique dans le canal qui la déverse à son tour dans la blessure.
Si nous examinons maintenant un
des poils qui se trouvent à la surface des feuilles des orties (voir la
figure ci-contre), nous y trouvons
une configuration identique. Une
cellule isolée forme le poil piquant
qui se termine en forme de petit bouton. A sa base existe un petit
sac qui contient le venin. Au moindre contact la pointe se brise avec

le bouton, le poil se transforme ainsi en un canal ouvert qui pénètre dans la peau, et, à la suite de la pression exercée, le poison jaillit dans la blessure. Le poison de nos orties et de nos serpents indigènes est insignifiant, mais plus nous approchons de l'équateur, plus il est dangereux. Partout où l'ardent soleil des Indes distille le venin du terrible serpent à lunettes, croît aussi l'ortie la plus redoutable. Qui n'a pas une fois dans sa vie éprouvé les piqûres de notre petite ortie? Mais nous ne pouvons nous former une idée des horribles souffrances que provoque la piqûre d'une des orties des Indes orientales (*urtica stimulans*, *U. crenulata*, Roxb.). Le moindre contact avec cette plante provoque le gonflement des bras et des douleurs atroces qui durent des semaines entières. Dans l'île de Timor croît une espèce (*urtica urentissima*, Bl.) appelée par les indigènes *daoun setan*, feuille du diable, parce que les douleurs occasionnées par leur piqûre se font sentir pendant des années entières, et l'amputation du membre peut seule éloigner la mort.

En songeant combien est minime et inqualifiable la quantité de ce poison qui agit sur l'organisme humain, nous n'hésitons pas à déclarer que le poison des orties est, de tous ceux connus jusqu'à ce jour, le plus foudroyant, car on peut juger, d'après la grosseur des poils, qu'à peine la 150,000^{me} partie d'un grain pénètre dans la blessure.

Il existe, à la vérité, dans cette famille des poisons encore bien plus violents, et quelques figuiers en renferment même aussi (*ficus toxicaria*, L.), mais il est inutile de nous y arrêter. L'histoire des îles de l'Inde cite une tradition effrayante et mystérieuse, embellie par les contes de l'upas et de la vallée empoisonnée. Le gouvernement hollandais, dont les colonies sont appelées par leur position géographique ainsi que par la richesse inépuisable de leurs produits à devenir le centre du grand archipel Indien, a, depuis longtemps déjà, attiré l'attention des naturalistes. La Hollande a toujours eu la gloire de ne jamais oublier de diriger toute son attention sur l'importance des productions naturelles des pays nouvellement acquis par elle; loin de là, elle a constamment encouragé, protégé et récompensé les efforts faits dans l'intérêt de la science de la nature.

Swammerdamm, Leeuwenhoek, Rheede tot Drakensteen, Rumph et d'autres, pour ne citer que ceux qui ne sont plus, brilleront longtemps encore d'un éclat immortel dans les annales de la science. Les renseignements que nous possédons aujourd'hui sur les fameux arbres vénéneux sont dus aux encouragements accordés par le gouvernement au docteur Blume entre autres, et à Horsfield, d'origine anglaise, qui avait déjà commencé ses recherches en 1802.

Au xvie siècle, l'annonce de la découverte d'un arbre vénéneux de Macassar, dans l'île de Célèbes, se répandit partout, et des rapports publiés sur les effets du poison par les médecins et les naturalistes se succédèrent rapidement. La moindre quantité, disaient-ils, introduite dans la circulation, non-seulement tuait presque sur le coup, mais occasionnait de tels ravages dans l'organisme, qu'au bout d'une demi-heure la chair se détachait des os.

La première description de cet arbre fut faite en 1682, par Neuhof. Quelque effrayant que soit le tableau que les auteurs anciens ont tracé relativement à ce poison, leurs rapports sont pourtant dénués des fables terribles que leurs successeurs y ont attachées. Vers la fin du xviie siècle, Gervaise soutenait que le toucher ou le flairer tout simplement suffisait pour donner la mort; et Camel (en 1704) raconte que les émanations de l'arbre tuent tout ce qui s'en approche, même à une grande distance. Les oiseaux qui viennent s'y percher meurent, à moins qu'ils ne mangent de la noix vomique, qui seule peut les préserver de la mort, mais qui ne les garantit pas de la chute de leurs plumes. Avant ce temps, Argensola avait cité un arbre qui faisait endormir pour toujours tous ceux qui s'en approchaient du côté de l'ouest, tandis que ce même sommeil les sauvait de la mort s'ils s'en étaient approchés du côté opposé. La récolte du poison était confiée aux criminels condamnés à mort, et qui obtenaient leur grâce, s'ils exécutaient leur tâche sans accident. Rumph nous apprend que cet arbre se trouvait à Célèbes, à Sumatra, à Bornéo et à Bali.

Toutes ces fables ne sont rien à côté des récits incroyables de l'arbre vénéneux de Java que fit le chirurgien hollandais Foersch, vers la fin du xviiie siècle. Sa lettre fut traduite dans presque toutes

les langues de l'Europe et insérée dans tous les livres d'histoire
naturelle et de géographie. Les rapports de Van Rhyn et Palm, com-
missaires de la Société botanique (1789), la réfutèrent, il est vrai, en
déclarant mensongers les dires de Foersch, et ils allèrent jusqu'à
nier l'existence de l'arbre dans l'île de Java. Plus tard Stanton,
Barrow et Labillardière s'exprimèrent dans le même sens, tandis
que Dechamps, qui a séjourné pendant plusieurs années à Java,
assure que l'Upas n'est pas rare dans le district de Palembang, mais
que son voisinage n'est pas plus à craindre que celui de tout autre
arbre vénéneux.

En 1712, Kaempfer, qui était plus prudent et plus modéré, ajoutait
ce qui suit dans son rapport détaillé sur l'arbre de Célèbes : « Mais
qui pourrait répéter tout ce que disent les Asiatiques, qui ont pour
coutume d'embellir leurs récits de fables sans fin? » Malgré cela, les
dernières recherches de Leschenault (1810) et du docteur Hart-
field (1802-1828), et enfin celles de Blume ont confirmé la justesse de
la plupart des détails fournis, et ont démontré comment des confu-
sions et des méprises ont fait éclore toutes ces données en partie
fabuleuses.

Deux arbres très-différents croissent dans les forêts vierges de Java,
si peu connues encore. Semblables aux portes d'un sanctuaire, tous
les accès en sont fermés et soigneusement gardés. Ce n'est qu'en em-
ployant la hache et le feu qu'on parvient à se frayer un passage à travers
les tissus inextricables que forment les lianes, les paullinia aux grappes
florales longues de plusieurs pieds, garnies de fleurs d'un rouge ardent,
les tissus et les racines rampantes de la fleur gigantesque et à la fois
merveilleuse de la rafflesia (*rafflesia Arnoldi*, R. Bn.).

De toutes parts, des palmiers hérissés d'épines et d'aiguillons, des
roseaux aux feuilles tranchantes coupant comme des couteaux,
repoussent de leurs armes dangereuses celui qui veut y pénétrer.
Partout dans ce fourré épais se dressent d'un air menaçant de terribles orties; de grandes fourmis noires tourmentent le voyageur de
leurs morsures dangereuses, et des essaims d'innombrables insectes
le poursuivent et le persécutent. Après avoir vaincu ou écarté tous
ces obstacles, il arrive devant les massifs de bambous, élevant leurs

tiges, grosses comme le bras, à 50 pieds de hauteur, et présentant une écorce dure et vitreuse qui résiste aux coups de hache les plus formidables. Enfin, quand ce nouvel obstacle est écarté, il atteint l'entrée des dômes majestueux de la forêt vierge proprement dite. Des troncs gigantesques de l'arbre à pin, du bois de teck dur comme le fer, des légumineuses aux touffes brillantes de fleurs, des barringtonia, des figuiers et des lauriers en forment les colonnades qui supportent la voûte verdoyante et serrée. De branche en branche, il voit sautiller les singes qui ne font que l'agacer et lui jeter des fruits. A mesure qu'il s'avance, il voit l'orang-outang, à la mine sévère et mélancolique, s'élancer d'un rocher couvert de mousse, et, soutenu sur son bâton, s'enfoncer dans le fourré. Partout on rencontre des animaux; ce qui rend ces forêts bien différentes de la solitude désolante de plusieurs de celles de l'Amérique centrale. On y voit des plantes grimpantes élever en spirale leurs tiges indivises et entrelacer à une hauteur de 100 pieds les arbres les plus gigantesques, au point qu'elles semblent vouloir les étouffer. De grandes feuilles vertes et luisantes alternent avec des vrilles qui s'y cramponnent et des ombelles odorantes amplement fournies de fleurs blanches à teintes verdâtres. Cette plante, de la famille des apocynées, est le tjettek des indigènes (*Strychnos Tieuté*, Lesch.) dont les racines fournissent par la décoction le terrible upos radja ou poison des princes. A la moindre blessure faite au tigre avec une arme trempée dans ce poison, ou avec une petite flèche de bois dur envoyée par le souffle d'une sarbacane, l'animal tremble, reste immobile pendant une minute, tombe ensuite foudroyé et expire dans de rapides convulsions. (*Voir* la planche en tête de cette leçon.) La partie de cet arbre qui se développe au-dessus de la terre est tout à fait inoffensive et ne présente aucun danger pour celui qui y touche. En continuant sa marche, le voyageur ne tarde pas à rencontrer un arbre dont la tige élancée dépasse tous les autres qui l'environnent. (*Voir* la même planche à gauche.) Le tronc, parfaitement cylindrique et glabre, monte à 60 ou 80 pieds et porte une superbe couronne hémisphérique qui domine fièrement les plantes étalées humblement autour du lui. Malheur au voyageur si sa peau vient à toucher le suc laiteux que contient en abondance son écorce trop prompte à s'ouvrir; des ampoules, des ulcères douloureux et plus redoutables que ceux produits par le sumac vénéneux, se déclarent presque aussitôt. C'est l'antjar des Javanais, le pohan upas des Malais (l'arbre du poison), l'ypo des habitants de Célèbes et des îles Philippines (*Antiaris toxicaria*, Lechn.). Il produit l'upas ordinaire qui servait à l'empoisonnement des flèches, usage qui paraît avoir été répandu dans toutes les îles de la mer du Sud, mais qui diminue de nos jours à mesure que celui des armes à feu devient général. Rien en même temps n'est plus grandiose, plus sublime que le caractère des montagnes de ces pays, lesquelles, ainsi que les îles elles-mêmes, doivent le jour à des éruptions volcaniques.

Presque partout on retrouve encore les traces de l'action du feu souterrain, même dans les forêts qui recouvrent la base de ces montagnes. Leurs sommets élevés forment autant de volcans dont les éruptions effrayantes sont connues depuis longtemps. Viennent ensuite les volcans boueux, lançant de la boue à l'improviste sans qu'aucun phénomène lumineux ou igné ne l'accompagne. C'est ainsi que, le 8 et le 12 octobre 1822, le mont Galungung transforma en désert un district de 40 milles carrés, combla des vallées de 40 à 50 pieds de profondeur, des fleuves entiers ; 11,000 hommes, d'innombrables bœufs de trait, 3,000 acres de champs de riz et 800,000 caféiers furent ensevelis sous des flots de boue. Plus loin, au pied même des montagnes, apparaissent des sources de toute espèce : quelques-unes sont chargées d'acide sulfurique, d'autres incrustent de silice les objets qu'on y trempe ou bien offrent un aspect laiteux à cause de la poussière de soufre qui s'y trouve suspendue en grande quantité. En d'autres endroits, ce sont des groupes de 3 à 5 cônes de plâtre réunis, des sommets desquels jaillit constamment de l'eau chaude ou froide qui, par le dépôt de son sédiment, agrandit sans cesse les cônes. De vastes déserts ont été produits de la sorte. Mais, presque partout, à côté de la destruction on voit naître une vie nouvelle qui recouvre le sol dénudé.

En quittant le fourré de la forêt vierge, si le voyageur escalade une colline, son regard terrifié aperçoit soudain l'image de la désolation.

Une vallée plate et déserte ne présentant pas la moindre trace de
végétation, calcinée par l'ardeur du soleil, se déroule devant lui à
perte de vue. La mort seule habite cette région parsemée de squelettes et d'ossements à moitié détruits. Souvent on reconnaît, d'après
leur position, que le tigre a été frappé au moment de saisir sa
victime, et que l'oiseau de proie, en descendant sur son cadavre, a
subi le même sort. Des monceaux de coléoptères et d'autres insectes
se rencontrent éparpillés çà et là, et témoignent en faveur de la
justesse du nom que cette vallée a reçu des naturels. C'est la vallée
de la Mort ou la vallée Empoisonnée. Cette propriété funeste du
terrain est due aux émanations d'acide carbonique qui, à cause
de sa pesanteur spécifique, ne se mêle que lentement aux couches supérieures de l'atmosphère, comme cela se voit dans la
Grotta del cane près de Naples et dans la caverne à vapeurs de
Pyrmont. Ce gaz donne infailliblement la mort à tous ceux qui se
baissent vers le sol. L'homme seul, à qui Dieu a départi la faculté de
marcher debout, traverse impunément ces endroits dangereux pour
les animaux d'une stature moins élevée, parce que ces vapeurs
asphyxiantes ne peuvent atteindre à la hauteur de sa tête. De même
que l'oppression qu'on éprouve sur l'Himalaya à une hauteur de 15,000
à 16,000 pieds est attribuée par les indigènes aux émanations vénéneuses de certaines herbes, de même aussi les terribles phénomènes
de la vallée de la Mort ont été mis sur le compte des émanations du
pohon upas dont nous venons de parler, et ce que l'on en raconte
est d'autant plus effrayant, que jusqu'ici, on ne connaît pas encore
le contre-poison à opposer à ce venin violent dont l'effet est instan-
tané. N'envions pas aux habitants des tropiques le lait de l'arbre à
vache, et, contents de l'utile présent du caoutchouc, renonçons sans
regret au reste de la végétation luxuriante de ces contrées qui, avec
toutes leurs beautés, présentent toujours aussi quelque chose de
funeste. Aucun médicament connu n'est capable de neutraliser les
effets de ces poisons, qui sont autant d'énigmes terribles posées au
genre humain. Ils confirment ce dire que la brillante lumière
de la nature tropicale a aussi son côté sombre, et que plus d'un
dragon défend l'approche de ces jardins des Hespérides. Mais je

m'aperçois avec peine que je me suis bien éloigné de mon point de départ.

Le paletot et le makintosh étaient le sujet du différend ; mon but était de démontrer la supériorité de ce dernier, et je me suis trop écarté de mon thème pour y revenir encore.

ONZIÈME LEÇON.

———

LES CACTUS.

La riche contrée du Mexique se divise en trois régions parfaitement distinctes : la région tropicale, *Tierra caliente*, qui comprend tout le littoral de l'Océan, et d'où l'on monte rapidement à travers des canaux et de petits lits de rivières à un plateau élevé qui, malgré sa situation plus méridionale, jouit néanmoins d'un climat plus doux et est appelé par cette raison *Tierra templada ;* de là surgissent les hautes chaînes de montagnes, qui forment la région froide ou *Tierra fria* des Espagnols. La partie moyenne de ce plateau se compose principalement de la plaine d'Anahuac qui, à l'exception d'une légère partie située à l'est, se termine aux pieds des montagnes gigantesques Popocatepell et Ixtaccihualt. C'est là, au milieu d'une espèce de paradis, que se trouve Mexico, la capitale du pays. C'est là que Cortez livra les dernières batailles qui établirent pour des siècles la domination espagnole et avec elle la misère dans ces riches contrées. On ne peut se défendre d'un sentiment de tristesse en parcourant du regard le champ qui fut témoin du dernier combat décisif, que rappelle la grande pyramide du soleil de Teotihuacan, laquelle s'élève dans le lointain. La planche ci-contre représente ce sol si riche, inépuisable, devenu sauvage sous le régime espagnol, et offrant le caractère d'un désert. La végétation particulière à ces contrées n'est pas faite pour dissiper la mélancolie provoquée par leur sécheresse extrême. Tout autour de nous se montrent, dénuées de grâce et de feuillage, de verdure et de couleur, les formes étranges et décrépites des cactus. Par-ci par-là une fleur superbe prouve que ces singulières plantes portent aussi *la livrée du soleil*. L'étude des formes remarquables dont la nature végétale se revêt ici nous servira de distraction et chassera peut-être pour un instant les pensées attristantes qui nous accablent, en voyant un des plus beaux sites du monde foulé et profané par de soi-disant chrétiens, indignes de ce nom.

DES CACTUS.

Le but véritable et suprème de toute étude scientifique, surtout depuis les progrès récents qui ont été faits, est, selon nous, de représenter le monde qui nous entoure comme soumis à des lois mathématiques absolues, et de rattacher à ces mèmes lois tous les changements qui s'y opèrent. Mais les diverses branches de l'histoire naturelle ne sont pas toutes également avancées, et si quelques-unes d'entre elles sont déjà parvenues à la perfection, d'autres en sont encore plus ou moins éloignées. Entre l'astronomie, la partie la plus accomplie des sciences humaines, et la connaissance des êtres organisés, il y a tout un abîme, qui exigera encore des siècles de travail avant qu'il soit comblé. Comme la faute n'en est point au zèle des observateurs, il faut chercher dans la chose elle-mème, la cause qui fait que la connaissance scientifique des êtres organisés est encore si loin de leur idéal qu'il y a des naturalistes qui se refusent à en admettre le point de départ. En voici sans doute la raison. Nous trouvons dans la nature différentes matières qui

agissent réciproquement les unes sur les autres, d'où il résulte un jeu
incessant d'actions représenté par le splendide exemple de l'im-
muabilité des lois qui régissent les mouvements de notre système
solaire. Ces actions diverses se révèlent sous une forme déterminée,
attendu que les planètes ne suivent pas toutes une seule et même
route autour du soleil, qu'elles en dévient plus ou moins, et que
leur grandeur ne diminue ni n'augmente d'une façon régulière en
raison de leur éloignement du soleil, etc. Ici déjà nos connaissances
nous abandonnent; nous sommes incapables de découvrir la loi qui
régit cette forme du système solaire. Mais nous rencontrons bien
plus de difficultés encore pour l'explication des formes particulières
résultant des phénomènes qui se passent à la surface de notre globe
terrestre et que nous appelons *figures*, parce qu'elles sont palpables
et apparentes. Bien que nous puissions deviner qu'à cause de leurs
formes régulières et mathématiques, les cristaux sont soumis pour
leur formation à des lois rigoureuses, il nous semble cependant que
c'est par un simple effet du hasard que le sel de cuisine et le sul-
fure de fer se cristallisent en cubes et non en octaèdres comme le
spath fusible. Les formes finissent par devenir si variées et si dis-
semblables chez les plantes et chez les animaux qu'il n'est pas
possible de supposer à ce phénomène une base mathématique. Tout
nous paraît être accidentel ou le résultat du caprice d'une force naturelle agissant aveuglément.

L'homme sent cependant le besoin irrésistible de ne rien attribuer
au hasard dans ses recherches scientifiques, ce qui le désarmerait
complétement devant les forces naturelles qui se révèlent à lui, et le
laisserait sans espoir et sans consolation. Dans les cas où la connaissance des lois régulatrices lui est refusée, l'homme, en dernière
analyse, en fait remonter la cause à un créateur et conservateur
suprême de l'univers. Mais l'insuffisance de ce raisonnement pour
juger le travail de la nature apparaît de suite, attendu qu'il ne peut
nous servir pour arriver à l'intelligence du but qu'elle se propose.
Quant aux animaux les plus rapprochés de nous, il est vrai que
quelquefois nous réussissons à mettre en rapport les formes de leurs
organes avec leur manière de vivre; nous reconnaissons bien que

oiseau est organisé pour le vol, le poisson pour la natation, et nous admirons la perspicacité avec laquelle Cuvier a su tirer parti du but auquel les animaux sont destinés, pour en déduire, avec une sûreté surprenante, leurs formes et les moindres détails de leur structure anatomique. Mais, si nous entrons dans la grotte d'Anti-paros, où des milliers de cristaux reflètent avec un admirable éclat la lumière de nos torches et nous transportent dans un monde féerique ; si nous nous frayons un chemin à travers les forêts de la Guyane, où les troncs séculaires et gigantesques des Bertholletias croissent à côté des svel tes palmiers, où les feuilles délicatement découpées des fougères contrastent avec les larges feuilles des bananiers, où les tiges des lianes dénudées, grêles, longues de cent pieds et semblables aux cordages des vaisseaux, se traînent d'arbre en arbre, servant d'échelle au chat-tigre qui les escalade avec une agilité et une souplesse étonnantes, tandis que des milliers de gracieuses petites mousses et d'hépatiques recouvrent humblement les troncs et les branches ; si nous voyons, dis-je, comment la Flore magnifique des tropiques, parée des couleurs les plus brillantes et les plus variées, ornée des formes les plus étranges, répand ses richesses sur un fond de verdure douce et veloutée, alors l'imagina-tion la plus hardie se sent impuissante à se rendre compte de ce qu'elle aperçoit et à fixer ses idées ; il ne nous reste rien de plus que l'intelligence du principe du beau, d'après lequel nous pouvons juger ce qui nous environne ; lui seul parle encore à notre sens et nous permet d'adorer dans le recueillement un être suprême comme auteur de cette incommensurable richesse.

Mais, malheureusement, nous reconnaissons que cette pensée aussi ne peut nous servir de guide dans le dédale de la nature. Si nous ne pouvons nous expliquer les choses d'après les lois, si nous ne pouvons juger d'après les principes téléologiques, l'essence inex-pliquée du beau nous indique au moins d'une manière mystérieuse les symboles de la nature. Nous quittons les forêts de la Guyane et les derniers hamacs de Guaraunos, suspendus entre les tiges des palmiers de Maurice, pour entrer dans les Pampas de Vénézuéla dont Humboldt a tracé une image si spirituelle et si vivante. Ici

29

aucune verdure riante ne recouvre le sol rocheux et brûlé, on ne voit dans ses anfractuosités que des mélocactes, à formes arrondies, armés d'épines formidables. Si nous longeons la chaîne des Andes, au lieu de rencontrer de tendres graminées, nous ne distinguons partout que des mamillarias épineux, et, par-ci par-là, un *pilocereus* à l'aspect triste et sévère et couvert de longs crins grisâtres. Si le vol de notre imagination nous transporte plus loin vers le nord, et si nous descendons dans les plaines du Mexique, où se trouvent les ruines gigantesques du palais des Aztèkes, qui rappelle une culture depuis longtemps détruite, nous voyons devant nous un paysage dénudé et complétement desséché par l'ardeur du soleil, nous sommes dans la *terra caliente*. Les tiges des cactus sans rameaux ou feuilles, revêtues d'un vert grisâtre et mat, s'élèvent à 20 ou 30 pieds de hauteur, entourées d'une haie impénétrable d'opuntias armés de leurs épines dangereuses, et autour desquels se montrent éparpillés des groupes d'*echinocactus* et de petits *cereus*; le tout entremêlé des longues tiges sèches des cactus à grandes fleurs (*cereus nycticalus*, L.) ressemblant à des serpents venimeux. Bref, dans toute cette pérégrination nous sommes accompagnés de la famille de ces plantes curieuses qui, à cause de leurs formes étranges, semblent tout à fait se dérober au principe du beau, mais qui caractérisent si bien le paysage et s'approprient si bien à sa nature, que nous sommes forcés de leur accorder notre attention.

D'ailleurs, un groupe végétal qui s'écarte d'une manière si évidente de la loi commune de la végétation, doit exciter notre intérêt à un haut degré. C'est ce qui est arrivé, et ceux qui sont dans l'impossibilité de faire par eux-mêmes la connaissance de ces produits capricieux et humoristiques de la nature, trouveront dans nos jardins, où les cactus occupent un des premiers rangs parmi les plantes à la mode, ce que les collections peuvent offrir de plus merveilleux. Un examen détaillé de cette singulière famille sera non-seulement instructif pour l'ami de la nature, mais aussi fort intéressant pour tout le monde.

Linné n'a connu de cette famille qu'environ une douzaine d'espèces qu'il a réunies sous le nom de *cactus*; aujourd'hui, nous en connaissons plus de 600 que les botanistes ont groupées en 20 genres. La plupart d'entre elles se cultivent dans les jardins du continent européen. La collection la plus riche est celle du prince de Salm-Dyck-Reifferscheid, laquelle compte 592 espèces; après celle-ci vient, sans contredit, celle du jardin royal botanique de Berlin. Le jardin botanique de Munich et celui du palais japonais de Dresde sont ensuite les plus riches sous ce rapport. Nous citerons encore celles de MM. Haage à Erfurt, et Breiter à Leipzig.

Dans ces plantes tout est extraordinaire. A l'exception du genre *peireskia* et de quelques *opuntia*, aucune d'elles ne possède des feuilles. Car ce que l'on désigne sous ce nom dans le *cactus alatus* et l'*opuntia*, n'est qu'un développement aplati des tiges. Au contraire, elles se distinguent toutes par une tige très-charnue qui est recouverte d'une peau coriace d'un gris verdâtre; et aux endroits où devraient se trouver les feuilles, on remarque des touffes de poils et des épines dont le nombre et le degré de développement déterminent le caractère de l'individu. Pareils à des colonnes carrées ou presque rondes, les cactiers s'élèvent à 30 ou 40 pieds de hauteur, le plus souvent sans rameau aucun, mais parfois aussi en étendant des bras qui leur donnent beaucoup de ressemblance avec nos candélabres. (Voir la planche ci-jointe.) Les cactus les plus petits comme les plus gros ont une forme arrondie à côtes saillantes; ils se rattachent aux échinocactes et aux melocactes et passent ensuite par-dessus les mamillarias de forme presque complétement ronde et entièrement couvertes de mamelons. Enfin, il y en a d'autres chez qui domine la croissance en longueur, offrant ainsi des tiges longues, grèles, flagelliformes et végétant en parasites sur les arbres, comme le fait, par exemple, le cactus flagelliforme de nos jardins. Peu de familles sur la terre ont un territoire aussi circonscrit.

Toutes, sans une seule exception peut-être, croissent en Amérique, entre 40° de lat. N. et 40° lat. S.; quelques espèces pourtant se sont répandues dans l'ancien monde avec une rapidité telle, qu'on peut les considérer comme indigènes et naturalisées. La plupart d'entre elles aiment un terrain sec, exposé aux ardeurs du soleil, ce qui forme un singulier contraste avec leur contexture qui regorge d'un suc aqueux et acidulé. Cette qualité les rend précieuses pour les voyageurs altérés, et Bernardin de Saint-Pierre les appelle avec raison les sources du désert.

Les ânes sauvages des Llanos savent fort bien en tirer parti. Pendant la saison sèche, quand la vie organique déserte les Pampas calcinées, quand le crocodile et le boa s'enfoncent dans la vase pour y trouver un sommeil léthargique, les ânes sauvages seuls parviennent à étancher leur soif; à l'aide de leurs sabots ils abattent les épines terribles du mélocacte, dont ils sucent ensuite sans danger la liqueur rafraîchissante. Les cactus sont moins gênés dans leur croissance verticale; on les trouve à partir du littoral, dans les plaines et jusqu'aux crêtes les plus élevées des Andes. Sur le bord du lac de Titicaca à 12,700 pieds d'élévation, on voit des *peireskia* chargées de leurs magnifiques fleurs d'un brun-rougeâtre foncé et sur le plateau du Pérou méridional, non loin de la limite de la végétation, à 14,000 pieds, le voyageur remarque avec surprise des formes étranges, d'une couleur rouge jaunâtre, représentant assez fidèlement des bêtes fauves qu'on dirait couchées, mais qui, vues de près, ne sont autre chose que des masses accumulées de ces plantes garnies d'épines.

Mais si la nature a refusé aux cactus la grâce extérieure des formes, elle les a largement dotés, en compensation des plus brillantes fleurs. On est étonné de voir la masse d'un *mamillaria* entièrement recouverte de belles fleurs purpurines. Quel étrange contraste entre les tiges nues, disgracieuses et sèches du *cereus grandiflorus* et les grandes et brillantes fleurs isabelles exhalant le parfum de la vanille, qui s'épanouissent mystérieusement vers le milieu de la nuit et brillent à l'instar du soleil. Mais ce n'est pas seulement la beauté de la fleur qui réjouit le voyageur épuisé, ce n'est pas seulement son suc rafraîchissant qui le désaltère, le rôle que joue la plante dans l'économie humaine n'est pas moins important.

Presque toutes les cactées ont des fruits comestibles qui sont comptés parmi les meilleurs que produit la zone torride. Presque tous les grands *opuntia*, connus sous le nom de figuiers des Indes, fournissent aux Indes occidentales et au Mexique des fruits recherchés pour le dessert, et même les petites baies roses des *mamillaria*, insipides dans nos serres, contiennent sous les tropiques un jus agréable, sucré et acidulé. On peut dire que le fruit des cactus est une forme perfectionnée et plus noble de nos groseilliers indigènes, qui s'en rapprochent beaucoup sous le rapport botanique.

Quelque succulente que soit leur tige, elle se transforme avec le temps en bois aussi solide que léger. Cela a lieu notamment pour les *cereus* dont les vieilles tiges à bois blanc privées de leur écorce succulente ressemblent à des spectres. Le voyageur surpris par la nuit s'en sert pour allumer un feu, pour se garantir contre les attaques des moustiques, pour cuire ses gâteaux de maïs ou, enfin, pour s'éclairer; et c'est surtout au dernier usage que les cactus doivent leur nom de *chardons à torches*. Comme ce bois est d'une grande légèreté, on peut en charger des mulets et le transporter sur les hauteurs des Cordillères où l'on en fait des poutres, des solives, et des seuils de portes; c'est ainsi qu'est construite la ferme d'Antisana qui est l'endroit habité le plus élevé peut-être du monde, (12,604 pieds d'élévation). De même que les groseilliers sont utilisés pour clôturer nos jardins, de même aussi on se sert pour cet usage des *opuntia*, mais avec plus de succès, dans le Mexique, sur la côte occidentale de l'Amérique, dans la partie méridionale de l'Europe et aux îles Canaries. Enfin, la médecine tire également parti des cactus; elle en emploie le jus sous forme de fumigation pour combattre les inflammations, et avec les fruits elle prépare un sirop ou conserve dont on fait usage dans les affections de poitrine.

Certaines graminées, comme le trèfle, ne servent pas toujours à l'homme même, mais elles lui sont utiles par l'intermédiaire des animaux qu'elles nourrissent; il en est de même de certaines cactées qui élèvent un insecte de la plus haute importance, je veux parler de la cochenille (*coccus cacti*) qui n'est qu'un petit animal d'une apparence chétive, ressemblant assez aux insectes qui se trouvent à la surface inférieure des feuilles de nos plantes de serre, mais dont il se distingue par un principe colorant qu'il renferme et qui manque

absolument aux autres. Autrefois la culture de la cochenille était
limitée au Mexique seul, et y était exploitée et surveillée par le gouvernement qui en faisait toute sa préoccupation. En 1725, on n'était
pas d'accord en Europe sur la question de savoir si la cochenille
était un insecte ou la semence de la plante; mais Thierry de Menon-
ville, en 1785, réussit, au péril de sa vie, à en introduire à Saint-
Domingue, et depuis 1827 elle s'est également introduite aux Canaries, grâce à Berthelot. Dernièrement la Corse et l'Espagne même
ont fait d'heureux essais, et la culture s'en est propagée au Brésil
et aux Indes orientales. Le Mexique reste toujours néanmoins l'endroit qui en produit le plus et qui exporte la plus belle cochenille.
D'après M. de Humboldt (1), l'exportation d'Oaxaca s'élève à quatre
millions et demi de thalers, somme énorme si l'on considère que la
livre en coûte dix, et qu'il faut 70,000 insectes pour composer une
livre. C'est surtout dans les provinces d'Oaxaca, de Flascala et Gua-
naxuato que l'on s'occupe de ce produit. Dans les grandes fermes
appelées *nopaleros*, du nom espagnol de l'*opuntia*, *nopal*, on cultive
l'*opuntia tuna mill.* Dans les îles des Indes occidentales et au Brésil,
au contraire, on cultive l'*opuntia coccinellifera mill.* Ces plantations
ont besoin d'être souvent renouvelées, parce que l'insecte les suce
et les épuise avec une grande rapidité, au point que la plante se
dessèche bien vite et meurt. Les négociants distinguent deux sortes
de cochenille, la *grana fina* et la *grana sylvestre;* la première est
plus riche en matière colorante et sa nuance est plus vive; son
enduit blanchâtre est pulvérulent, tandis que, dans la dernière
espèce, il est floconneux. Cependant, on n'est pas encore parvenu
à distinguer si ces différences constituent deux espèces diverses
d'insectes, ou si elles dépendent de la méthode de culture ou du
genre de plantes sur lesquelles l'insecte vit. Quand celui-ci est parvenu à son plus haut degré de développement, on le balaye de la
plante avec la queue d'un écureuil, ensuite on le sèche au soleil
après l'avoir tué au moyen de la vapeur d'eau bouillante, et on le
livre au commerce. On se sert de la cochenille pour fabriquer le

(1) *Essai politique sur la Nouvelle-Espagne*, vol. III.

carmin en y ajoutant de l'alun, et la laque en y ajoutant de l'argile. Comme on le voit, la famille des cactus excite notre attention par ses formes bizarres, par l'éclat de ses fleurs et par leur utilité. Mais au point de vue de la botanique, elle est également fort intéressante. Les zoologues ont toujours cherché et trouvé dans l'étude des monstruosités et des formes anormales, une matière suffisante pour éclairer et enrichir leurs connaissances sur l'organisme normal. On peut en conclure avec vraisemblance que des conditions analogues existent dans le règne végétal, et quelle famille pourrait-on mieux choisir dans ce but et avec plus de chance de succès que celle des cactus, qui, en définitive, ne paraît être qu'un musée naturel de difformités, et dont les formes sont en partie si irrégulières que, pour désigner une espèce de ces plantes, on n'a su trouver d'autre épithète que celle de *monstrueuse (cereus monstruosus)*? L'attention des botanistes a été excitée encore sous d'autres rapports : on a découvert des particularités anatomiques et physiologiques par lesquelles ces plantes se distinguent de celles qui leur sont analogues. Les résultats seraient plus satisfaisants encore, sans les difficultés qu'on éprouve à se procurer les matériaux nécessaires à l'examen ; car ni les jardiniers ni les amateurs ne se montrent guère disposés à livrer leurs favoris au scalpel de la science.

Les cactus ont été pendant longtemps pour la science l'objet d'une thèse absolument fausse, mais défendue par des botanistes très-distingués. Nous voulons parler de l'opinion qui admet qu'un grand nombre de ces plantes et même toutes en général puisent leur nourriture dans l'air. Cette idée a dernièrement encore été appuyée par Liebig qui la confirmait par des raisons depuis longtemps réfutées.

Comme ces plantes regorgent de sucs et que précisément les plus aqueuses d'entre elles croissent dans le sable aride, dans les fentes de rochers dépourvues d'humus, où pendant les trois quarts de l'année elles sont exposées aux rayons brûlants d'un soleil tropical, on avait cru pouvoir conclure en toute sûreté qu'elles prennent leur nourriture dans l'atmosphère; de plus, on avait observé que des cactus coupés et jetés dans le coin d'une serre, au lieu de mourir, avaient continué à végéter et à pousser des rameaux. De Candolle

devina le premier la vérité. En pesant ces rameaux, il trouva que la
plante, à mesure qu'elle croît, devient plus légère, et que, par conséquent, au lieu d'absorber de l'air elle en abandonne continuellement.
Cette croissance a lieu aux dépens de la nourriture continue dans les
tissus, et elle épuise parfois la plante à un tel point que souvent on
ne peut plus la sauver. C'est cette même abondance de sucs qui fait
que la plante est capable de braver sous ces ardents climats les
sécheresses d'un long été ; et en cela elle offre beaucoup de ressemblance avec les chameaux. Leurs proportions anatomiques leur
viennent en aide d'une manière toute particulière. Nous savons, par
les expériences de Hales, que les plantes perdent la surabondance
de l'eau qu'elles contiennent principalement par leurs feuilles ; et ce
sont justement les feuilles qui manquent aux cactus. Leur tige est,
contrairement à ce qui se passe chez les autres végétaux, recouverte
d'une peau coriace, qui empêche presque entièrement la transpi-
ration, et qui est composée de cellules presque cartilagineuses à
parois traversées en tous sens par de petits canaux. L'épaisseur de
la membrane varie beaucoup. Elle est la plus épaisse dans le mélocacte qui croît dans les districts les plus secs et les plus chauds ;
elle l'est moins dans les *rhipsalis* qui croissent en parasites sur les
arbres des forêts humides du Brésil.

Une autre particularité inhérente à cette famille est la production
d'une forte quantité d'acide oxalique. Si cet acide pouvait s'accumuler en grande masse dans la plante, il devrait nécessairement en
occasionner la mort. Celle-ci absorbe donc dans le sol un volume
proportionné de terre calcaire qui neutralise l'acide oxalique, et
forme des cristaux insolubles qui se trouvent en grand nombre dans
l'intérieur de ses tissus.

Dans quelques espèces, le *cactus peruvianus*, le *pilocereus
senilis*, etc., on trouve 85 pour cent d'oxalate de chaux. On pourrait
donc fort bien les utiliser pour en extraire l'acide oxalique.

On remarque une troisième particularité dans la structure du bois
des espèces globuleuses des mélocactes et des mamillarias. Le
bois ordinaire, par exemple celui du peuplier, se compose de cellules
ligneuses allongées dont les parois sont uniformes et simples, et de

cellules aériennes ou vaisseaux dont les parois sont en apparence percées de petits pores. Celui des cactus se compose de cellules fusiformes très-courtes, garnies à l'intérieur de jolies spirales semblables à des escaliers tournants. Enfin, citons encore les poils et les aiguillons que l'on trouve à la place des feuilles et que l'on peut ranger sous trois formes générales qui s'y trouvent ordinairement réunies. La première comprend des poils simples et flexibles formant un petit coussinet en guise de duvet, traversé par un faisceau d'aiguillons allongés et fins. Ce sont eux qui rendent leur structure particulière, à cause de l'attouchement des cactus si dangereux. Ils sont très-minces, très-fragiles, et, en outre, munis de crochets placés à rebours. Lorsqu'on touche un cactus, tout un faisceau de ces aiguillons pénètre dans la peau ; si l'on essaye de les retirer, ils se brisent de nouveau et les fragments pénètrent dans différentes directions. En un mot, ces soies et leurs débris s'attachent et pénètrent partout sans qu'il y ait moyen de s'en débarrasser, et occasionnent une démangeaison insupportable qui dégénère en une légère inflammation. L'*opuntia ferox Haw* se distingue de tous les autres, et mérite bien le nom de *sauvage*. Parmi les poils et les minces aiguillons dont nous venons de parler se trouve une autre espèce d'aiguillons plus robustes et en nombre variable. Ce sont eux qui fournissent un des meilleurs indices pour distinguer les espèces. Ces épines, dans certains genres au moins, sont si dures et si fortes qu'elles amènent fréquemment la paralysie des ânes sauvages, qui, pour se désaltérer, cherchent à les abattre et se blessent dangereusement. Le *cactus tuna*, qui sert à former des clôtures, a des épines si grandes et si formidables, qu'on a vu mourir des buffles dont la poitrine en avait été perforée. Ce fut la même espèce qu'on employa pour établir une ligne de démarcation composée de trois rangées de ces plantes, lors du partage de l'île de Saint-Christophe, entre les Anglais et les Français.

Ce simple aperçu suffira pour justifier l'intérêt que cette famille a excité en Europe. Son étude fournit aux naturalistes une ample matière à méditation; son utilité, surtout dans son pays natal, est digne de l'attention des économistes; mais sa signification, aux yeux

30

du philosophe, est d'autant plus grande, qu'en égard à l'immense variété de ses formes disgracieuses et insolites, elle l'avertit de l'insuffisance de tout ce que l'homme a imaginé jusqu'ici pour comprendre les phénomènes de la nature, et combien encore est vague et indéterminée la route qu'il a à parcourir avant de pouvoir songer à l'établissement d'un système de philosophie naturelle capable de le mener à la connaissance de la vérité.

DOUZIÈME LEÇON.

LA GÉOGRAPHIE DES PLANTES.

Quiconque a eu l'occasion de se promener le long du port d'une ville commerçante et maritime, avec le loisir et l'humeur d'observer avec soin ce qui se fait autour de lui, se sera vu attiré par un groupe tel que ceux que nous figurons ici, et porté à écouter ce qui s'y disait. La destinée réunit pêle-mêle sur ce point les représentants des cinq parties du monde. La conversation y est engagée sur un ton qui n'est pas celui des salons ; mais les dialectes de toutes les nations se retrouvent dans le jargon des matelots, passant en un instant de celui des contrées tempétueuses et glaciales du cap Horn à celui du brûlant delta du Niger, et se racontant les aventures survenues aux pauvres buveurs d'huile de baleine de la baie de Baffin, avec un luxe d'expressions raffinées que possèdent seuls les marins de la capitale du commerce du monde.

Le sujet de la conversation, c'est l'or de la Californie échangé contre des jouets chinois surchargés d'ornements de tout genre.

L'homme qui réfléchit, en examinant ces groupes, y reconnaît aussitôt l'énorme puissance du commerce universel, maître paisible du monde entier. Les tons rauques qui frappent désagréablement son oreille, mais qui excitent son imagination, le conduisent autour de la terre. Toute la surface de notre planète se déroule devant lui comme un immense tableau, et involontairement pour ainsi dire, il se sent forcé de s'en retracer une image vivante. Il veut fixer dans son imagination toutes les particularités diverses qui distinguent cette masse d'objets, pour les comparer ensuite entre eux et les réunir dans un ensemble complet.

LA GÉOGRAPHIE DES PLANTES.

Au Vatican on se sert,
De vrais palmiers le jour des rameaux ;
Les cardinaux s'inclinent
Et chantent des psaumes antiques.
Ailleurs on chante les mêmes psaumes,
En tenant à la main des rameaux d'olivier ;
Dans les montagnes on prend le houx ;
Le fait est qu'on désire un rameau vert,
Que l'on arrache même d'un saule...

GOETHE.

Chose singulière, si nous partageons, par un cercle imaginaire, le globe terrestre en deux moitiés, de manière que l'une d'elles comprenne la plus grande partie de la terre ferme, il se trouve que Londres occupe justement le centre de cet hémisphère. Comment choisir un meilleur point de départ si, dans un but quelconque, on désire avoir un aperçu du monde? Entrons dans cette métropole du commerce; fatigués de la parcourir, nous nous reposons dans Saint-James-Parc; de là nous nous rendons par le Charlstown-Terrace dans la rue du Régent. Suivons ces hommes à l'aspect étrange qui se dirigent au *Pall-Mall*, et entrons avec eux dans un magnifique édifice situé entre l'Athenæum et la Réforme; c'est le Club-house, le lieu de réunion des voyageurs ou le Travellers-club. En Angleterre, chacun suit librement l'impulsion de ses caprices. Lord Russell met sa gloire à être le chef d'un parlement whig; O'Connell se félicite d'être l'agitateur de l'Irlande; le colonel Sibthorp est fier de sa moustache; le comte d'Orsay, de ses favoris, et lord Ellenborough, de sa

chevelure; les membres du Travellers-club font consister tout leur
mérite à avoir beaucoup voyagé, et les garçons du Club-house
acquièrent, en les écoutant, plus de connaissances géographiques
que s'ils avaient suivi pendant des années les leçons de Ritter.
Pourquoi ne chercherions-nous pas aussi à profiter de l'occasion?
Nous approchons d'une table où trois hommes se trouvent engagés
dans une conversation animée; leurs traits basanés annoncent des
sportsmen passionnés, qui, en se livrant à un simple caprice,
recueillent des notions qui feraient l'envie de plus d'un naturaliste.

« L'an dernier, au milieu d'octobre, raconte l'un d'eux, je par-
courus les admirables montagnes de Morray. Devant moi s'étendait
un de ces lacs dont les eaux unies et paisibles ressemblent à un
miroir et font l'ornement de ce comté. A droite, je vis un marécage
couvert de mousses, de laîches et d'ériophores à têtes blanches,
tandis que sur le rivage opposé se dressaient des terrasses pittoresques formées de roches grises et sauvages, garnies, par-ci par-
là, de noisetiers et de bouleaux presque aussi élevés que les rocs
escarpés autour desquels des corbeaux décrivaient de longs cercles
en faisant retentir l'air de leurs croassements.

« L'épais brouillard commençait à se dissiper sous les rayons du
soleil, qui se réfléchissaient dans les neiges, couvraient les haies et
les buissons de milliers de diamants. Revêtues de formes fantastiques, les vapeurs brumeuses se retiraient dans les gorges des
montagnes et laissaient derrière elles les collines d'alentour, couvertes de leur robe d'automne, que la bruyère engourdie teignait
d'un rouge sombre. Plus loin, ces vapeurs se pressaient en gagnant
le sommet des montagnes à travers les pyramides dentelées et
aériennes de sapins d'Écosse, dont les groupes se dessinaient de
plus en plus. J'avais suivi des yeux, pendant quelque temps, le
mouvement d'une de ces masses nébuleuses, lorsque tout à coup,
contournée et déchirée par une bouffée du vent matinal, elle laissa
libre la plaine qui s'étendait au pied d'une colline, et j'aperçus,
couché dans une attitude majestueuse, un cerf de toute beauté dont
le bois comptait 16 andouillers. Ma première pensée fut de me dérober à sa vue en me jetant à terre, et de me retirer à reculons dans

un creux d'où je ne vis plus que les extrémités de son bois. La position m'était des plus défavorables, et l'espoir que j'avais de m'emparer de l'animal reposait uniquement sur un petit ruisseau qui nous séparait et déversait ses eaux dans le lac par une petite cascade. En faisant un grand circuit, j'arrivai inaperçu derrière ses bords et, le regard toujours fixé sur les bois du cerf, je parvins à m'approcher à la distance de cent pas. Je pus voir alors en plein le noble animal couché dans la bruyère et les joncs, et se caressant de temps à autre les flancs de son bois volumineux. Bientôt il se redressa, étendit ses membres et se dirigea vers un détour du ruisseau dont j'étais séparé par une petite élévation au sommet aplati. Je saisis mon fusil et, ayant renouvelé l'amorce, je m'avançai en rampant vers le rivage. Je n'étais plus qu'à cinquante pas de l'animal, qui était dans l'eau jusqu'aux genoux. Pendant qu'il était à boire à longs traits, je visai la partie du cou la plus rapprochée de la tête et lâchai la détente. Il tomba sur les genoux, mais, se relevant presque aussitôt, il fit un suprême effort pour remonter la colline. Il ne put y réussir, affaibli qu'il était par la perte de son sang, et il alla rouler à quelques pas de l'endroit où je me tenais. Je le crus mort. Jetant mon fusil, le coutelas en main, je me précipitai tout joyeux sur ma proie qui ne pouvait plus, selon moi, m'échapper. Mais à peine eus-je touché le noble animal, que soudain il se redressa, et, d'un coup de son bois, me lança contre les pierres; je ne pus me relever qu'avec beaucoup de difficulté. J'étais tout étourdi de ma chute et ma position était fort critique. Derrière moi, un précipice affreux, dans lequel tombe le ruisseau pour mêler ses eaux avec celles du lac; devant moi, le cerf irrité, qui semblait se préparer à une nouvelle attaque. Nous nous regardâmes pendant quelques minutes, et, une fois revenu à moi, je tentai un effort suprême pour sauter sur le bord du rivage, afin de déjouer ainsi le projet de mon adversaire. Je me jetai de nouveau sur lui et lui couvris la tête de mon plaid. Ce ne fut qu'après une lutte désespérée que je parvins à lui donner le coup de grâce; quant à moi, tout épuisé, je me laissai rouler à côté de lui dans la mousse humide. »

Il n'est pas rare, disait un autre, que ce bel animal, doué d'une grande force, expose les jours du chasseur. J'ai été témoin, l'année dernière, d'une aventure très-plaisante. Il s'agit d'un combat livré entre un homme et un des animaux les plus timides et qui, sans mon intervention, se serait terminé d'une manière funeste.

Par une belle matinée de dimanche, je parcourais les vastes plaines du Gippsland. Mes pensées étaient détournées de la chasse, par l'aspect des curiosités naturelles qui m'entouraient de tous côtés. Insensiblement je traversai les forêts sans ombrage de la Nouvelle-Hollande, presque exclusivement formées d'eucalyptus et de cajeputes dont les feuilles ne présentent point leurs faces, mais leurs bords vers la lumière. Je regardais avec admiration voltiger les insectes, et une espèce de sauterelles ressemblant exactement à un brin de paille captivait surtout mon attention. J'entrai dans une plaine sablonneuse recouverte en partie de ces singuliers arbres graminiformes (le *Xanthorrhœa australis*, R. B.). Leurs tiges, hautes de plusieurs pieds, sont surmontées d'une touffe de gramen gigantesque, du centre de laquelle s'élance une hampe de 14 à 20 pieds de longueur qui porte à son sommet ses fleurs réunies en faisceau.

Dans divers endroits le terrain était humide et la végétation, quoique formée de broussailles, devenait de plus en plus impénétrable; par-ci par-là, des acacias à fleurs d'un jaune d'or (*acacia mollissima*, A., *affinis*, Sweet et d'autres), entrelacés de vigne sauvage de l'Australie (*cissus antarctica*, Vent.).

Dans les clairières, je voyais se pavaner le faisan à lyre qui se plaît à imiter le chant des oiseaux, les cris des quadrupèdes et le bourdonnement des insectes de ce curieux pays. Je m'étais frayé, non sans peine, un passage à travers le fourré qui aboutissait à un marécage desséché par l'ardeur du soleil. Il avait toute l'apparence d'un bourbier où coulaient encore quelques rares ruisseaux entre des massifs de laîches (*carex*) et de roseaux qui servaient de retraite au singulier ornithorynque. J'allais me baisser pour cueillir la petite marguerite, seul objet qui, dans ces contrées, me rappelait la patrie et que je voyais répandue sur un superbe gazon, quand tout à coup des cris mêlés de jurons frappèrent mon oreille. Je courus vers le lieu d'où me semblaient venir ces cris de détresse, et quelle fut ma surprise en voyant un kanguroo de 7 pieds de haut dressé sur ses pattes de derrière au milieu d'un de ces bourbiers! Près de lui gisait un chien couvert d'une infinité de blessures. J'allais viser la bête, lorsque mon attention fut détournée par le visage ensanglanté d'un homme couché entre les joncs qui bordaient le rivage. Aussitôt je m'empressai de lui porter secours, et pendant que je l'arrachais de la boue, le *vieil homme*, c'est ainsi qu'on appelle le kanguroo mâle, avait cherché son salut dans la fuite et disparu à nos yeux. Les blessures du malheureux chasseur n'eurent heureusement aucune gravité et bientôt il fut assez bien rétabli pour me conter l'histoire de sa mésaventure. Accompagné de ses chiens, il s'était rendu à la chasse; ceux-ci n'avaient pas tardé à dépister une troupe de kanguroos et ils s'étaient mis à les poursuivre. Un seul de ses chiens était revenu près de lui et il voulut s'en servir pour faire lever le *vieil homme* (Oldman). Mais le prudent animal, loin de s'enfuir, s'était jeté dans le bourbier et défendu avec ses pattes de devant contre les agressions du chien. Le chasseur n'avait pas voulu rester oisif et avait essayé de l'attaquer par derrière; mais l'animal, irrité, s'était jeté sur lui et l'avait terrassé. Chaque fois qu'il tentait de se relever, le kanguroo lui avait replongé la tête dans la boue, de sorte que, sans mon intervention, il se serait indubitablement noyé. Entre-temps le chien mis hors de combat était resté étendu sur le rivage. Une fois débarrassé du sang et de la boue qui le recouvrait, l'étranger m'aida à secourir le malheureux chien ; puis nous nous séparâmes pour poursuivre chacun notre route, le chasseur jurant bien qu'on ne.l'y attraperait plus.

« Quelque amusantes que ces histoires puissent paraître aux yeux des dames, disait à son tour un troisième interlocuteur, il me semble que l'homme ne devrait point se plaire à entendre de pareilles bagatelles. Quelle différence avec les aventures où la vie se trouve à chaque instant en danger, où les périls se présentent sous toutes les formes imaginables! Voilà les seules capables d'inspirer de l'intérêt et dignes de la conversation d'un homme. Et où peut-on mieux les rencontrer que dans les mers du Nord, à la pêche de la baleine?

« Je me rappelle encore avec plaisir une scène qui, l'hiver dernier,

31

a failli mettre un terme à ma vie. Nous avions déjà croisé pendant
seize jours à l'entrée de la baie de Baffin, sous le souffle d'un terrible ouragan. Les agrès étaient couverts de glace, et les flancs du
navire revêtus d'une croûte épaisse de brillants cristaux. L'équipage à demi gelé ne pouvait passer un cordage à travers une poulie,
sans avoir recours à de l'eau bouillante. Le jour, à cause de
l'épaisseur des brouillards, nous pouvions à peine voir devant nous ;
mais la longueur interminable des nuits était encore bien plus
affreuse. Le navire, qui s'élevait au sommet des vagues ou descen-
dait dans les abîmes, courait risque à tout moment de se briser
contre les glaçons que la fureur des vents amenait à la surface des
eaux. La tempête passée, nous vîmes, un matin, après la chute d'une
neige abondante, qu'un bloc de glace de plus de 500 pieds de hauteur courait sur nous avec une rapidité effrayante. Il n'était plus qu'à
une faible distance, quand tout à coup j'entendis crier : « Il tourne
sur lui-même! » Et, en effet, je le vis balancer sa cime menaçante
au-dessus de notre tête (1). C'en était fait de nous, car la masse
devait s'affaisser sur le navire et l'écraser sous son poids gigantesque! Nous tombâmes à genoux, priant et attendant le terrible
moment; le pilote lui-même s'agenouilla sans lâcher le gouvernail.
Déjà la montagne penchait à demi, lorsqu'une secousse, imprimée à
sa partie submergée, la fit tournoyer sur elle-même et se précipiter
dans la mer à une encablure de notre navire. L'écume fut lancée
par-dessus nos mâts, et les gouttes glaciales, en jaillissant sur nos
figures, faillirent nous aveugler. Pendant une minute, les vagues
parurent s'arrêter, la mer bouillonnait et notre navire tremblait en
gémissant; le vent était tombé tout à coup, car les voiles battaient
les mâts et détachaient la glace qui les recouvrait. Soudain les
nuages s'ouvrirent et livrèrent passage aux rayons du soleil. Devant
nous, une immense étendue de côtes couvertes d'une neige couleur
de rose se dessinait à la vue et promettait un repos assuré au navi-

(1) Les glaces arrachées des pôles, sont poussées par les tempêtes vers les latitudes
méridionales ; elles s'élèvent souvent à plusieurs centaines de pieds au-dessus de la
surface de la mer, mais la plus grande portion de leur masse se trouvant sous l'eau, est
exposée à une température plus élevée et se fond nécessairement ; il arrive un moment
où toute la montagne se renverse sens dessus dessous.

gateur brisé de fatigue (1). Que de contrastes dans ces récits! Combien ces esquisses doivent exciter nos méditations en songeant que dans chacune d'elles les conditions naturelles, le climat, les plantes et le monde animal sont tels, qu'ils ne pourraient exister indifféremment dans l'une ou l'autre de ces contrées. La seule circonstance qui pourrait étonner le vulgaire est la présence d'une petite fleur de nos prés, dans le pays le plus étrange et le plus singulier que nous connaissons à la surface du globe. Assurément ce fait seul peut contribuer à augmenter notre surprise. Le tapis de la nature est bigarré, riche de formes et de couleurs. Ce n'est point un composé de chiffons rassemblés sans nul ordre apparent, mais un tissu sorti de mains savantes et exécuté d'après un plan bien déterminé. Supposons qu'une mouche, douée d'intelligence et de jugement, se promène sur un superbe gobelin et soit capable d'en comprendre tout le dessin, rien qu'à l'aspect de quelques points coloriés, les plus rapprochés d'elle, ne la considérerions-nous pas comme le plus grand génie qui ait jamais existé? L'homme vis-à-vis du monde qu'il habite, se trouve-t-il dans des conditions plus favorables? Combien de savants n'ont pas pu réunir leurs observations pour pouvoir seulement nous fournir un aperçu d'une partie bien minime de la nature! combien d'entre eux devront encore sacrifier leur vie, avant que nous ayons une connaissance exacte du tout! A peine pouvons-nous augmenter le nombre des images que nous offrent les récits des chasseurs, à peine pouvons-nous les retoucher. Le brasseur de Huntingdon avait un fils nommé Olivier Cromwell, qui, en peu d'années, s'éleva au rang de maître absolu de la Grande-Bretagne, et qui, par la puissance de son génie, dicta des lois à la moitié de l'Europe. La tradition nous raconte à ce sujet que, dès sa jeunesse, Cromwell aurait répété souvent : « Celui qui ne sait où aller, va le plus loin. » On peut rendre ce mot sous une forme moins paradoxale, et dire que tout homme peut arriver à quelque chose dans sa sphère, pourvu qu'il se guide d'après l'idéal. C'est dans ce sens que nous approuvons la sentence de Cromwell, et elle pourra

(1) Une algue microscopique (*protococcus nivalis*) et un petit infusoire recouvrent souvent la neige et lui communiquent une teinte rosée.

nous diriger dans la science sans que jamais sa sagesse nous fasse défaut.

De prime abord on pourrait croire qu'un pareil but est difficile à atteindre. Cependant il est assez aisé de se faire une règle d'esthétique ou, si l'on veut, de se figurer l'idéal du chrétien dans toute sa perfection ! Ce qui est certain, c'est que l'homme isolé n'y parviendra point. Il ne faut pas en conclure qu'il s'agit ici moins de la connaissance exacte du but que des efforts que nous ferons pour l'atteindre. On confondrait deux choses essentiellement distinctes, et cette erreur se retrouvant malheureusement dans une grande partie de nos efforts scientifiques, c'est à elle que nous devons imputer la plupart des illusions et des malentendus qui se glissent dans nos observations. Voici la vérité :

L'homme qui vit sur la terre est soumis à deux devoirs : celui d'exercer l'activité de son esprit, et celui de le développer. Le premier concerne l'élément esthétique religieux, l'autre le développement scientifique. Tous deux s'enchaînent et se soutiennent mutuellement, mais sont séparés dans leur essence et dans leur origine; tous deux ont une signification tout à fait particulière et une valeur tout à fait différente pour l'homme.

Le développement esthétique religieux se rapporte à la partie éternelle et incorruptible de l'homme, à son âme éternelle, par conséquent à son *moi* éternel. Ici se présente l'idée qui est commune et indispensable à tous les hommes, c'est celle de notre égalité devant Dieu; nous possédons tous les mêmes droits et nous sommes soumis aux mêmes devoirs; nous sommes tous égaux par la raison que la simple connaissance de nous-mêmes suffit pour comprendre parfaitement l'idéal et pour pouvoir l'exprimer avec clarté. C'est pourquoi nous n'apercevons point de progrès très-sensibles dans l'histoire de l'humanité. Depuis l'antiquité jusqu'aux temps modernes, les questions, sous ce rapport, ont toujours été les mêmes, avec la différence, toutefois, qu'elles ont été formulées ou exposées avec plus ou moins de précision, plus ou moins de lucidité. Le point le plus essentiel pour l'individu, c'est d'y correspondre et de s'élever par là à la dignité d'un être destiné à l'accomplissement d'un devoir supérieur et à une durée éternelle. S'il n'exécute pas sa tâche dans ce sens, l'homme n'a aucun droit à l'estime ou à la reconnaissance de qui que ce soit, même s'il se croit arrivé au plus haut degré de perfection par rapport au second point dont nous allons nous occuper.

La seconde question posée à l'homme a trait à son perfectionnement dans la position restreinte qu'il occupe sur cette terre. Le devoir ici, c'est de communiquer le plus de développements possibles à nos facultés matérielles et intellectuelles, afin d'atteindre plus facilement et avec plus de sûreté le premier but. C'est dans cette catégorie que se rangent toutes les sciences tendantes à faire progresser l'État, les arts, les connaissances de la nature, les jouissances publiques et les commodités domestiques. Toutes, quel que soit d'ailleurs le cas que l'on en fasse, se trouvent au même niveau relativement à leur importance pour l'homme en ce qu'elles n'ont de valeur que pour autant qu'elles se rapportent à la terre, qui n'est qu'un atome par rapport à l'univers. L'homme peut avoir rendu ici-bas les services les plus éminents; je ne puis lui accorder pour cela la moindre estime ni la moindre reconnaissance, à moins qu'il n'ait satisfait à sa perfection morale et religieuse. Ce qu'il a pu faire comme artiste, comme savant, je l'accepte et j'en profite pour mon usage, mais sans reconnaissance, tout comme je mets en poche la pièce d'or que je trouve.

Ce que l'on gagne sur le premier terrain disparaît avec l'individu pour reparaître dans un autre; le mérite en revient donc à lui seul. Au contraire, le résultat auquel on est parvenu successivement ne revient point à l'individu, mais il est la propriété de l'humanité, et une nouvelle époque commence là où finit l'ancienne. De tels services ne sont donc d'aucune valeur pour l'homme individuel, mais ils ont une immense importance pour l'humanité. D'un autre côté, je ne puis refuser mon estime et ma reconnaissance à l'homme noble et généreux qui, par une vie morale et religieuse, a su prouver son droit à cette reconnaissance, quelque minimes que soient d'ailleurs ses services dans les autres branches du domaine intellectuel.

Le second devoir n'est point indispensable; il n'est pas le même pour tous les hommes, mais il est diversement modifié, suivant les conditions, les avantages et les situations individuelles. Il ne peut être imposé à tous, parce que précisément l'intelligence du sujet et la position des questions à résoudre en font la partie la plus difficile, et qu'une réponse exacte ne peut être comprise que de celui qui a l'intelligence de la question. Ceci s'applique surtout à toutes les questions d'histoire naturelle, et on pourrait dire, sans exagérer : posez nettement et clairement la question, et la science vous répondra. Son imperfection ou son point de vue si restreint vient surtout de ce que les questions sont si difficiles à établir. C'est ainsi que s'accumulent des séries de faits d'une nature évidemment identique; si le nombre en devient considérable, on les réunit par ordre systématique en science; mais ici les savants se trompent assez souvent, le matériel s'accumule sans que la science fasse un pas en avant. C'est alors que parfois un génie éminent survient et résout le problème dont on avait cherché la solution pendant si longtemps. Sans le comprendre encore, les efforts intellectuels des savants se dirigent aussitôt vers ce point, les barrières tombent l'une après l'autre, la science progresse à pas de géant jusqu'à ce que des obstacles viennent de nouveau entraver sa marche et qu'elle s'arrête devant une muraille insurmontable. Elle erre de nouveau sur la même route, mais dans une région plus élevée, et attend avec impatience quelque nouveau génie capable de lui frayer une issue.

Ainsi, nous trouvons sur le terrain esthétique religieux des problèmes, mais nous sommes encore à chercher les sciences qui peuvent nous aider à les résoudre. D'un autre côté, nous possédons beaucoup de sciences qui tournent continuellement dans un cercle vicieux, de sorte que c'est tantôt l'une, tantôt l'autre qui indique le point d'où il faut partir pour arriver à la solution d'un problème. La géographie des plantes offre une excellente preuve à l'appui de ce raisonnement. Depuis l'enfance de la botanique, quand on a décrit une plante on a cité le lieu qu'elle habite, et personne n'a soupçonné que ces notices renfermaient le germe d'une science. Plus tard, le savant botaniste Tournefort accomplit un voyage dans le Levant et, en montant l'Ararat, il fit l'intéressante observation que la végétation changeait de caractère à mesure qu'il s'élevait au-dessus du niveau de la mer, et que ces changements étaient à peu près conformes à ceux qu'on remarque lorsqu'on se dirige de l'Asie Mineure vers la Laponie. Le problème était nettement posé et chacun se mit à le résoudre. Adanson, non moins distingué que Tournefort, fut le premier à faire observer que les ombellifères manquent presque totalement entre les tropiques. C'était poser un nouveau fait qu'il fallait expliquer. En 1807 parut l'*Essai sur la géographie des plantes* par M. de Humboldt, dans lequel il cherchait à expliquer les phénomènes de la répartition des plantes à l'aide de la diversité du climat. Mais dix ans plus tard, après que des faits se furent de nouveau accumulés sans qu'on sût comment les classer, Humboldt mit pour la dernière fois la main à l'œuvre, et, embrassant d'un seul regard l'ensemble du globe, il introduisit la géographie des plantes dans une théorie sur la terre, déclarant que la distribution des plantes à sa surface, en grand comme en petit, est soumise uniquement à ses qualités physiques. Ceci n'était cependant que le début de la science ; c'était fixer un point de départ déterminé. Mais pour le moment, il serait, sinon impossible, du moins difficile d'en indiquer le but final. Il serait plus aisé de montrer par des exemples que, pour une moitié des phénomènes, il n'existe point encore de données qui puissent nous faire connaître les raisons et les lois à l'aide desquelles on pourrait les expliquer.

En deçà des Alpes les orangers ne croissent point. Au nord de la latitude de Berlin les raisins ne mûrissent plus. Dans la province de Schonen et à la pointe la plus méridionale de la Norwége se trouve la limite la plus septentrionale du hêtre. De Viornoe au nord de Drontheim se tire une ligne à travers la Norwége par la Jacmtland et le Herjedalen qui coupe dans la partie nord du Gefleborg la côte orientale de la Suède et oppose une barrière infranchissable à la culture du froment. Plus haut, le pin forme la limite de la végétation arborescente ; mais là où le sobre bouleau ne prospère plus, un été court mais chaud permet à l'orge de mûrir. Il n'est pas difficile de trouver la clef de l'explication de cette série de faits. Tous dépendent entièrement des influences climatériques et un simple examen des conditions de température suffit pour nous en rendre compte.

Il en est tout autrement des phénomènes suivants. Les plantes de
bruyères s'étendent depuis la pointe méridionale de l'Afrique jusqu'au cap Nord à Mageroe dans l'ancien monde, en sautant, en
quelque sorte, par-dessus les tropiques proprement dits. Sous les
mêmes latitudes, sous un même climat et dans des terrains analogues, nous ne trouvons dans toute l'Amérique aucune vraie bruyère.
D'autres plantes, il est vrai, appartenant à la même famille (les
éricacées) les y représentent; mais si nous nous transportons en
Australie, malgré les mêmes conditions de latitude, de terrain et de
climat, nous ne pouvons rencontrer une seule éricacée; elle y est
remplacée par une famille particulière, le groupe des épacridées.
Dans un petit coin de l'Asie croît le thé, et il serait absurde d'admettre que l'influence climatérique soit la seule cause qui fait que
cet arbrisseau ne se trouve dans aucune autre partie du monde. Une
contrée limitée des Andes, dans le nord de l'Amérique méridionale,
produit le genre des arbres à quinquina; serait-il vraisemblable
qu'aucun autre endroit de la terre ne réunisse les conditions nécessaires à la production de cette plante? Mais c'est assez; un seul
exemple suffirait déjà pour démontrer qu'il existe un système de
distribution qui n'est déterminé par aucune des conditions végétales
connues et qui ne peut être expliqué par elles.

Il en résulte pour nous deux groupes de connaissances bien différentes, se rapportant aux mêmes plantes, car chacun montre à
sa manière les deux modes de répartition. Nous nous trouvons
encore en face de deux problèmes. Le premier peut être résolu
parce qu'il a pu être posé d'une manière positive par M. de Humboldt, à savoir : que la distribution des plantes dépend des conditions physiques du globe. Le second ne peut l'être, parce qu'il nous
est impossible de le formuler d'une manière définie. D'un côté nous
pouvons enchaîner les faits dans un même ordre d'idées; d'un autre,
nous n'obtenons rien qu'une suite de faits incohérents entre eux,
incapables d'être expliqués, mais qui par cela même excitent notre
intérêt au plus haut degré. Qu'il me soit permis d'exposer sous ce
double point de vue un tableau des rapports des végétaux entre eux
à la surface de la terre, et d'y joindre avec un peu plus de détails la

distribution des principaux végétaux alimentaires, ou qui nous sont les plus utiles.

De l'influence des conditions physiques sur la distribution des plantes. — Commençons d'abord par l'étude de la végétation d'un point unique avant d'entamer celle de toute la surface de la terre.

Ordinairement on commence la géographie des plantes par la question habituelle : où croît la plante? Chaque ouvrage de botanique consacre un chapitre à l'étude plus ou moins superficielle de la demeure et de la patrie des plantes. Déjà, depuis l'origine même de la science, la clarté et l'ordre des idées se sont développés peu à peu; mais bien des choses restent encore dans une confusion que d'autres sauront éclairer plus tard. Il importe de distinguer deux choses essentielles. Les bruyères croissent dans les plaines sèches, sablonneuses et exposées au soleil; elles se répandent du cap de Bonne-Espérance à travers l'Afrique, l'Europe et le nord de l'Asie jusqu'aux extrêmes limites de la végétation de la Scandinavie et de la Sibérie; ces plantes sont réparties dans cette immense étendue de façon que le sud de l'Afrique en possède de nombreuses espèces bien différentes les unes des autres, mais représentées par un nombre restreint d'individus réunis en petits groupes. Au contraire, plus on avance vers les pôles, plus le nombre des espèces diminue, tandis que celui des individus augmente toujours. Dans le nord de l'Europe, on ne trouve plus qu'une seule espèce, la bruyère commune (*calluna vulgaris*, Salisb.) qui recouvre des pays entiers de millions d'individus. Nous voyons avant tout que le premier point, c'est-à-dire celui de la demeure, a un rapport nécessaire avec l'individu, mais que l'étendue et le mode de distribution n'ont aucune valeur pour l'individu, mais une signification plus grande pour les groupes que nous appelons espèces, genres, tribus, etc. La demeure des plantes se laisse seule expliquer par les influences physiques, tandis que leur distribution géographique et leur répartition dépendent en grande partie de circonstances qui nous sont encore inconnues. C'est pourquoi il faut nous en tenir au premier ordre d'idées, le seul qui soit logique et qui le sera encore longtemps; quant à l'explication des autres faits, elle est subordonnée, une fois pour toutes,

32

à l'état de la science, c'est-à-dire que si nous nous guidons d'après les notions actuelles de la physiologie, pour juger les différentes influences d'où dépendent la vie et la bonne végétation d'une plante, nous ne tardons pas à découvrir que l'action d'un petit nombre seulement de forces physiques sur l'organisme nous est connu et qu'un assez grand nombre échappe à tous nos efforts pour les comprendre.

On pourrait cependant soutenir hardiment que la vie végétale dépend et doit dépendre aussi bien des unes que des autres. Nous ne citerons, par exemple, que les influences de la lumière, de l'électricité et de la pression de l'air. Les deux premières ne manquent jamais de participer aux effets chimiques, et la dernière, toujours active là où des gaz et des vapeurs se trouvent en jeu, doit nécessairement agir sur la vie végétale, qui, en définitive, n'est autre chose qu'une série de combinaisons chimiques accompagnées d'inhalations et d'exhalaisons de vapeurs et de gaz. Le *comment* nous est complétement inconnu, et plusieurs des conditions concernant la distribution des plantes qui pour le moment sont encore tout à fait incompréhensibles pour nous, trouveront tôt ou tard, sans aucun doute, leur explication au moyen de ces influences. Si des contrées polaires, couvertes éternellement de neige, où le *protococcus nivalis* ou l'algue de la neige rappelle seule encore l'organisation végétale, nous nous dirigeons vers le Sud, nous voyons devant nous une zone dont le sol est recouvert d'un tapis de mousses et de lichens, émaillé d'une végétation de petites plantes vivaces, douées de tiges souterraines et couronnées pour la plupart de grandes et belles fleurs qu'on a appelées plantes alpines, et qui impriment à la nature un aspect tout à fait particulier. Toutes ces plantes forment de petites touffes isolées; les pyrola, andromeda, pedicularis-cochléaria, les pavots les renoncules et d'autres s'y font surtout remarquer et sont caractéristiques pour ces contrées où l'on ne voit ni arbre ni arbrisseau. Quittons cette région que les botanistes appellent *le règne des mousses et des saxifrages*, ou, d'après un des fondateurs de la géographie des plantes, le règne de Wahlenberg, et avançons toujours vers le Sud, nous rencontrons d'abord quelques buissons isolés de

bouleaux, puis, peu à peu, des bois de cet arbre plus cohérents auxquels se joignent des pins et d'autres conifères, et insensiblement
nous pénétrons dans une autre région plus vaste, dont le principal
caractère consiste en ce que les forêts sont presque exclusivement
composées de conifères, ce qui donne à la nature du pays un aspect
tout spécial; partout des pins et des sapins, des pins cimbrots et des
mélèzes forment des masses forestières très étendues; près des ruisseaux et dans les terrains humides croissent des aunes et des
saules; sur les flancs desséchés des collines végètent le lichen des
rennes et la mousse d'Islande. Dans les vallées marécageuses nous
trouvons la ronce des marais, le groseillier et d'autres plantes, par
l'intermédiaire desquelles la nature fournit déjà, quoique en petite
quantité, de la substance alimentaire; nous y trouvons également
une Flore riche en fleurs brillantes qui sert à orner la région qui
s'étend dans la Scandinavie jusqu'aux limites septentrionales de la
culture du maïs, dans la Russie et l'Asie presque jusqu'à Kazan et
Jakutzk. Nous l'appellerons la zone des conifères. Déjà aux environs
de Drontheim commence la culture des arbres fruitiers; un peu plus
au sud se montre le vigoureux chêne appelé avec un peu trop de
licence le chêne allemand; Schonen, le Seeland, le Schleswig et le
Holstein produisent les plus magnifiques forêts de hêtres. Presque
sous la latitude de Francfort-sur-le-Mein, un autre arbre se joint à
ceux-ci : c'est le châtaignier cultivé dont le branchage hardi et pittoresque rivalise avec le chêne et le surpasse par l'utilité de ses fruits.
Les Pyrénées, les Alpes et le Caucase forment la limite méridionale
de cette zone, dont la partie orientale est occupée par le tilleul et
l'orme en si grande abondance, que le premier résiste même aux
ravages que les habitants en font pour s'emparer de son écorce,
employée dans la confection des souliers. Le houblon, le lierre et
les clématites sont les premiers représentants des lianes des tropiques. Le sombre ombrage des forêts alterne avec la riante verdure
des prairies, et l'homme, tout en prenant possession de la terre,
limite la végétation sauvage au plus strict nécessaire et la met en
rapport avec ses besoins.

Ici de riches récoltes l'indemnisent largement de son labeur. Mais

laissons derrière nous cette zone des arbres verts en été pour
franchir la barrière rocheuse des Alpes qui sépare l'Allemand de
l'habitant du Midi, et que néanmoins il a franchie pour aller chercher dans les contrées sensuelles et corrompues de l'Italie la misère
et les maladies qui l'ont affligé pendant des siècles. Ici l'on rencontre comme par enchantement des formes tout à fait différentes;
les forêts parées de feuilles coriaces et persistantes conservent leur
verdure pendant la douceur des hivers, et sont bordées de taillis de
myrtes, de tinus, de pistachiers et fraisiers arborescents, tandis que
la vigne et les bignonia à fleurs couleur de feu se marient avec les
troncs des arbres. De temps à autre, on rencontre un palmier nain;
les labiées, les crucifères et les cistées brillantes remplacent en été
la Flore printanière des jacinthes et des narcisses; ce n'est que
rarement ou plutôt dans quelques localités favorisées que l'œil se
repose agréablement sur la splendeur des feuilles toujours vertes,
fatigué de l'aspect triste que présentent les rochers nus et les montagnes arides. En revanche l'homme dans cette zone d'arbres
toujours verts s'est approprié le fruit des Hespérides, c'est :

Le pays où fleurit le citronnier;

Où brillent les oranges à l'ombre de leur feuillage épais.

Mais ni les effrayantes histoires des déserts africains ni la fin
déplorable de ces courageux voyageurs à la recherche des sources
du Nil, rien ne peut retenir la race insatiable de Japhet et ses excursions lointaines, rien n'est capable de l'effrayer.

Sur les côtes occidentales de l'Afrique, dans les îles Canaries,
l'Européen ne rencontre plus ces chiens gigantesques d'après lesquels, au dire de Pline, ces îles furent nommées terre des Chiens.
Mais Flore lui offre les trésors les plus riches que puisse produire
un sol imbibé de vapeurs maritimes sous l'action brûlante d'un
soleil tropical. Autour de superbes sycomores serpentent en spirale
d'énormes cissus et les buissons aromatiques sont entrelacés de
câpriers et de bauhinia. Là le dattier s'élance gracieusement dans
les airs et l'immense baobab (*adansonia digitata*, L.) étend ses branches gigantesques. Les euphorbes privés de feuilles, imitant les
cactus, si remarquables pour leur lait vénéneux ou salutaire, trahis-

sent partout des forces particulières dans la nature, et l'énorme dragonnier des jardins d'Oratava à Ténériffe, qui est une liliacée arborescente, raconte à l'observateur curieux les traditions de plusieurs milliers d'années.

Nous venons de parcourir six zones végétales dans lesquelles la température toujours croissante provoque constamment une végétation de plus en plus luxuriante. N'allons pas plus loin dans notre pérégrination, reposons-nous un instant et gravissons ensuite le pic de Teyde. Au pied de la montagne s'étend une plaine dont l'homme, en en prenant possession, a extirpé la végétation primitive. Nous montons à travers les vignobles et les champs de maïs pour pénétrer sous l'ombrage des lauriers toujours verts, entremêlés de daphnés et d'autres plantes semblables. Pendant quelque temps nous parcourons une zone d'arbres qui ne perdent jamais leur verdure. A la hauteur de 4,000 pieds, les plantes qui nous avaient accompagnés jusque-là commencent à disparaître. Un petit nombre de végétaux particuliers indiquent une zone étroite renfermant des arbres qui perdent leurs feuilles en hiver, et nous nous voyons entourés des troncs résineux du pin des Canaries. Une zone de conifères nous protége contre l'ardeur du soleil jusqu'à la hauteur de 6,000 pieds, où la végétation décroît brusquement; bientôt des buissons remplacent les arbres, et insensiblement nous trouvons tous les caractères qui distinguent la Flore des Alpes. Plus haut, des rochers nus opposent une barrière à la vie organique. On n'y trouve ni glace ni neige, parce que leur hauteur de 11,500 pieds n'atteint point, dans cette situation géographique, la ligne des neiges perpétuelles. Nous avons vu dans notre ascension, qui n'a duré que quelques heures, tous les végétaux que nous voyons éparpillés sur la longue route du Spitzberg aux Canaries, laquelle embrasse plus de 50° de latitude.

Sur cette longue route, tout comme sur les flancs du Teyde, la végétation se modifie conformément aux conditions climatériques et la diminution ou l'augmentation de la température y rend seule compte de la distribution des plantes. Si nous donnons plus d'extension à nos recherches, nous pouvons déjà citer plusieurs genres de plantes qui sont propres à certaines régions septentrionales, et qui

se montrent régulièrement sur les montagnes à une hauteur déterminée d'après la latitude. Ce cas ne se présente cependant que
rarement et nous sommes à la fin forcés d'admettre des influences
plus ou moins inconnues. Lorsque, dans les montagnes des tropiques, nous trouvons des contrées qui, par leur humidité et leur
température ainsi que la constitution du sol, correspondent à d'autres
situées sous les latitudes du Nord et qui, malgré cela, produisent
une végétation similaire, il est vrai, sous le rapport du caractère
général, mais bien différente en ce qui regarde les genres et les
espèces; si, de plus, nous remarquons que la concordance entre la
latitude septentrionale et l'élévation au-dessus du niveau de la mer
sous les latitudes méridionales n'existe en réalité qu'à la hauteur
de 6,000 pieds, nous sommes forcés d'accorder à la lumière, à la
pression de l'air, etc., une influence bien réelle, quoique nous ne
soyons pas en état d'en expliquer la cause.

La marche future de la science sera mieux comprise quand nous
jetterons un coup d'œil sur son passé. Nous verrons alors comment
le développement successif de nos connaissances physiques a
rendu possible l'explication d'une foule de phénomènes regardés
jusque-là comme tout à fait énigmatiques. Ce qui frappe le plus sous
ce rapport, c'est la doctrine de la distribution du calorique sur la
terre. Au commencement on essaya de calculer cette distribution,
ainsi que l'ont fait Halley, Euler et d'autres, d'après la position de
la terre à l'égard du soleil; méthode qui présente au premier abord
beaucoup de vraisemblance, vu que cet astre est sinon l'unique, du
moins la principale source du calorique du globe. Cependant quelles
frappantes contradictions ne résultent pas de ces calculs, eu égard
aux phénomènes de la nature! Certainement, puisque la température
doit diminuer en raison de la latitude, on ne peut comprendre ainsi
pourquoi l'armée russe périt de froid à Chiwa sous le 40e degré de
latitude septentrionale, tandis que les moutons dans les îles Féroë, à
62 degrés de latitude septentrionale, paissent fort bien tout l'hiver dans
les pâturages. Tous ces calculs n'ont donc de valeur réelle que dans
la supposition que toute la terre, des deux côtés de l'équateur, est
couverte de plaines formées de matières qui se comportent d'une

façon analogue envers les rayons solaires et se trouvent dans un repos complet. De toutes ces conditions aucune n'est réalisée sur notre globe. On devait donc se restreindre à la seule observation.

On a trouvé que lors même que la chaleur serait inégalement distribuée pendant le jour et la nuit, ainsi que pendant les différentes saisons, la température moyenne d'un lieu reste toujours stationnaire. Lorsque, après une série d'observations journalières, on prend le nombre moyen de degrés et qu'on ajoute ensuite ceux obtenus tous les jours de l'année, on obtient pour moyenne finale un nombre de degrés peu différent de celui de l'année précédente ou de l'année suivante; et si l'on prend un plus grand nombre d'années, 20 ans par exemple, on obtient une valeur qui ne diffère que d'un dixième degré des 20 années précédentes ou suivantes. Humboldt a eu le premier l'ingénieuse idée de relier par une ligne sur la carte tous les endroits de la terre ayant la même température moyenne (ligne isotherme ou ligne de même température). Ce qui amena à découvrir bientôt que, quelle que soit la déviation des lignes isothermes des parallèles, les limites des différentes végétations se rapprochent bien plus des premières. Mais il restait encore des problèmes à résoudre. Drontheim a, par exemple, la même température moyenne que la pointe la plus méridionale de l'Islande; les Hébrides, les Orcades et les îles Shetland ont une température moyenne plus élevée de trois degrés. Néanmoins on cultive à Drontheim du froment et des arbres fruitiers, tandis qu'en Écosse la culture du froment commence seulement à Inverness et la culture des arbres fruitiers un peu plus vers le sud. Par suite de ces observations, on fut amené à comprendre dans le cercle des calculs la température moyenne des saisons, car on avait remarqué que c'est de celle-ci, et non de la somme totale de la chaleur de l'année, que dépend le plus souvent la végétation.

Depuis lors on calcula la température moyenne de l'été et de l'hiver, et on réunit les endroits qui, sous ce rapport, se ressemblaient par des lignes isothermes (lignes de même chaleur d'été) et isochimènes (lignes de même température pendant l'hiver). Maintenant, Drontheim a une température moyenne d'hiver de — 4°,8,

tandis que celle des Féroë est de + 3°,9, et celle des îles Shetland
de + 4°; mais la température moyenne de l'été à Drontheim est
de + 16°,3, et celle des Féroë seulement de + 10°, et des îles
Shetland de + 11°,9, ce qui ne suffit pas à la maturation du froment
ni des fruits, quoique les arbres fruitiers soient capables de supporter un froid beaucoup plus rigoureux. Moscou, qui a une excellente végétation, a cependant une température moyenne d'hiver
de — 10°,5. Mageroë, située 16 degrés plus au nord et en dehors de
la région des cultures, a une température moyenne d'hiver de — 5°,
qui est la même que celle d'Astracan, où prospère déjà le maïs et la
vigne, et qui est situé à 10 degrés plus au sud que Moscou. La température moyenne d'été de Mageroë est de + 6°,4, celle de Moscou
de + 16°,9, et celle d'Astracan de + 22°,0. C'est donc le degré de la
chaleur de l'été qui détermine principalement la prospérité des
plantes. Pour les plantes annuelles ou, pour dire mieux, pour les
plantes d'été la chose s'entend d'ailleurs d'elle-même, et les plantes
vivaces rentrent ordinairement en automne dans un état d'engourdissement qui leur fait supporter sans inconvénient un froid très-vif.

Mais toutes ces recherches ne nous ont pas encore conduits au
but; c'est à l'avenir qu'incombe la tâche de poursuivre la division
de la température moyenne en chaleur d'hiver et chaleur d'été, et de
fixer la température moyenne de chacun des mois de l'année (1), car
les sections semestrielles sont encore beaucoup trop grandes pour
permettre une comparaison exacte avec les périodes de la végétation
des plantes. Il est bien probable que la question ne se limitera pas
à savoir quelle somme de chaleur la plante reçoit pendant sa végétation, mais bien dans quelles proportions elle se répartit entre le
temps de la germination, de la croissance, de la floraison et de la
maturation des fruits. Ici, comme partout ailleurs, le naturaliste
éclairé se trouve en face d'une besogne qui est bien loin d'être
achevée. L'ignorant croit savoir quelque chose parce que sa vue
bornée ne s'étend pas au delà du champ où il vient de récolter un
grain de sagesse.

(1) Cela a été fait depuis par Dové dans son travail classique sur la distribution de la
chaleur sur la terre.

Dans les leçons précédentes nous avons déjà touché aux points principaux d'où dépendent la vie et la diversité des plantes sur la terre, ainsi que la différence de leur végétation.

La vie de la plante, telle que nous sommes en état de l'expliquer, consiste dans la transformation d'éléments inorganiques en substance organisée. La plante est donc dans l'acception du mot dépendante du sol, de la quantité de nourriture qu'il recèle et de tout ce qui influe sur l'acte chimique lui-même, par conséquent, d'une température déterminée. Après avoir parlé de la température, nous dirons maintenant quelques mots de l'influence du sol.

Il est vrai qu'on distingue ordinairement plusieurs demeures des plantes, sans les définir cependant d'après des principes physiologiques. L'aliment universel des végétaux et en même temps la substance au moyen de laquelle tous les autres y sont introduits, c'est l'eau. Sans eau il n'y a pas de végétation. Cet élément des anciens s'offre aux végétaux sous trois différentes formes, et c'est d'après cela que nous pouvons distinguer la demeure des plantes. Les orchidées des forêts tropicales laissent pendre du haut des branches sur lesquelles elles végètent leurs racines d'une structure particulière et qui absorbent l'eau suspendue dans l'atmosphère chaude sous forme de vapeurs. Nos lis d'eau et les plantes des marais proprement dites vivent entourées d'eau liquide, ou y plongent tout bonnement leurs racines. Il en est autrement du plus grand nombre des végétaux, qui puisent leur nourriture dans le sol contenant de l'humidité, sous une forme toute particulière. Si nous ajoutons à ces trois classes de plantes aériennes, aquatiques et terrestres une quatrième classe, les plantes parasites, telle que notre cuscute qui puise sa nourriture déjà organisée dans d'autres plantes, nous aurons marqué une division générale. Celle-ci contient des subdivisions qui sont formées d'après les éléments que l'eau contient en dissolution et qui sont amenés aux plantes dans cet état.

Nous avons déjà dit que, pour que la végétation soit possible, il faut que parmi ces substances dissoutes il y ait de l'acide carbonique et des sels ammoniacaux. Peut-être une légère différence dans les proportions de ces substances et dans leurs rapports réciproques constitue-t-elle des effets que nous ne sommes pas en état d'apprécier.

Nous connaissons un peu mieux les rapports entre la plante et les substances inorganiques dissoutes dans l'eau. La science a cependant commis plus d'une erreur sous ce rapport, même sous les points de vue les plus opposés. Au commencement de notre siècle il y eut encore des hommes qui soutenaient que la plante était capable de former ses parties élémentaires d'air et d'eau distillée seulement. Des expériences entreprises superficiellement et auxquelles des académiciens peu judicieux applaudirent publiquement firent adopter comme vérités des vues erronées, soutenues par un langage plus fantastique que profond. Plus tard on se trompait dans un sens opposé, en attribuant à chaque formation géognostique une Flore particulière, et cette dernière erreur figure encore dans les livres d'agriculture qui se donnent la peine de déterminer les qualités du sol d'après sa végétation spontanée.

La vérité se trouve au milieu, c'est-à-dire entre les deux extrêmes. Nous avons eu l'occasion de faire remarquer que les plantes absorbent les divers éléments inorganiques dans des proportions et des quantités variables. Lorsque nous trouvons que les cendres de la luzerne, du tabac, du trèfle contiennent au delà de soixante pour cent de sels calcaires et de magnésie, nous ne devons pas nous étonner qu'ils sont complétement étrangers aux sols siliceux purs, dans lesquels cette substance manque presque absolument; mais il est faux d'en conclure que le sol composé de chaux coquillière, de chaux jurassique ou de toute autre couche calcaire d'une formation quelconque soit le seul propre à ces plantes.

Que la grande algue sucrée (*laminaria saccharina*, Lamour.) soit si riche en soude, en iode et en brome, cela se conçoit aisément. Néanmoins, si nous considérons le sol en grand d'après ses éléments géognostiques, il y a fort peu de plantes qui se caractérisent par certains éléments constitutifs, et cette circonstance est à son tour naturelle et nécessaire.

On pourrait dire que toutes les plantes contiennent dans leurs cendres à peu près les mêmes éléments, mais dans des proportions très-variables. Il en résulte que dans un sol composé d'une substance unique aucune plante ne pourrait vivre. Tout sol qui produit des plantes contient les éléments qui leur sont indispensables, seulement dans des proportions variables; c'est ainsi que la prédominance de la silice, de la terre calcaire et du sel commun doit favoriser la croissance des graminées, des légumineuses et des plantes littorales, quoique celles-ci ne soient point exclusivement restreintes au sol siliceux, calcaire ou salin. Et, sous ce rapport, je ne saurais pas justifier les expressions de plantes calcaires, salines ou formées de sulfate de chaux. A ces conditions chimiques s'en joignent d'autres qui les modifient et contribuent, là où elles exercent leur action, à rattacher certaines espèces de plantes encore plus intimement à certains sols, ou, si elles agissent dans un sens opposé, à cacher ou à effacer la liaison qui existe entre les plantes et la composition du terrain. Ce sont la cohérence artificielle et les qualités chimiques du sol. Il y a des plantes qui s'établissent, par exemple, sur des blocs de rochers nus, ou qui, si certaines conditions se présentent, s'implantent sur les murs, comme, par exemple, l'*asplenium ruta muraria*, L., la rue des murailles, petite fougère qui porte son nom d'après la demeure qu'elle occupe. D'autres ne se trouvent que là où le roc a déjà commencé à se décomposer, et alors elles se rapprochent de l'homme, choisissent pour s'y établir les monceaux de décombres en tout semblables à leur demeure naturelle; telles sont les plantes rudérales; notre grande ortie et la jusquiame en fournissent des exemples. Enfin, d'autres ne croissent que dans le roc réduit entièrement en poudre ou dans l'argile encore plus finement divisée, provenant de la décomposition chimique du schiste ou d'autres rochers. La salsepareille allemande ou laîche des sables offre, pour le premier cas, un exemple familier et unique; car il n'y en a guère d'autres dans le voisinage des habitations des hommes. Quant à l'argile, on pourrait lui assimiler en quelque sorte l'humus résultant de la décomposition de la substance organique. Ces deux espèces de terre riche en sels solubles et indispensables à la végétation, se distinguent toutes les deux par leur propriété d'absorber les gaz et les vapeurs aqueuses de l'atmosphère, de les amener aux racines, et, par là même, constituent, soit séparées ou réunies, le noyau de la végétation la plus vigoureuse.

Nous pouvons distinguer de cette manière, des terres pures dénuées de toute végétation, des terres mixtes sans argile et sans humus, à végétation chétive mais caractéristique, et, enfin, des terres argileuses riches en humus, offrant la végétation la plus belle et la plus variée. Dans le Nord même, l'œil du vulgaire est frappé en été de la richesse de la végétation des terrains basaltiques et porphyriques, et le sable quartzeux, pur sous les tropiques mêmes, ne forme qu'un désert, à moins que l'eau n'y amène des corps étrangers.

Distribution des plantes à la surface de la terre, en apparence indépendantes des conditions physiques. — Dans les récits qui font l'introduction de cette leçon, nous avons déjà fait remarquer que l'Australie produit une plante, la petite marguerite, qui est si commune en Europe. Cette même plante croît dans le nord de l'Asie, dans quelques contrées de l'Afrique et de l'Amérique du Sud, et on la trouve à des hauteurs bien différentes, depuis le niveau de la mer jusqu'à la ligne des neiges perpétuelles. La petite circée (*circaea alpina*, L.), la tendre linnaea (*linnaea borealis*, Gronow), la douce-amère (*solanum dulcamara*, L.), la traînasse des oiseaux (*polyganum aviculare*, L.), la gentiane bleue (*gentiana pneumonanthe*, L.), le bouleau nain (*betula nana*, L.), le saule herbacé (*salix herbacea*, L.) et plusieurs autres existent en Europe ainsi que dans l'Amérique du Nord. Le prunellier commun (*prunella vulgaris*, L.), la lentille d'eau (*lemna minar*, L.), notre roseau (*phragmites communis*, Frin.) croissent également dans la Nouvelle-Hollande. La sphaigne (*sphagnum palustre*, Weis.) recouvre aussi bien les tourbières du Pérou et de la Nouvelle-Grenade que celles de la Hercynie et du Dovrefield en Norwége. La parmelia brunâtre (*parmelia subfusca*, Ach.), qui se trouve sur tous les murs, les planches et les vieux arbres, existe également sur les roches du Yarullo du Mexique, qui ont à peine 90 ans d'existence. Le panis bleuâtre (*setaria glauca*, P.-B.), qui, chez nous, est une mauvaise herbe commune dans les jardins et les champs, croît aussi dans les terrains sablonneux dans l'intérieur du Brésil. Une plante qui caractérise notre littoral et les environs des salines, la ruppie (*ruppia mari-tima*, L.), pousse sur la côte nord de l'Allemagne, au Brésil et aux Indes orientales. Mais à quoi bon augmenter le nombre des exemples, puisque ceux-ci suffisent pour montrer que l'hypothèse tendante à admettre que chaque plante doit nécessairement se trouver dans les endroits de la terre où existent les conditions de sa végétation, se trouve clairement prouvée par l'expérience! Je me suis hâté de placer en tête de ma dissertation ces trois exemples, dans le but de faire remarquer que précisément ces cas, qui nous paraissent d'abord si naturels et nous semblent n'être qu'une conséquence nécessaire de l'organisation de la plante, ne sont autre chose que de rares excep-tions.

La petite marguerite est déjà une exception dans ce genre. Elle manque dans toute l'Amérique du Nord, et la plante que nous foulons dans nos prés comme une herbe indigne de notre attention y est cultivée avec beaucoup de soin. Si nous passons en revue la végé-tation de différents pays, nous voyons que les conditions qui, à notre point de vue actuel, nous paraissent identiques y provoquent des formes ayant des traits de ressemblance, il est vrai, mais qui ne sont point les mêmes. Les plantes d'une certaine latitude nord, comparées à celles qui croissent sur une hauteur analogue des Alpes situées plus au sud, se trouvent appartenir aux mêmes genres, mais ne sont pas les mêmes espèces, ou sont d'autres genres de la même famille. C'est ainsi que les plantes de l'Amérique sont remplacées sous les mêmes latitudes des autres pays par d'autres plantes, orga-nisées à peu près selon le même type. Il y a plus, des plantes appar-tenant à des familles différentes se ressemblent au moins sous le rapport de la forme extérieure. C'est ainsi que les cactées du nou-veau monde correspondent aux euphorbias sans feuilles et charnues de l'Afrique. Lors même qu'un certain pressentiment nous dit que la diversité des conditions est la cause de la grande variété de la végé-tation, que le nombre des espèces de plantes augmente à partir des pôles vers l'équateur, et que, pour les mêmes raisons, le nombre des plantes domestiques et des espèces qui recouvrent les surfaces doit diminuer dans les mêmes proportions, nous sommes fort

éloignés cependant de pouvoir nous en rendre compte scientifique-
ment. Il est vrai que nous devons considérer comme le résultat
d'un caprice que certaines plantes se trouvent répandues partout,
tandis que d'autres sont limitées à une étendue fort restreinte, telle
que la wulfénie qui ne se trouve que sur les Alpes de la Carinthie.
Pourquoi certaines familles, les composées, entre autres, sont-elles
distribuées sur toute la surface de la terre, tandis que les pipéracées
et les palmiers ne se trouvent que sous les tropiques des deux côtés
de l'équateur, que les protéacées ne se rencontrent que sur l'hémisphère méridional et les cactées sur la moitié occidentale du globe?
Nous ne savons pas mieux nous rendre compte du mode de distribution des familles des plantes. Car, si les palmiers diminuent de
l'équateur vers les pôles, les composées atteignent le plus haut degré
de leur perfection sous une température moyenne et le nombre de
leurs espèces diminue vers les pôles comme vers l'équateur; les
graminées, au contraire, augmentent de l'équateur vers les pôles. Ici
nous devons signaler une opinion particulière d'après laquelle on a
coutume de juger la distribution des plantes.

Les laîches sont représentées dans la Flore de la France par 134
espèces, dans la Flore de la Laponie par 55 espèces. La France, sous
le rapport du nombre absolu des espèces, est donc plus riche que la
Laponie. Mais la chose est tout autre lorsque nous comparons ces
plantes à la végétation totale des deux pays, et nous ne pouvons agir
autrement, du moment que nous voulons établir les traits caractéristiques du domaine de la végétation. La France possède environ
4,500 plantes phanérogames dont les laîches ne font que la 27e partie;
les phanérogames de la Laponie se bornent à environ 500 espèces
parmi lesquelles 1/9 de laîches. Celles-ci forment donc une partie
bien plus importante dans la Flore de ce pays que dans celle de la
France, et on peut dire que la Laponie en a relativement un plus
grand nombre. Voilà ce qu'on entend par l'augmentation des espèces
dans une direction déterminée.

Ce mode inexplicable de distribution d'après les espèces, genres,
ordres et classes, a conduit à fixer sur la terre des régions particulières caractérisées par la prédominance de certaines formes ou par

l'existence exclusive de certaines familles. On a nommé ces régions, qui sont au nombre d'environ 25, les *règnes de la géographie des plantes*, et on les a dotées des noms des naturalistes qui se sont le plus distingués dans leurs explorations.

Nous avons déjà fait mention, en parlant des saxifrages et des mousses, du règne de Wahlenberg qui s'étend depuis les neiges perpétuelles du pôle ou des cimes des montagnes jusqu'à la limite des arbres, et qui est caractérisé par l'absence totale d'arbrisseaux et de plantes arborescentes. — A ce règne se joint celui de Linné, comprenant le nord de l'Europe et de l'Asie jusqu'aux grandes chaînes de montagnes qui s'étendent entre les Pyrénées et les Alpes. Des forêts de sapins ou d'arbres toujours verts, des prairies verdoyantes, des bruyères, et en Asie des marais salants, recouvrent ce vaste domaine qui, en Europe, est déjà tellement modifié par la culture que sa physionomie naturelle n'est presque plus reconnaissable. — Le large bassin formé par les Alpes et l'Atlas et dont le centre est occupé par la Méditerranée, forme le troisième règne, qui est caractérisé par la richesse des labiées aromatiques, par des liliacées fort belles, mais éphémères, et par les cistées résineuses. Des palmiers nains et des baumiers annoncent dans ce règne de de Candolle le passage aux régions tropicales. L'Amérique du Nord, qui est parallèle à ces deux derniers règnes, possède au nord celui de Michaux, qui se distingue de celui de Linné par des conifères particuliers, par des chênes, des noyers, d'innombrables asters et solidaginées ; le règne du Sud renferme des arbres à larges et brillantes feuilles, à grandes et magnifiques fleurs, tels que le tulipier et le magnolia, qui partout déterminent le caractère du paysage. Limité par le domaine de Kæmpfer, qui embrasse la Chine et le Japon, et celui de Wallich, comprenant le haut pays des Indes, ainsi que le règne des îles, dit de Reimwardt, caractérisé par ses arbres vénéneux et par ses fleurs gigantesques, s'étend le règne de Roxburgh, qui comprend les deux presqu'îles indiennes riches en figuiers gigantesques cachant sous leurs ombres les brillantes scitaminées, les aromates piquants, tels que le gingembre, le curcuma, les écorces du cannellier, de la casse et la farine du sagou.—Nous traversons

le règne de Blume dans les montagnes de Java, le règne de Chamisso
dans l'Archipel de la mer du Sud, et le domaine de Forster dans
la Nouvelle-Zélande, et nous revenons en Afrique où le désert,
le règne de Delille, voit mûrir le dattier éparpillé dans les oasis et
prépare dans les acacias les masses incalculables de gomme de
l'Arabie et du Sénégal qui jouent un grand rôle dans notre commerce
et notre industrie. A celui-ci se joint, à l'est, le règne des baumiers,
dû à Forskael; au sud, le règne d'Adanson dont l'arbre caractéristique éternise le nom de ce botaniste distingué, le baobab gigantesque
chargé du poids de plusieurs siècles (*Adansonia digitata*, L.). L'Afrique
si peu connue nous offre encore dans sa partie méridionale le règne
de Thunberg, presque dépourvu de forêts, mais remarquable par ses
stapelia, ses *mesembryanthemum* ou ficoïdes, ses bruyères bigarrées
et ses buccos à odeur nauséabonde. La Nouvelle-Hollande et la terre
de Van Diémen portent le nom de leur premier et savant explorateur
Rob. Brown; et l'Amérique moyenne ainsi que l'Amérique méridionale partagent la richesse de leur végétation en huit règnes qui sont
dédiés à Jacquin, Bonpland, Humboldt, Ruiz et Gavon, Swartz,
Martius, Saint-Hilaire et à d'Urville. Dans ce nombre se distingue
celui de Jacquin par ses cactées, celui de Humboldt, comprenant
les hauteurs des Andes de l'Amérique du Sud, par ses forêts de
quinquina, et le règne de Martius, au centre du Brésil, par ses riches
palmiers, par ses lianes innombrables et ses plantes parasites.

 Ces quelques traits peuvent suffire, non pas à tracer une image
de la Flore de la terre, car cela demanderait les connaissances d'un
Rob. Brown et la plume d'un Humboldt, mais pour indiquer simplement les richesses qui y sont répandues et qui, en partie seulement, nous sont enseignées par le travail et l'esprit des naturalistes
les plus illustres de notre siècle.

 Entamons maintenant le dernier paragraphe de notre travail et
traçons une esquisse de la *répartition des principales plantes alimentaires à la surface du globe.*

 Il n'y a pas de règne, parmi ceux que nous venons de nommer,
qui ne nous ait livré quelques-uns de ses produits pour l'ornement
de nos plantations ou pour l'étude de la science dans nos jardins

botaniques. Bien que des plantes empruntées aux règnes tropicaux de Martius, Jacquin, Adanson, Reinwardt et Roxburgh aient besoin d'être cultivées en serre chaude ou d'être garanties d'une autre manière contre les intempéries du climat, il n'en reste pas moins un grand nombre qui nous viennent de toutes les parties de la terre et des tropiques, tout au moins les plantes des montagnes, qui, cultivées en pleine terre, semblent confirmer que sous ce rapport l'homme est également le maître de la création et que, malgré la qualité du terrain, il pourra toujours modifier à son gré les dispositions de la nature et la plier à ses besoins. Cependant il n'en est pas ainsi, et le fait sur lequel on s'appuie nous paraîtra illusoire, si nous voulons tenir compte, non des petits espaces nommés jardins botaniques, mais des grandes cultures qui seules peuvent nous fournir une juste comparaison. Ici l'homme n'est qu'une créature impuissante. Son action, qui s'exerce dans la culture et dans la manière de fumer les terres, est peu propre à faire prospérer les plantes cultivées que les variations climatériques fixent dans des contrées déterminées, à l'égal des plantes sauvages que la clémence ou l'intempérie des saisons fait réussir ou mourir.

Partout l'homme n'a choisi que des plantes annuelles pour se nourrir, c'est-à-dire il a pris des plantes qui accomplissent toutes les phases de leur végétation dans l'espace de quelques mois, intervalle pendant lequel la formation de leur principe alimentaire doit aussi s'opérer. De cette manière il s'est rendu indépendant de la chaleur desséchante des climats semi-tropicaux, et du froid destructeur de l'hiver sous des latitudes plus élevées; il s'est assuré de la possibilité de cultiver des plantes qui auraient succombé, ici à la trop grande sécheresse du Midi, là à la rigueur excessive du Nord. En faisant abstraction des arbres fruitiers que nous cultivons pour notre agrément plutôt que par nécessité, il ne reste de toutes les plantes alimentaires proprement dites que trois espèces d'arbres qui fournissent leur nourriture à des populations entières et qui, par cette raison, sont du ressort de la culture, et c'est tout au plus si on pourrait encore leur assimiler les cycadées et les palmiers à sagou des Indes orientales qui vivent sur une étendue restreinte. Toutes les autres plantes alimentaires sont celles douées d'un rhizome plus ou moins tuberculeux, végétant sous le sol et qui poussent des tiges aériennes d'une existence passagère, qui fleurissent et dont les fruits mûrissent pendant que, le reste du temps, le rhizome végète sous le sol et brave les intempéries de l'atmosphère ; ou bien celles qui, après une courte végétation, meurent complétement et conservent dans la graine le germe d'une végétation future. A la première catégorie appartiennent nos pommes de terre ; à la dernière, presque toutes nos céréales.

Une seule plante alimentaire qui fut cultivée la première et qui, peut-être, est le premier don que la nature ait fait à l'homme, se distingue par son singulier mode de végétation ; je veux parler du bananier (*musa sapientum*, L.). Cet arbre est en réalité non-seulement le premier, mais aussi le don le plus précieux de la nature ; ses fruits, légèrement aromatisés, doux et nutritifs, constituent, sinon l'unique, du moins la principale nourriture de l'habitant des climats brûlants. Un rhizome rampant sous la terre lance de ses bourgeons latéraux une hampe haute de 15 à 20 pieds et composée uniquement de pétioles, en forme de gaînes roulées l'une autour de l'autre, qui supportent des feuilles veloutées de 10 pieds de longueur sur deux de largeur ; la nervure moyenne de la feuille est seule épaisse et solide, mais le parenchyme en est si tendre que le moindre vent suffit pour le lacérer et lui donner alors l'aspect d'une feuille pinnatifide. Entre ces feuilles naît une grappe richement fournie qui, trois mois après que la tige s'est élevée, se charge de 150 à 180 fruits de la grosseur d'un concombre. Les fruits ensemble pèsent environ 70 à 80 livres ; la même étendue de terrain capable de produire 1,000 livres de pommes de terre produit dans un temps plus court 44,000 livres de bananes, et si nous portons en ligne de compte la substance alimentaire, le même espace emblavé de froment nourrissant un seul homme, peut nourrir 25 personnes s'il est planté de bananiers. Rien ne surprend plus l'étranger qui aborde pour la première fois dans la zone torride que de voir qu'une petite parcelle de terre autour d'une cabane suffit à l'entretien d'une nombreuse famille d'Indiens.

Ce ne fut que plus tard que nous apprîmes à connaître et à cultiver les dons de Cérès, et aujourd'hui nous avons lieu d'être surpris
que la plupart des hommes tirent la principale partie de leur
substance d'une seule famille, c'est-à-dire des céréales de la famille
des graminées. Cette famille comprend environ 4,000 espèces dont
à peine une vingtaine sont cultivées. Dans l'origine celles-ci n'étaient
que des plantes d'été, mais l'homme a trouvé le moyen de convertir
les plus importantes en variétés qui, semées sous un climat convenable et en automne, germent et passent l'hiver à l'état de rosette,
de manière qu'au printemps suivant elles poussent à la faveur de
l'humidité, au moment où l'on est encore occupé à préparer la terre
pour la réception de la semence de beaucoup d'autres plantes. On
peut dire, d'après ce qui précède, que la prospérité de toutes les
céréales dépend de la température de l'été ou de l'époque de la
végétation, et si nous examinons leur distribution sur la terre, nous
voyons qu'elles occupent des lignes qui ne dévient pas tant de la
direction des isothères, que le font bien d'autres sous des conditions
différentes. Mais les conditions de la température nécessaires à la
végétation des céréales se comprennent fort bien sans le secours
des indications des isothères. En Égypte, sur les bords du Nil, on
sème l'orge à la fin de novembre et l'on récolte à la fin de février ; le
temps de sa végétation ne dure par conséquent que 90 jours, et la
température moyenne pendant ce temps est de 21°. A Tuquerès,
on sème l'orge dans les montagnes vers le 1er juin et le temps de
récolte arrive vers le milieu de novembre. La température moyenne
pendant la période de végétation de 168 jours est de 10°,7. A Santa-
Fé de Bogota on compte entre la semaille et la récolte environ 122
jours d'une température moyenne de 14°,7. En multipliant le nombre
des jours par la température moyenne, on obtient pour l'Egypte 1890,
pour Tuquerès 1798, pour Santa-Fé 1793, par conséquent à peu
près le même chiffre, autant que le permettent la fixation approximative du nombre des jours, l'incertitude de la température
moyenne et l'espèce d'orge cultivée. Des résultats analogues ont été
obtenus pour le froment, le maïs, la pomme de terre et d'autres
plantes. On peut définir ce résultat de la manière suivante : Toute

plante cultivée a besoin pour son développement d'une certaine
somme de chaleur, et il est indifférent que cette chaleur se répar-
tisse sur une durée de temps plus ou moins longue, pourvu qu'elle
ne dépasse point certaines limites ; car, dès que la température
moyenne descend au-dessous de 8° ou s'élève au-dessus de 22°, l'orge
ne mûrit plus. Par conséquent, pour déterminer le degré de température nécessaire à une plante, il nous faut indiquer les limites entre
lesquelles la période de sa végétation existe et la quantité de chaleur
dont elle a besoin. Ces rapports remarquables ont été signalés
d'abord par Boussingault ; mais, malheureusement, nous ne possédons pas encore des données suffisantes sur les cultures des diverses
contrées de la terre, et nous ne pouvons encore pénétrer dans tous
les détails de cette théorie ingénieuse.

Dans ce qui précède, j'ai pris l'orge pour exemple, et cela à
dessein, parce que, de toutes les céréales, elle est la plus répandue
et cultivée depuis la limite de la culture dans la Laponie jusqu'aux
montagnes situées sous l'équateur. Mais elle n'a pas partout la
même importance que dans les contrées du Nord où, dans une
région étroite, formant une ceinture autour du globe, elle fournit
l'unique substance pour la confection du pain, et c'est sous ce dernier point de vue que nous allons considérer la distribution des
principales céréales. Dans la Laponie et le nord de l'Asie se montre
déjà, à côté de l'orge, le seigle, qui, lui, est plus dépendant de la
température, et n'est pas considéré comme la nourriture principale.
Ce n'est que dans la Norwége, la Suède, la Finlande et la Russie
qu'on en fait du pain ; dans le nord de l'Angleterre et de l'Allemagne,
à proprement parler, on y joint le froment comme on joint le seigle
à l'orge dans les pays encore plus septentrionaux. Au centre de
l'Allemagne, dans le sud de l'Angleterre, en France, dans une
grande partie du Levant, embrassant le bassin de la mer Caspienne,
le froment devient la céréale dominante, à laquelle se joint le maïs
dans le bassin de la Méditerranée et dans toute l'Amérique septentrionale. Le riz le remplace en Égypte et dans la partie nord de
l'Inde, et devient ensuite dominant dans les deux presqu'îles des
Indes orientales, dans la Chine, le Japon et dans l'archipel des

Indes orientales; sur la côte occidentale de l'Afrique, il partage la culture avec le maïs, qui, par contre, est la céréale exclusive dans le centre de l'Amérique, à quelques exceptions près. Dans le sud de l'Amérique, de l'Afrique et de l'Australie, le froment reprend ses droits, eu égard à la diminution de la température. La culture du *fef (poa abyssinica,* Jacq.), du focusso (*ebusine focusso,* Fresen.) dans l'Abyssinie, du sorgho dans l'ouest de l'Afrique et de l'Arabie (*sorghum vulgare,* Pers.), de l'ébusine et du millet aux Indes orientales (*ebusine coracana,* Pers., et *E. stricta,* Roxbg., *panicum frumentaceum,* Roxbg.), est d'une moindre importance.

Quelques autres plantes jouent un rôle bien plus considérable que ces dernières graminées.

Dans les régions de l'extrême Nord, où l'orge et le seigle ne pénètrent plus, le sarrasin fait l'objet d'une culture très-étendue. Outre les bananes dont nous avons parlé, les yanes (*dioscorea sativa,* L.), le manioc (*manihot utilissima,* Pohl.) et la patate douce (*batatas edulis,* Chois.) fournissent également une quantité considérable de substances nutritives aux habitants des tropiques, aussi bien de l'ancien que du nouveau monde. A ces substances il faudrait encore ajouter la quinoa (*chenapodium quinoa,* Wild.), plante qui produit des feuilles mangeables et des semences abondantes semblables au millet ou au riz. Nous ne pouvons pas non plus passer sous silence le fruit à pain dans le vrai sens du mot, qui est le principal aliment des habitants de la grande chaîne insulaire qui s'étend des Indes orientales à travers la mer tropicale entière, jusqu'à la côte occidentale de l'Amérique, le fruit du grand et bel arbre de la famille des urticées qu'on appelle, à cause de son utilité, arbre à pain (*artocarpus incisa,* Linfil.). Quelques-uns de ces peuples cultivent aussi le farrao (*arum esculentum,* L.), les tubercules du facca (*facca pinnatifida,* L.) et quelques fougères (*pleris esculenta,* Forst., *polypodium medullare,* Forst.) dont les pétioles farineux forment une nourriture agréable. Parlerons-nous encore de la pomme de terre qui, des montagnes du nouveau monde, s'est propagée avec tant de vitesse sur tout le globe, qu'elle menace dans plusieurs endroits de faire négliger les autres cultures au détriment du genre humain? Sous ce rapport, le Mexique seul est resté en arrière, et ne cultive que depuis peu quelques mauvais tubercules, et cela dans les villages éparpillés le long des côtes, afin de pouvoir offrir à leurs hôtes européens, comme ils disent par dérision, un aliment de leur patrie. A quoi bon cultiver la pomme de terre dans un pays où, après des siècles de culture, le sol est si peu épuisé qu'une mauvaise récolte de maïs, cultivée fort imparfaitement encore, rend deux fois le centuple, six fois le centuple dans les bonnes années! Et nous, qui nous flattons d'être de grands cultivateurs, nous labourons, nous fumons et semons la terre à l'aide de machines ingénieuses, et nous nous imaginons avoir fait de grandes choses quand nous récoltons douze pour un. Cependant, nous ne le devons même pas à notre art ni à notre industrie, comme nous voulons bien le dire. Le sol le plus mal préparé rend, pendant une bonne année, une récolte plus riche que celle que nous obtenons dans une mauvaise année sur un sol des plus fertiles. En vérité, celui-là seul qui a la vue bornée, peut encore croire à la grandeur du travail agricole de l'homme. Celui qui, d'un regard intelligent, embrasse le globe entier, qui comprend le jeu des forces de la nature, sourit en voyant cette fourmilière remuante que nous appelons humanité, toute haletante après son travail de la journée, et incapable, avec toute sa science imaginaire, de modifier le moindre effet des lois tyranniques que la puissance merveilleuse de la nature a imposées à ses esclaves.

TREIZIÈME LEÇON.

HISTOIRE DU MONDE VÉGÉTAL.

Les pierres croissent, disait-on encore du temps de Linné. Ce fut le dernier écho d'un siècle où l'on se plaisait à peupler l'intérieur de la terre, aussi bien que les corps célestes, d'une nombreuse légion d'esprits qui, comme autant d'ingénieurs, d'architectes et d'ouvriers au service de Dieu, devaient aider le travail de la nature, le diriger et le mener à bonne fin. On donnait pour séjour à ces êtres spirituels diverses localités, et c'est de cette manière que de petits gnomes hantaient les antres, les cavernes, les sources et les veines de minéraux, cachés dans les entrailles de la terre, pour y construire, coordonner et arranger des choses qu'il n'était donné que rarement au plus habile mineur de voir et d'amener à la lumière du jour. Ici ils étaient obligés d'opérer la fusion des métaux, là ils devaient modérer l'ardeur du feu ; ailleurs, faire écouler les eaux souterraines ou les retenir dans des digues pour les amener au jour sous forme de sources. Que le poëte et l'artiste envisagent encore les phénomènes de la nature de cette manière fantastique, bien que depuis longtemps la science procède d'une tout autre façon, et que l'œil se réjouisse de l'activité de ces petits gnomes, de ces esprits des montagnes, qui, dans l'intérieur de la terre, amassent et rangent des plantes pétrifiées, des calamites et des fougères, afin qu'un jour l'homme puisse retrouver ces indices pour l'instruire sur les conditions de la nature qui ont précédé de plusieurs millions d'années son existence éphémère.

HISTOIRE DU MONDE VÉGÉTAL.

> Vous sentez tous le travail mystérieux de la
> nature dont l'action est éternelle ; et des abîmes
> les plus profonds surgit un indice qui annonce
> la vie.
>
> FAUST.

Il pourrait paraître étrange que, depuis les temps les plus reculés,
l'homme n'a réfléchi, pensé et écrit sur nul sujet avec plus de prédilection et plus de persévérance que sur les objets dont il ne sait
rien et ne peut rien savoir. Néanmoins, cela est fort naturel et provient en partie de sa paresse et de sa vanité. Dès que le premier
mouvement de l'impulsion physique et de la routine est surmonté,
dès que l'homme commence à trouver du plaisir dans les occupations
intellectuelles, il sent s'éveiller en lui l'ambition de savoir plus et
de pénétrer plus avant que tout autre dans les sciences. Pour acqué-
rir ces vastes connaissances, il n'y a qu'un seul moyen : l'habitude
de la méditation sérieuse et logique, chose fort difficile à la vérité,
et qui n'est point toujours le don de ceux qui veulent s'instruire.
Aussi, bien souvent, l'homme, au lieu de suivre cette voie pour
arriver à un but possible, préfère tourner son imagination vers les
régions où des faits incommodes et la rigueur de la logique ne
peuvent s'opposer à ses hypothèses ; où l'imagination, qui n'est pas

assujettie au jugement de la vérité, partage avec elle à peu près les mêmes droits, et n'a, par conséquent, pas de contradictions à craindre; vers les régions enfin, où, évitant avec prudence d'établir la preuve de ses rêves, il se retranche derrière cet argument inattaquable : Prouvez-moi le contraire! Je ne veux point entrer ici dans les différentes fantasmagories religieuses, ni dans la recherche de ce qui arrivera après la mort, etc.; je ne veux que m'occuper des cosmogénies que chaque peuple et presque chaque individu comprend de façon différente, et rappeler qu'on a disputé avec beaucoup plus d'ardeur sur l'histoire mosaïque de la création en six jours qu'on n'en a mis à expliquer la sentence: « Aime ton prochain comme toi-même, » et à vivre en conséquence. En même temps que la superbe et outrecuidante Église anglicane, bien plus méprisable que la papauté dans ses plus repoussants excès, s'engraisse de la sueur et du sang de millions d'Irlandais, elle entrave en Angleterre, par tous les moyens dont elle dispose, le moindre examen scientifique qui, d'après une interprétation peu éclairée, lui semble contraire à la prétendue vérité des poésies judaïques.

Nulle part l'homme n'est plus intolérant, et je puis dire qu'il ne l'est même que là où l'établissement ou la réfutation scientifique d'une opinion devient impossible. Celui qui, sur le terrain de la logique, entreprend de braver le sens commun, succombe sous le ridicule auquel rien ne peut résister. Mais lorsqu'il n'y a aucune preuve à donner en faveur d'une opinion, et, par conséquent, lorsqu'il n'y en a pas non plus à administrer contre cette opinion, la vanité, quand elle est associée au pouvoir, force à reconnaître ses rêveries et soutient même, avec une audace qui touche au blasphème, que le Dominateur éternel des mondes leur a accordé, de préférence à d'autres hommes, le privilége des révélations secrètes. Le pire de tout ceci, c'est que, pendant qu'on s'abandonne à la défense, à l'attaque ou à l'invention de rêveries sur des choses incompréhensibles, on perd bien souvent le loisir et l'occasion, non-seulement de faire son devoir et de vivre dans la crainte de Dieu, mais aussi de chercher à comprendre les choses avec calme et avec clarté, de recueillir les faits dont la connaissance fait progresser la science positive et la développe. Le plus profond des naturalistes ne peut aller au delà du simple axiome : « Dieu est le saint auteur de toutes les choses, et sa sagesse et son amour ont créé le monde. » Pour lui, comme pour tout homme raisonnable, cette pensée renferme une vérité inattaquable. Mais il ne ravale pas cette vérité, alors qu'il l'applique au domaine des choses temporelles ou terrestres. Il sait que, partout où il observe la nature, il ne rencontre jamais autour de lui ni une nouvelle création ni la destruction, mais une série sans fin de modifications dans les choses existantes. La tradition poétique des juifs, ou la prétendue histoire de la création, ne dépasse pas naturellement le cercle de la terre qui bornait le regard de l'homme; où le soleil, la lune et les étoiles n'étaient pour lui que de simples flambeaux destinés à éclairer le jour et à embellir la nuit.

Sans doute, un examen attentif de la nature, veuf encore d'une foule de faits isolés, et fait au milieu de circonstances grandioses, avait déjà conduit les prêtres égyptiens à l'idée que d'immenses cataclysmes, ayant eu lieu sur notre globe, lui ont peu à peu donné sa forme actuelle. Peut-être aussi l'étude des forces de la nature a-t-elle fait naître des idées plus précises sur la formation successive de la croûte solide du globe, sur l'origine antérieure du monde végétal, sur la naissance des animaux et enfin sur celle de l'homme, comme l'organisme le plus parfait que nous connaissons, et que des êtres moins complets les uns que les autres ont précédé. Moïse, l'un des plus grands génies de l'antiquité, a réuni toutes ces idées en faisceau, et il s'en est servi pour tracer le tableau de la création du monde. Mais ce ne sont pas les quelques indices de connaissances d'histoire naturelle que l'on y remarque qui font la grandeur de cette œuvre; ce qui fait qu'elle l'emporte sur les traditions des autres peuples, c'est l'idée que le monde n'a pas toujours existé, qu'il n'est pas le résultat d'une force aveugle ni le produit d'une impérieuse nécessité, mais bien l'œuvre spontanée d'un saint auteur, d'un amour éternel. Sous ce rapport, aucune des autres races humaines ne s'est élevée à cette pensée de la création; car même la tradition de Brahma, qui se rapproche tant de celle des juifs, com-

parée à cette simple et sublime pensée, n'est qu'un amas d'idées
confuses et obscures. Toujours, et jusqu'aux siècles les plus reculés,
on proclamera invariablement que « Dieu créa le monde. » Mais
nous sommes déjà bien loin des commencements scientifiques qui
se rattachent à cette idée. Ils ne se rapportent pas à l'univers, mais
à un point extrêmement petit de ces innombrables groupes qui se
meuvent dans l'océan éthéré. Nous ne savons rien touchant l'origine
et le développement de tous ces milliards de corps célestes beaucoup
plus grands encore que notre globe. Nous ne savons, concernant
l'univers, qu'une seule chose, c'est qu'il existe et obéit à des lois
absolues; l'histoire de la création, émanant de Moïse, est contenue
dans une seule ligne du grand livre qui raconte les changements que
le temps a opérés. De cette ligne nous n'avons déchiffré aujourd'hui
que quelques lettres de plus que du temps de Moïse, mais nous ne
pouvons encore la lire complétement. Essayons de réunir ces lettres
en un ensemble intelligible.

La première condition de notre globe, d'après nos connaissances
déduites, non de vaines théories mais d'analogies scientifiques solidement établies, fut celle d'une masse en fusion et incandescente,
entourée d'une atmosphère très-épaisse qui contenait à l'état de
vapeurs toutes les eaux répandues à sa surface actuelle mêlées, peut-
être à une plus grande quantité d'oxygène, et, à coup sûr, une
quantité d'acide carbonique bien plus considérable qu'aujourd'hui :
soutenue dans l'espace, dont la température égale environ 40 degrés
au-dessous de zéro, la terre devait se refroidir graduellement; les
masses liquides, devaient se solidifier, et c'est de cette manière que
se forma la première croûte solide sur laquelle une partie des vapeurs
aqueuses, condensées par le refroidissement, se précipita sous forme
de pluie. Tout corps qui se refroidit se contracte, c'est ce qui a dû
se passer aussi relativement à la croûte terrestre; il se formait ainsi
des fentes à travers lesquelles une partie de la masse liquide se
pressait, pour s'élever au-dessus d'elles et s'étendre sur les deux
bords; ce fut l'origine des premières inégalités, des montagnes ou
terres élevées au-dessus des plaines dont le fond fut recouvert par
la mer. Au fur et à mesure que la terre se refroidissait, que la croûte

extérieure s'épaississait et se contractait, ce procédé devait se répéter, mais avec plus de force; car les fentes se rétrécirent de plus en plus, et la masse devenant plus compacte, au lieu de s'étendre par-dessus les bords des ouvertures, s'éleva à une hauteur plus considérable. En outre, l'épaisseur et la résistance de la croûte croissant toujours, ces procédés devinrent purement locaux et restreignirent leur action à une étendue moindre de surface. En bien des endroits des éléva-tions boursouflées s'élevaient au-dessus de l'eau, et souvent, quand leur contenu s'était fait jour, s'affaissaient de nouveau avec plus ou moins de rapidité. Nous ignorons complétement combien de fois ces phénomènes se sont répétés sur une grande échelle. Plusieurs géologues aujourd'hui semblent admettre qu'il y a eu 12 à 24 de ces soulèvements et même davantage, d'autres en comptent un nombre moins élevé; mais il est à noter que tous ces chiffres ne sont applicables qu'à l'état actuel des choses, car personne ne peut fournir le moindre renseignement sur le nombre exact des systèmes géologiques qui existèrent, furent détruits ou s'enfoncèrent dans l'Océan.

La solidification des masses fut probablement accompagnée d'un autre phénomène. L'oxygène de l'atmosphère se combina, à ce qu'il paraît, avec les radicaux de la terre calcaire, de la potasse, de la soude, etc., et les réduisit à l'état d'oxydes qui forment actuellement la base des montagnes. Mais à cette formation immédiate des mon-tagnes vint se joindre une autre action qui ne fut pas d'une moindre influence. Aussitôt que les premières masses rocheuses se furent élevées dans l'air, d'autres forces se mirent en devoir de les détruire; ce sont elles qui, aujourd'hui encore, travaillent sans relâche, quoique avec moins de violence, à la destruction et au nivellement des mon-tagnes. L'alternative du chaud et du froid occasionna le déchirement des rochers; l'eau saturée d'acide carbonique s'infiltra dans les fentes, décomposa les combinaisons chimiques, et finit par désagré-ger complétement les éléments constitutifs des pierres. C'est ainsi que nous voyons encore aujourd'hui, dans nos montagnes, de gros blocs de granit se réduire en gravier. Ces amas de sable et de pous-sière furent entraînés par les averses qui se précipitaient avec une force toujours croissante, à mesure que la terre se refroidissait, dans les grands bassins de l'océan primitif, où ils continuèrent à former des couches de sédiments jusqu'à ce que ce fond fût soulevé de nouveau au-dessus du niveau de l'eau. Il va sans dire que ces masses de montagnes nouvellement soulevées cédèrent à leur tour à l'action de la décomposition, et que les produits enlevés par les eaux formèrent des sédiments d'un autre genre. Les différences de ces sédiments primitifs ne sont pourtant pas très-sensibles; ce sont le grès, la pierre calcaire, l'argile ou les marnes qui se rencontrent dans toutes les périodes. Ces périodes ont probablement duré pendant des centaines de millions d'années, jusqu'à ce que la croûte solide du corps terrestre se fût peu à peu rapprochée de la forme qu'elle a aujourd'hui, et jusqu'à ce que la lutte violente entre la masse liquide et l'atmosphère se fût calmée. L'histoire de la formation de notre globe nous conduit à établir deux espèces de montagnes, d'une nature essentiellement différente: les montagnes résultant de masses fondues et refroidies, et les montagnes qui ont été produites par des sédiments amassés sous l'eau.

A une certaine période de la formation successive de la terre ferme, naquirent les premiers germes des êtres organisés à l'aide de forces qui peut-être agissent encore aujourd'hui, mais dans des conditions tout à fait différentes que dans ces temps reculés. La mer fut probablement le berceau de ces premiers organismes, dont les formes furent très-simples. Les débris de ces organismes morts se mêlèrent au fond de la mer avec les sédiments, et conservèrent, soit dans leur entier, soit dans leurs parties solides (les os ou les carapaces), leur forme extérieure, tandis que la substance organique fut détruite et remplacée par une matière inorganique (pétrification). Il résulte déjà de ce que nous avons dit de l'histoire de la formation des montagnes que ces fossiles ne peuvent se trouver que dans les couches des sédiments. Dans les périodes postérieures, il se produisit sur la terre ferme des organismes dont les restes pétrifiés se trouvent dans les montagnes. On peut expliquer ceci de deux manières différentes : ou bien leurs débris furent amenés par les pluies à la mer, ou bien le sol qui nourissait ces êtres s'enfonça et fut recouvert par l'Océan, au fond duquel ils furent ensevelis dans les couches des sédiments.

L'étude minutieuse des systèmes géologiques, des masses montueuses et des organismes fossiles nous a mis à même de classer la formation successive de la terre, non d'après le temps, mais d'après ses produits, en plusieurs périodes distinctes qu'on a appelées *formations géologiques*. Celles-ci, dans leur suite généalogique, sont disposées de manière que nulle part dans la nature une formation ancienne ne recouvre une formation plus récente; de sorte qu'on peut admettre, sans crainte de se tromper, qu'elles se sont formées dans cet ordre, les unes après les autres. Plusieurs de ces formations ont été réunies ensemble en périodes de formation, qui sont autant de degrés d'âge de la terre et d'après lesquels je me propose de décrire succinctement le développement du règne végétal.

Mais avant de passer à cette matière, il faut que nous revenions encore une fois à l'état primitif de l'atmosphère de notre globe, à son état climatérique et aux modifications successives qu'il a subies. La température de notre globe provient de deux sources, c'est-à-dire la terre possède une chaleur propre et elle en reçoit une du soleil. Elle perd de cette somme de chaleur une quantité qui se dissipe dans l'espace, mais qui est complétement remplacée et contre-balancée par celle qu'elle reçoit du soleil. Aujourd'hui, ces deux quantités sont dans un parfait équilibre, vu que, depuis trois mille ans, la température de la terre s'est à peine modifiée d'un dixième degré. Nous avons pour cela deux preuves : l'une, qui est astronomique, se base sur les observations des éclipses de la lune, par Stipperche, et que je passe sous silence; l'autre est fournie par la botanique, et elle a été découverte par le célèbre Arago. Les fruits de la vigne ne mûrissent plus dans les lieux où la température moyenne de l'année s'élève au-dessus de 20 degrés, et, par contre, la datte ne mûrit pas sous une température moyenne inférieure à 20 degrés. Ces conditions se rencontrent précisément dans la Palestine où les juifs trouvaient la vigne à côté du dattier; naturellement, si la température s'était élevée ou abaissée depuis ce temps, l'une de ces plantes s'y serait perdue ou serait devenue stérile, ce qui n'est point arrivé.

La terre recevant du soleil juste autant de chaleur qu'elle en perd par son refroidissement, on peut dire que cet astre est aujourd'hui la source unique de la chaleur, et il en résulte qu'elle doit être distribuée conformément à la position que notre planète occupe par rapport à cette source, c'est-à-dire que les tropiques sont les parties les plus chaudes et les pôles les plus froides, comme nous l'avons fait observer ailleurs. Cet équilibre n'a cependant pas toujours existé. Aussi longtemps que la terre était incandescente et entourée d'une atmosphère épaisse, impénétrable aux rayons solaires, la quantité de chaleur qu'elle recevait du soleil était minime par rapport à celle qu'elle perdait par le refroidissement, ou, pour mieux dire, à cette époque la source de la chaleur se trouvait dans la terre elle-même. La répartition de la chaleur ne pouvait donc pas dépendre de la position du globe à l'égard du soleil; partout une température égale, une atmosphère chaude et humide, le caractère des tropiques d'aujourd'hui, enveloppait la terre et rendait les contrées polaires semblables à celles des tropiques. Ce ne fut que peu à peu, à mesure que le refroidissement eut lieu, que l'atmosphère déversa ses vapeurs sous forme de pluie et fournit de l'acide carbonique au monde végétal. Sa pureté et sa transparence augmentèrent de jour en jour et avec elles grandit l'influence du soleil dans la même proportion. Les contrées des hautes latitudes, y compris les pays polaires, passèrent graduellement par tous les climats que nous voyons actuellement se succéder depuis l'équateur jusqu'aux pôles. Ces rapports nous serviront dans la suite pour expliquer la succession des différentes végétations à la surface de la terre.

Il est probable, comme nous l'avons déjà fait remarquer, que le premier germe de la vie organique s'est formé dans l'eau; et, conformément à cette supposition, nous ne trouvons dans les plus anciennes couches de sédiments, dans le schiste traumatique, le greywake ou montagnes siluriques, que quelques débris de fucus accompagnés de quelques animaux marins de formation ancienne. Ces fucus ont une grande ressemblance avec ceux qu'on trouve encore actuellement sous les tropiques. Hâtons-nous d'ajouter, cependant, que le terrain traumatique n'a été étudié avec soin qu'en

Allemagne et en Angleterre et que précisément dans ces lieux ces couches ont subi des modifications si considérables, soit par l'éruption ultérieure de montagnes, soit par l'action de la chaleur de ces masses incandescentes, qu'elles ont détruit beaucoup de restes organiques qui y étaient renfermés. Par contre, cette formation paraît s'être produite en Russie, sur une très-grande étendue, et ne pas avoir été dérangée dans sa position primitive, mais plutôt avoir été soulevée lentement au-dessus du niveau de la mer. C'est là que nous pouvons un jour puiser une connaissance plus exacte de ces sédiments les plus vieux de la mer. Vers la fin de cette période la plus ancienne, des plantes terrestres commencent à se montrer et, parmi leurs débris conservés, on a reconnu distinctement une conifère.

Pendant la seconde période se sont formées des îles nombreuses, dont le sol, composé en majeure partie de couches de la période précédente, a nourri une riche végétation. Une partie de l'Angleterre, de l'Écosse et du pays rhénan, les montagnes des mines et les Sudètes, la France centrale, les Vosges, une partie du nord de la Suède et de la Norwége, les Alleghanys dans l'Amérique du Nord et plusieurs autres points peuvent être considérés sans aucun doute comme appartenant à ces groupes d'îles dans lesquelles s'est développée une végétation tout à fait tropicale, mais remarquable quant aux formes des plantes et composée de végétaux, qui ont disparu de la surface de la terre. Un petit nombre de palmiers et quelques cycadées, quelques équisétacées gigantesques de 12 à 20 pieds de hauteur, se trouvaient épars dans des forêts de fougères arborescentes mêlées de lépidodendrées (lycopodiées arborescentes), de sigillaires (peut-être de la famille des cactées), de calamites, de stigmariées et de conifères.

Jusqu'ici, pas la moindre preuve que ces îles aient été habitées par des animaux; mais dans la mer de terribles requins pourchassaient les petits poissons; les rivages étaient bordés d'une multitude de coraux; des trilobites, des crustacés étranges, des créatures ressemblant aux nautiles, de gracieux encrinites et pentacrinites filiformes rendaient la Faune aquatique d'une richesse prodigieuse. Partout sur la terre la Flore est uniformément la même, depuis les

36

côtes actuellement glacées de l'Islande jusqu'à la rive brûlante de
Malabar. Cette végétation a dû exister longtemps ; le sol, couvert
des restes de ces plantes et d'une épaisse couche d'humus, a dû
s'enfoncer et se soulever à différentes reprises. Grâce à de nouvelles
couches de sédiments, il a dû offrir à une végétation semblable une
nourriture fraîchement préparée ; car c'est cette même végétation
qui a laissé ces masses incalculables de matière végétale à demi
décomposée qui forment les charbons de terre et constituent une
partie essentielle de la richesse naturelle d'un pays. Nous rencontrons souvent 20 à 30 couches de ces charbons de terre superposées,
toujours séparées les unes des autres par des couches calcaires renfermant des débris d'animaux marins. Nous trouvons souvent dans
ces gisements des troncs d'arbres encore debout, preuve que le pays
entier avec sa végétation a dû descendre sans révolution et sans
secousse apparente au fond de l'eau. Encore aujourd'hui, le même
phénomène se présente sur la côte sud-est de l'Amérique du Nord ;
nous en trouvons même dont les racines s'enfoncent dans le charbon, c'est-à-dire dans le sol humeux qui les nourrit, tandis que leur
sommet est enveloppé par là couche de sédiment calcaire qui s'est
déposée plus tard. Si l'on considère que, dans la végétation la plus
luxuriante des tropiques, il faut environ un siècle pour la formation
d'une couche d'humus de 9 pouces d'épaisseur, et que cette même
couche, pour se transformer en charbon de terre, doit être réduite
au 27e de son volume ; que, par conséquent, le produit d'un siècle
ne peut avoir une épaisseur qui dépasse quatre lignes, on peut se
faire une idée approximative de la durée de cette période, attendu
que les couches charbonneuses superposées ont, en Angleterre,
souvent une épaisseur de 44 pieds qui correspondent à un total
de 150,000 ans. Le caractère du monde végétal, pendant la période
de la formation du charbon de terre, réside dans la prédominance
de grands cryptogames arborescents, notamment de fougères et
rappelle surtout la Flore des îles de la mer du Sud ; aussi cette végétation réclame-t-elle comme condition principale de son existence
une atmosphère chaude, saturée d'humidité, comme nous sommes
obligés de l'admettre pour cet âge de la terre.

Pendant la période suivante, celle de la formation des montagnes secondaires, ces îles avec leur Flore semblent s'être enfoncées de nouveau dans la mer, tandis que d'autres, composées de la terre calcaire et des grès de la période du charbon de terre se sont élevées au-dessus des flots. Ces terrains vinrent se joindre en partie aux îles qui subsistaient encore, et c'est ainsi que quelques espèces de plantes de l'époque antérieure passèrent dans le nouvel ordre des choses. Car le plus grand nombre de ces espèces furent abîmées avec le sol qui les avait produites, ou périt par suite du changement des conditions extérieures. Les fougères arborescentes et les calamites existent encore, il est vrai, mais elles deviennent de plus en plus rares, tandis que les cycadées et les conifères se sont développées sous les formes les plus variées, et forment d'épaisses forêts sur le bord de grands lacs dans lesquels végétaient auparavant des roseaux et des joncs immenses. Des espèces grandioses de liliacées arbo-rescentes, de bucklandia et de clathrariées formaient probablement des groupes particuliers sur les terrains élevés. Dans les massifs s'agitaient le corps énorme du gavial antédiluvien, du léguane et les carapaces d'énormes tortues ; de bizarres ptérodactyliens, res-semblant beaucoup à des chauves-souris gigantesques, voltigeaient dans les airs ; dans les endroits secs s'ébattaient d'étranges sarigues, tandis que dans la mer des monstres comme le plésiosaurien et l'ichtiosaure, moitié poisson moitié saurien, se nourrissaient de milliers de petits habitants de l'élément liquide, contenant une foule d'ammonites, de nautiles, de singuliers crustacés et d'étoiles de mer. La formation des charbons de terre se renouvela ici sur une petite échelle et les débris de ce monde végétal se rencontrent dans la formation du keuper sous forme de schiste argileux et bitumineux, dont les couches sont quelquefois assez abondantes pour pouvoir être exploitées. Les formes prédominantes de la végétation des mon-tagnes secondaires sont les conifères et les cycadées, auxquelles se joignent, par-ci par-là, quelques monocotylédons. Mais déjà vers la fin de cette période le caractère de la végétation changea probable-ment, parce qu'une partie considérable des terres entourées de formidables bancs de coraux s'enfoncèrent lentement dans la mer, tandis qu'ailleurs des continents, correspondant déjà un peu à ceux d'aujourd'hui, surgirent des abîmes de l'Océan. C'est ce qui fait que nous ne trouvons dans les dernières formations des montagnes secondaires que quelques algues, quelques plantes de la classe des monocotylédons aquatiques et à peine quelques vestiges de cycadées et de conifères, preuve que ces végétaux n'avaient pas encore entièrement disparu.

L'ordre de choses suivant, que les géognostes désignent sous le nom de *formation tertiaire*, commence par une végétation tropicale généralement encore répandue sur la terre; car nous trouvons, même dans les hautes latitudes, par exemple en Angleterre, une riche végétation de palmiers, qui paraissent constituer le caractère principal du paysage, tandis que les cycadées et les conifères se retirent de plus en plus vers certaines localités, les uns sur des hauteurs plus fraîches, les autres sur les collines sèches et exposées au soleil. Au milieu des pandanées et d'énormes typhas, broutaient des tapirs gigantesques, et les forêts, formées par des massifs de dicotylédons, étaient habitées par des oiseaux et de petits quadrupèdes terrestres, pendant que des baleines, des cétacés et des phoques parcouraient les vastes mers.

Le froid qui se faisait de plus en plus sentir aux pôles, fixa les plantes et les animaux dans des endroits déterminés; les faunes et les flores des différentes zones commencèrent à se dessiner plus nettement. Vers la fin de cette période, le mammouth des steppes de la Sibérie eut besoin d'un vêtement de laine plus chaude, et, traité plus durement par la nature que son parent l'éléphant, il fut obligé de se nourrir des conifères qui envahissaient le Nord et recouvraient les montagnes. Nous voyons alors se dessiner de plus en plus les formes végétales de la période actuelle. Des aulnes et des peupliers croissent dans les bas-fonds; des châtaigniers et des figuiers sur les collines aérées, et les bouleaux gracieux disputent aux sapins la possession du sol siliceux.

Le torrent gigantesque de l'Amérique du Nord, le Mississipi, charrie annuellement à la mer des masses énormes de troncs qu'il a arrachés des forêts. Le courant, en se ralentissant, ne pouvait pas longtemps les entraîner; il finit par les déposer à son embouchure, où il les cimenta de vase et de sable. Un pays bas et marécageux, de plusieurs lieues d'étendue, s'étend aux environs de la Nouvelle-Orléans, des deux côtés du fleuve; il est entièrement composé de ces troncs d'arbres reliés avec du sable et de l'argile, lesquels se sont transformés en une substance charbonneuse et qui, avec le temps, constitueront une couche de charbon de terre. C'est de cette manière que se forment si souvent ces vastes gisements de bois fossile qui, toujours, sont un don précieux comme chauffage, mais ne valent cependant pas le vrai charbon de terre.

Toute cette vie organique paraît avoir été détruite par un nouveau soulèvement de quelques montagnes considérables, notamment de l'Himalaya qui, en amenant un changement notable dans le niveau de la mer, tandis que la terre atteignait insensiblement la limite possible de son refroidissement, a dû produire la forme actuelle des continents et de ses organismes. Tous les changements postérieurs qui eurent encore lieu, tels que soulèvements et affaissements, n'eurent qu'un effet secondaire. Nous pouvons résumer ce qui précède en quelques points principaux. Le développement successif du monde végétal commence par les plantes les plus simples, et s'accomplit à travers les périodes subséquentes pour arriver peu à peu aux végétaux les plus parfaits actuellement connus. Les formations des premières périodes correspondent à un climat tropical, répandu uniformément sur toute la surface de la terre, qui se transforme peu à peu des pôles vers l'équateur pour constituer l'état du climat actuel. En même temps a lieu un autre changement; car tandis que les plantes des périodes anciennes semblaient être distribuées uniformément sur toute la terre, les régions de distribution ne se circonscrirent que plus tard pour établir à la fin la grande différence géographique du règne végétal.

Le passage graduel du climat tropical universel aux zones climatériques de nos jours se démontre d'une manière intéressante par un exemple spécial. Le tronc ligneux d'une conifère croît continuellement en largeur. Dans les contrées équinoxiales, où le climat conserve son même caractère pendant toute l'année, l'accroissement

du tronc continue sans interruption et d'une manière toujours égale;
aucun indice ne trahit dans la coupe du tronc le temps qui a été
nécessaire à son accomplissement. Mais à mesure que nous avançons vers le Nord et que les rapports climatériques déterminent une
différence dans les saisons, la croissance en diamètre augmente et
s'opère à la faveur des temps doux pour s'arrêter ou se ralentir sous
l'influence des froids de plus en plus vifs. La coupe transversale
montre, dans la formation des couches de bois qui se succèdent,
d'autant plus de variations que l'arbre a végété sous une latitude
plus élevée. Là où les hivers et les étés sont fortement tranchés, les
couches du bois sont bien marquées en forme d'anneaux concentriques dont le nombre nous permet de calculer exactement le nombre
d'années qu'il a vécu. C'est pourquoi on donne à ces lignes circulaires le nom d'*anneaux annuaires*. Si, grâce à ce renseignement,
nous comparons entre eux les troncs de conifère issus de ces différentes périodes, nous trouvons que les plus anciens ne portent
aucune trace de ces anneaux annuaires, qu'ils se dessinent avec plus
de netteté à mesure que nous marchons avec le temps, et que dans
les couches supérieures des troncs fossiles ils sont aussi distincts
que dans les arbres de notre époque.

Quelque insuffisante et imparfaite que soit la description des
végétations successives que je viens de tracer, elle est plus complète
et moins défectueuse que les données que nous possédons sur ces
temps qui ne sont plus. Si l'on songe combien il a fallu de circonstances fortuites pour que des organismes à peine reconnaissables
aient pu se conserver dans des masses de rochers compactes; si l'on
analyse les forces destructrices qui ont dû exercer leur influence
sur eux pendant les centaines de milliers d'années écoulées depuis
les premiers commencements de la végétation jusqu'à nos jours, on
ne pourra plus s'étonner que nos connaissances soient plus imparfaites
dans ce cas que dans d'autres, et on ne saura refuser son admiration à des hommes dont les travaux pénibles et les combinaisons
savantes ont contribué à éclairer l'histoire primitive des végétaux et
à lui donner un si haut degré de certitude. Nous citerons ici, avant
tout, les noms de Sternberg, Brongniart, Gneppert et Unger, qui se

sont acquis une gloire immortelle dans le domaine de la Flore antique. C'est principalement l'érudit et ingénieux Unger qui a des droits à notre reconnaissance, car il a réuni les résultats de toutes les recherches connues en une série de tableaux (1) qui représentent les caractères des différentes périodes de la formation de la terre, sous forme de paysages d'une manière plus parfaite et plus achevée que ne pourrait le faire la meilleure description. Mais je n'ai fait qu'esquisser ce que nous savons des différentes époques de la terre; et je ne doute pas que la question de savoir comment les choses se sont formées, question que nous ne pouvons résoudre, ne soit d'un tout aussi grand intérêt pour beaucoup de personnes. Ici nous courons le risque de nous aventurer dans le domaine de la pure invention ; c'est tout au plus si de faibles analogies peuvent nous aider à donner à nos tableaux une légère teinte de vraisemblance. Quoiqu'il paraisse fort naturel que les opinions des naturalistes soient divergentes, il n'en serait pas moins ridicule de disputer, comme on l'a déjà fait si souvent, sur la valeur de l'une ou de l'autre hypothèse, sur la vraisemblance ou la fausseté d'un rêve fait avec les yeux ouverts.

Il n'y a point à douter que la vie organique ne soit sortie de la lutte des éléments inorganiques, mais la question est celle-ci : Cet acte a-t-il eu lieu plusieurs fois? était-il nécessaire? — Comme dans cette question chacun a et peut avoir son opinion, pourquoi n'aurais-je pas aussi la mienne? Je regarde la génération spontanée et réitérée, la production toute nouvelle de germes de végétaux hors de matières inorganisées et même inorganiques, comme superflues, et par conséquent comme devant être rejetées, en conséquence des considérations suivantes : La base du monde végétal entier repose sur la cellule (voir les 2e, 3e et 4e leçons). C'est un organisme d'une structure fort simple, dont la formation, résultant d'une part de la combinaison d'acide carbonique avec l'eau pour former de la gomme et du mucilage végétal, et de la réunion de l'ammoniaque avec l'acide carbonique d'autre part pour former du mucilage ou de l'al-

(1) Unger, die Urwelt. Munich, 1851.

bumine, s'explique plus facilement que la génération instantanée d'un germe végétal doué de la faculté de se développer en une plante déterminée.

Nous savons d'une manière positive que la cellule isolée peut végéter sous forme d'une plante indépendante, car une foule de plantes aquatiques, d'une construction simple, ne se composent que d'une seule cellule et ne se distinguent entre elles que par la forme. Les principales conditions d'une végétation tropicale résident dans la chaleur et dans l'humidité; les causes de ses variations paraissent être les sels solubles du sol, qui d'abord changent l'action chimique dans les plantes, d'où il résulte une modification plus ou moins grande de formes (voir la 9ᵉ leçon). Ces deux circonstances se trouvent réunies sous les tropiques, parce qu'elles dépendent réciproquement l'une de l'autre; car la végétation luxuriante que provoque l'atmosphère chaude et humide prépare, par sa mort et sa rapide décomposition, un sol riche en sels solubles destinés à vivifier une végétation future. Des conditions analogues sont fournies par le terrain engraissé de nos jardins et par la région des Alpes, qui est riche en sels solubles provenant de la décomposition des rochers (1).

(1) Personne ne contestera que les plantes alpines ne présentent une grande richesse de formes et un grand nombre de variétés, et pour s'en convaincre il suffit de jeter les yeux sur un manuel ou sur une bonne Flore. La chose est peut-être moins évidente pour le sol cultivé. Voici ce que j'aurais à dire à ce sujet : parmi les familles de plantes allemandes (et belges) ce sont surtout les chénopodées et atriplicinées qui croissent sur les tas de décombres et de fumier; elles sont par conséquent sous l'influence inévitable des conditions provenant de nos cultures, et aucun botaniste n'ignore combien ces plantes surtout sont sujettes à varier. Si nous choisissons dans quelques-unes des meilleures Flores de l'Allemagne les genres de plantes contenant le plus d'espèces peu susceptibles de varier, et dont plusieurs cependant sont cultivées, nous les verrons aussitôt prendre une grande tendance à varier et à s'éloigner du type primitif. Je citerai comme exemples : les *thalictrum minus*, *ranunculus arvensis*, *viola tricolor*, *silene gallica* et *inflata*, *spergula arvensis*, *medicago falcata*, *lupulina*, *tribuloïdes*, *vicia villosa*, *sepium*, *grandiflora*, *angustifolia*, *knautia hybrida*, *arvensis*, *scabiosa grammuntica*, *cirsium arvense*, *taraxacum officinale*, *galeopsis ladanum*, *agrostis italanifera*, *vulgaris*, *aira caespitosa*, *festuca ovina*, *rubra*, *bromus secadinus*. Plusieurs espèces même se sont formées pendant les temps historiques de ces variétés; ce sont les *thalictrum minus* et *majus*, les *veronica præcox* et *triphyllas*. Il serait superflu de faire observer que toutes les plantes cultivées, proprement dites, offrent une infinité de variétés; car, chacun le sait, les pois, les choux, les pommes de terre, de même que les arbres fruitiers, le démontrent jusqu'à l'évidence.

Nous savons, en outre, que les variétés une fois formées, lorsqu'elles sont cultivées pendant plusieurs générations et dans les
mêmes conditions, passent à la fin à l'état de sous-espèces, c'est-à-
dire de variétés qui se propagent sûrement par semences, comme
le prouvent nos pois, nos choux et nos champs de blé. Mais si les
mêmes influences, qui provoquent la modification de l'espèce primitive, continuent leur action non pendant un siècle, mais pendant
dix mille ou cent mille ans, la variété ne devient-elle pas alors une
sous-espèce ou une forme fixe que nous sommes forcés de désigner
comme espèce? La première cellule une fois donnée, tout s'explique;
on comprend que toute la richesse du monde végétal avec ses
familles, genres et espèces, sous-espèces et variétés a pu se former
peu à peu, mais sans doute à des intervalles dont nous n'avons
aucune idée et que nous pouvons calculer suivant les caprices de
notre fantaisie, aussi longtemps qu'aucun fait n'en décide autrement.
Car, pour le dire en passant, tous les géologues modernes arrivent
peu à peu à la conviction que la plupart des choses que nous voyons
sur notre globe ne sont point le résultat de révolutions violentes et
de cataclysmes, mais bien le produit d'une action lente et sûre
opérant pendant d'incalculables espaces de temps. La cataracte du
Niagara, par exemple, déverse ses eaux dans un ravin taillé dans
une terrasse de montagnes, et Leyell a démontré qu'anciennement,
c'est-à-dire après les prétendues révolutions et déluges, la cataracte
précipitait ses eaux par-dessus le bord de la terrasse même, et que
ce n'est que peu à peu que les eaux ont creusé le ravin. Il a fallu
pour cela un espace de temps de 20,000 ans au moins, et c'est déjà
depuis tant de siècles que la configuration actuelle de l'Amérique
du Nord existe, soumise aux mêmes influences physiques. La langue
de terre qui sépare la Nouvelle-Orléans de Balize est entièrement
formée des sédiments des eaux du Mississipi. Le docteur Biddle a
fait à cet égard des observations aussi exactes que savantes, et il a
calculé que la formation de cette langue de terre a exigé au moins
67,000 ans et probablement encore 33,000 de plus. Un troisième
exemple analogue a été cité à l'occasion des charbons de terre, et il
ne serait pas difficile d'augmenter ces citations pour prouver que

37

l'espace de temps qu'il nous plaît d'indiquer présomptueusement, n'est à peine qu'une minute fugitive dans l'histoire de l'existence de notre chétive planète.

Nous arrivons maintenant à un autre ordre d'idées qui peut nous expliquer la formation de nouveaux genres et de nouvelles espèces, sans que nous ayons besoin de recourir à une production de germes des plantes; je veux parler du changement de générations dont il a été déjà question. Un organisme devient le père de plusieurs formes différentes de générations qui se succèdent plus ou moins long-temps, jusqu'à ce qu'enfin une des générations revienne au type primitif. Si maintenant certaines circonstances rendent impossible le retour de ce type et si les générations conservent leur forme, il en résulte qu'une seule forme d'organisation peut en faire naître autant de nouvelles qu'il y avait auparavant de degrés de généra-tions, mais qu'elles se maintiennent dans l'ordre de la nature comme formes déterminées ou stéréotypes.

Si nous nous rappelons les périodes successives de végétation que nous avons passées en revue dans l'esquisse que nous avons tracée, nous verrons que le monde végétal commence dans l'eau avec les formes les plus simples et précisément avec la famille où nous voyons encore aujourd'hui assez souvent une simple cellule représenter une plante entière. A celle-ci se joignent dans les périodes suivantes d'autres groupes de plantes, de manière que des organisations supérieures et plus compliquées succèdent aux plus simples. C'est ainsi que les cryptogames acaules sont suivis des organisations qui possèdent une tige et des feuilles distinctes. Ensuite viennent les gymnospermées (conifères et cycadées) que suivent les monocotylédones. Quelque incomplets que soient les débris d'espèces que nous trouvons dans les gisements, et quelque imparfaitement que nous les connaissions, il est certain que nous ne trouvons dans aucune des périodes une production tout à fait nouvelle et tranchée; au contraire, il y a toujours des êtres organisés d'une dernière période qui s'unissent à ceux d'une période suivante, de manière que sur les limites les formes nouvelles répètent, dans leurs principaux caractères, les formes de l'ancienne génération.

C'est au point qu'on pourrait dire, quand des genres et des espèces et même des familles de plantes ont disparu de la terre, que parmi les restes qui nous ont été conservés, il ne se trouve aucune forme végétale ni aucun groupe qui ne soit représenté dans la Flore de la période actuelle.

L'opinion qu'une seule cellule est l'origine de la formation successive des variétés qui se sont transformées en espèces nouvelles pour constituer ainsi le monde végétal entier, est au moins tout aussi vraisemblable et peut-être plus probable que toutes les autres opinions; car elle saute bien plus aux yeux et restreint la génération spontanée d'un être organisé dans les limites les plus étroites qu'on puisse imaginer.

A la fin de toute cette série de développements, l'homme apparaît d'une manière inexplicable, au milieu des habitants de la terre, et sépare la série des modifications, l'histoire primitive des végétaux de l'histoire contemporaine.

La limite entre ces deux grandes époques est un peu effacée et une erreur d'une dizaine ou vingtaine de milliers d'années dans la fixation du temps possible ou même probable est bien facile; néanmoins certains hommes sont entrés dans ces détails à l'égal de ces fous qui ont calculé à un an, un mois, un jour, une heure près, le temps que Dieu aurait employé à créer le monde!

C'est de la main de la nature que l'homme a reçu son héritage tout préparé : des plantes et des animaux, la matière inerte et ses forces. Et comment a-t-il administré cet héritage? Si on lui en demande compte, il est à craindre qu'ici comme partout ailleurs il ne parvienne à se tirer difficilement d'affaire.

Si nous nous demandons quel rôle la végétation est destinée à remplir dans ce monde, nous trouvons qu'il y en a trois bien distincts. Le moindre est sans doute celui de servir aux besoins ordinaires de l'homme, de lui procurer sa nourriture, des occupations, en un mot, de servir à son économie. C'est le rôle plus vulgaire parce que chaque individu réclame de la nature les moyens de contenter ses besoins, quelque raffinés qu'ils soient par le progrès de la civilisation. — L'importance du monde végétal est plus grande eu égard à la grande part qu'il prend dans la régularisation des nombreux procédés physiques qui s'opèrent à la surface du globe. La chaleur extrême du désert africain, sa sécheresse par l'absence totale de pluie, l'abondance de la végétation des forêts vierges avec leurs averses torrentielles, tirent leurs caractères spécifiques de ce règne. L'humidité et la sécheresse de l'atmosphère, la chaleur et le froid du sol, l'uniformité et la variation brusque de la température, et avant tout la vie des animaux, ainsi que celle de l'homme organisée sur une échelle plus vaste, tout dépend de la végétation, de sa vigueur et de sa qualité. Cette importance n'existe pas seulement pour le simple individu, mais aussi pour les contrées et les nations entières, pour des générations nombreuses dont l'existence est intimement liée à celle de la plante. — Enfin, le règne végétal nous offre un troisième avantage qui, sans contredit, est le plus noble et le plus élevé. Comme tout autre règne de la nature, il est le symbole de l'Éternel ; cette variété de forces naturelles et ses produits nous font adorer l'auteur et le régulateur de toutes choses.

Et l'homme, comment s'est-il conduit à l'égard du monde végétal ? Il y est intervenu de différentes manières, et les grandes phases de son histoire sont inscrites sur la feuille verte de la plante. Et comment l'a-t-il soigné ? L'histoire de la culture nous répondra qu'il s'en est très-bien tiré, car il a transformé le matériel brut de la nature en ces dons précieux que nous connaissons aujourd'hui. Soit, nous ne chercherons pas à lui contester son mérite ; partout où ses besoins matériels et son intérêt l'ont excité, l'homme a bien compris son avantage ; mais s'il a partagé avec son prochain les biens qu'il avait ainsi obtenus, il ne l'a fait que forcé par les lois de la nature. Partout, au contraire, où nul avantage momentané ne l'engageait à seconder les vues de la nature ou à la ménager, où il s'agissait de la misère de plusieurs millions d'individus, il a détruit avec une barbarie cruelle tous les biens du ciel pour des milliers d'années à venir, non-seulement à son propre détriment, mais au détriment de sa postérité entière...

Le berceau du genre humain, placé pour nous dans un lointain impénétrable, se trouvait probablement dans un climat chaud demitropical, ombragé par les larges feuilles des bananiers et la tendre verdure du dattier. En quoi consistait la première nourriture de l'homme? Nous l'ignorons; mais il paraît certain que de prime abord il s'est emparé de ces deux plantes, car toutes deux, depuis un temps immémorial, ne sont plus ce qu'elles ont été en sortant de la main de la nature; elles semblent, au contraire, avoir subi des changements notables sous la main de l'homme. La banane sauvage est un petit fruit vert, insipide et rempli d'une infinité de graines, tandis que la plante cultivée ne contient point dans sa baie nourricière de semence susceptible de germer; sa conservation et sa multiplication dépendent entièrement de l'homme, qui la propage par boutures. Il est également probable que les premiers hommes se sont approprié les graminées à grosses semences. Nous ne pourrions indiquer l'époque où nos céréales ont passé du jardin de l'Éden aux champs cultivés par les hommes. L'usage en fut transmis d'un peuple à l'autre; mais dès que nous remontons aux plus anciennes sources, la tradition nous apprend, sous une forme plus ou moins embellie, que ces graminées sont un don des dieux qui en ont enseigné la culture aux humains. Il se peut que la personnification des forces et des phénomènes physiques, de la lumière, de la chaleur, de la pluie, des inondations du Nil, se rapporte aux hommes qui les premiers ont essayé d'exploiter les trésors de la nature. Un fait remarquable et qui démontre combien la culture des céréales remonte à une haute antiquité, c'est que, malgré des recherches nombreuses et approfondies, on n'a pu découvrir la patrie des espèces de graines les plus importantes. Aucun de tous ces naturalistes qui ont exploré l'Amérique avec tant de soin n'a pu y découvrir le maïs autrement qu'à l'état cultivé ou tout à fait sauvage. Quant aux céréales de l'Europe, nous ne savons que d'une manière très-problématique qu'on en aurait rencontré à l'état sauvage dans plusieurs localités du sud-ouest de l'Asie centrale. Mais l'histoire nous enseigne que ces contrées ont nourri de nombreuses populations et qu'elles étaient fort bien cultivées, de sorte que la supposition que ces plantes s'y trouvent autrement qu'à l'état sauvage ne peut être que difficilement justifiée. La connaissance que nous avons d'une grande partie de la

Chine orientale nous a appris qu'une grande population avec un
certain degré de culture industrielle peut en effet parvenir à détruire
les plantes sauvages et à couvrir le sol exclusivement de plantes
cultivées. A part quelques plantes aquatiques qui se trouvent dans
les terres marécageuses affectées à la culture du riz, le botaniste ne
rencontre dans le pays plat de la Chine aucune plante, pour ainsi
dire, qui ne soit un objet de culture. De cette manière il ne serait
pas impossible que les céréales, limitées originairement, comme
plusieurs plantes de l'Australie, à une région restreinte, envahie plus
tard par une population nombreuse, auraient en effet disparu de
notre globe comme plante poussant d'abord à l'état sauvage. Les
espèces les plus anciennes sont sans aucun doute le froment et
l'épeautre; Homère en parle déjà comme de grains propres à faire
du pain, et l'orge avec laquelle les héros d'Homère, comme le font
encore les habitants du Sud, nourrissaient leurs chevaux. Ce n'est
que du temps de Galien que le seigle fut introduit de la Thrace dans
la Grèce et dans les autres contrées de l'Europe. Diverses espèces
d'avoine furent utilisées en Grèce comme fourrage vert. La culture
de cette dernière céréale ne se fit que plus tard en Allemagne, qui,
paraît-il, l'emprunta, ainsi que le seigle, aux peuples du Levant.
D'après l'opinion générale, la culture du maïs est venue de l'Amérique dans l'ancien monde; il existe cependant des données qui font
supposer avec raison que déjà du temps de Théophraste le maïs des
Indes était connu et que l'Europe orientale l'a tiré du Levant. Cette
incertitude qui se rattache au blé de Turquie (1) existe également
pour le cactus opontia ou figue des Indes. Cette plante, venue
de l'Amérique à l'état sauvage, d'après l'avis de la plupart des
savants, et actuellement répandue dans toute l'Europe du Sud, dans
l'Afrique et une partie de l'Orient, passe aux yeux de beaucoup
d'autres, et non sans raison, comme indigène dans ces mêmes contrées (2). Ces pérégrinations des plantes effectuées par l'intermé-

---

(1) Ce nom généralement adopté en Allemagne et en Italie, auquel les Grecs ont substitué celui de *blé d'Arabie*, indique déjà une origine orientale.
(2) Nous avons trouvé cette plante au milieu des Apennins dans une localité où il n'y a point d'habitations, et où il gèle tous les hivers.   (*Le Traducteur.*)

diaire des hommes, sont souvent un écueil qu'il n'y a pas moyen d'éviter et contre lequel les recherches phytogéographiques les plus minutieuses viennent toutes échouer, du moment que des indications historiques précises leur font défaut.

Ce que nous venons de dire au sujet des céréales, en avançant que le commencement de leur culture remonte bien au delà des temps historiques, est également applicable à la plupart de nos plantes potagères et à nos arbres fruitiers. On peut dire, sans crainte d'être démenti, que toutes les plantes cultivées, sauf quelques rares exceptions, ont été connues des hommes depuis des temps immémoriaux et que, hormis la pomme de terre, aucune autre plante arrachée à l'état sauvage n'a joué dans notre économie un rôle quelque peu important.

De toutes les influences de l'homme sur le règne végétal, la plus utile au genre humain est celle qui a converti les plantes sauvages en végétaux comestibles. En effet, lors même que les pommiers, les poiriers, les cerisiers seraient de véritables espèces, et ne seraient point les produits du perfectionnement des pommiers, poiriers et cerisiers sauvages, il reste toujours encore assez de plantes qui dénotent le pouvoir de l'homme sur la nature. Quelle ressemblance a le chou-fleur, le chou frisé vert, le chou-rave avec le chou sauvage, sec et âcre, qui, sans aucun doute, est la plante mère de tous ces délicieux légumes, car nous sommes en état de les ramener à la forme du type?

En comparant notre carotte à racine sucrée, charnue, d'une couleur orangée, avec la racine grêle, ligneuse et sèche de la carotte sauvage, qui croirait qu'elles appartiennent toutes les deux au même genre de plantes? Et pourtant il en est ainsi. L'homme peut, par son intervention, modifier les corps organisés, et de même qu'il a su transformer un animal carnassier, le chien sauvage, en chien domestique, en chien de chasse, en chien philanthropique, comme celui du mont Saint-Bernard, et produire les nobles mérinos dont la laine soyeuse offre un si grand contraste avec le poil roide et hérissé du bélier sauvage, qui est le type de cette race; de même il a réussi à transformer les plantes les plus

inutiles que lui offre la nature, en végétaux précieux et dignes de ses
soins.

Les changements que l'homme a opérés dans la répartition des
plantes, pourraient paraître moins importants que ces conquêtes
faites par lui. Il doit sembler fort naturel de voir que les plantes
utiles suivent l'homme partout où les conditions climatériques leur
sont favorables. Ces migrations ne se sont opérées que par sa volonté et par son intention. Mais il en est de ces pérégrinations comme
de celles des peuples : des brigands et des maraudeurs, c'est-à-dire
de mauvaises herbes, se sont inséparablement liés à une foule de
plantes utiles, et l'homme a dû et doit les accepter en quelque sorte
par-dessus le marché. On peut assurer qu'une partie des mauvaises
herbes de nos champs, lesquelles ne se trouvent que parmi les
moissons, ne sont point originaires de nos pays, mais qu'elles ont
été importées avec les plantes cultivées qu'elles accompagnent toujours. Parmi ces hôtes non invités, nous distinguerons l'*adonis
æstivalis*, le bluet, l'alène (*Githago segetum Desf.*), le coquelicot,
le pied-d'alouette, l'ivraie du lin, l'orobanche du chanvre et bien
d'autres.

Il y a un certain nombre de plantes, cependant, qui s'attachent
librement et indépendamment de la volonté de l'homme aux pas
du maître de la création, pour le suivre partout où il s'établit ; elles
ne viennent pas se mêler à la société des plantes cultivées, mais,
conformément à la nature, elles se fixent dans le voisinage immédiat
de l'homme, autour de sa demeure ou de ses étables, près des murs,
sur les tas de fumiers, les monceaux de décombres. Il est plus que
probable que les grandes familles de peuples se distinguent également sous ce rapport, et qu'on pourrait reconnaître aux mauvaises
herbes qui les accompagnent si ces familles descendent des Slaves
ou des Germains, des Européens ou des Orientaux, des Nègres ou
des Indiens, etc. C'est ainsi que nous reconnaissons encore aujour-
d'hui les traces de ces grandes migrations qui vinrent fondre au
moyen âge de l'Asie sur l'Europe, à certains végétaux qui habitent
les steppes de l'Asie, telles que les *kochia scoparia schrad*, le chou
de Tartarie (*crambe tatarica Jacq.*); la première existe actuellement

en Bohême et en Carinthie, l'autre dans la Hongrie et la Moravie. Le sauvage de l'Amérique du Nord appelle notre plantain à larges feuilles (*plantago major* L.) « la trace du blanc, » et une espèce de vesce commune (*viccia cracca* L.) indique encore aujourd'hui dans le Groenland la place de l'ancien établissement des colons norwé- giens. Il est probable que la connaissance exacte de ces flores parti- culières nous fournirait des détails intéressants sur les migrations des peuples et sur leurs affinités, si la plupart des botanistes voyageurs, les soi-disant créateurs de systèmes, n'étaient pas de simples collectionneurs de foin doués d'un esprit vide et étroit. Je citerai encore, parmi celles qui_ suivent surtout l'Européen, les orties et les arroches (*chenopodium*). Mais un des exemples les plus frappants de ce genre, c'est la pomme épineuse (*datura stra-monium*) qui émigra de l'Asie avec les Bohémiens. Ce peuple faisait un usage illicite de cette plante vénéneuse et la cultivait autour de ses tentes; depuis lors, elle s'est propagée par toute l'Europe.

Auguste de Saint-Hilaire dit dans l'introduction de sa Flore du Brésil : « Dans le Brésil, comme en Europe, certaines plantes sem- blent suivre les pas de l'homme et conserver les traces de son séjour; très-fréquemment elles m'ont aidé à découvrir, dans les dé- serts de Paracuta, l'emplacement d'une chaumière démolie. Nulle part les plantes de l'Europe ne se sont multipliées aussi prodigieusement que dans les champs situés entre Thérésia et Montévidéo, et depuis cette ville jusqu'au Rio Negro. Dans les environs de Thérésia, on trouve déjà la violette, la bourrache, plusieurs géraniums, le fenouil et quelques autres. Partout on rencontre nos mauves et nos camo- milles, notre chardon Marie, mais surtout nos artichauts, qui, après avoir été introduits dans les plaines du Rio-de-la-Plata et de l'Uru- guay, recouvrent actuellement d'immenses étendues et détruisent tous les pâturages. » Après les guerres contre la France, on a trouvé en beaucoup d'endroits où les Cosaques avaient établi leurs camps, par exemple aux environs de Schwetzingen, une plante du genre des chénopodiées (*corispermum Marschallii* Stew), qui croît exclusive- ment dans les steppes, sur les bords du Dniéper; et une autre, la

38

bunias orientalis L., s'est propagée de la même manière en suivant, en 1814, l'armée russe à travers l'Allemagne jusqu'à Paris. Mais nous voyons ces migrations s'effectuer également sans que l'homme y prenne la moindre part. Les courants de la mer apportent sur le rivage des Maldives la noix des Seichelles (*loduicea maldivica Pers.*), et elle y germe dans le sable. Les premiers habitants des nouvelles îles de la mer du Sud sont les cocotiers et les pandanées, dont les fruits, protégés par une coque dure, se rencontrent partout flottant sur l'Océan. Les fleuves charrient les semences des plantes des contrées élevées vers les pays plats, et c'est de cette manière que les plantes des montagnes se propagent sur les bords des rivières des Alpes, dans le midi de l'Allemagne, dans la Bavière et le Wurtemberg. L'homme donne souvent la première impulsion à ces migrations sans qu'il en ait l'intention. Elles continuent ensuite à grandir malgré lui, et c'est de cette manière que le calamus, originaire des Indes et cultivé dans les jardins botaniques, s'est propagé dans toute l'Europe. L'opuntia et l'agave de l'Amérique, devenus pour ainsi dire sauvages, ont changé la physionomie du paysage des pays méridionaux de l'Europe. Vers le milieu du XVIIe siècle, la semence de l'érigeron canadensis a été apportée en Europe dans un oiseau empaillé ; on la sema, et aujourd'hui on rencontre cette plante malencontreuse dans tous les lieux incultes. La structure des semences et des fruits, qui les rend propres à être emportés par le vent, la voracité des oiseaux qui les avalent et les font germer ensuite ailleurs à la faveur de leurs excréments, tout cela et d'autres circonstances encore contribuent certainement à leur propagation. Mais les changements climatériques, provoqués par le temps ou par la main de l'homme, agissent bien plus que tous ces déplacements en petit et ces faits isolés. Il est vrai, et nous ne l'ignorons pas, que la somme totale de la chaleur que reçoit notre globe n'a subi presque aucune modification, vu qu'elle est si minime qu'elle n'a pu exercer aucun changement notable dans le règne végétal ; mais la répartition de la chaleur sur la terre et les saisons peuvent avoir une action essentielle et par suite donner un tout autre aspect au paysage. La malheureuse Islande cultivait encore, il y a quelques siècles, les céréales (1) qui, à l'heure qu'il est, y ont complétement disparu et se bornent à fournir quelques récoltes chétives d'orge d'été qui ne réussissent point le plus souvent ; le bouleau, qui y formait jadis des forêts épaisses, n'y est plus qu'un arbrisseau rabougri. Le changement du climat est chose connue ; il commença au XIIe siècle et fit du Groenland un désert glacé presque inhabitable.

Bien que ces phénomènes semblent n'avoir rien de commun avec l'homme, il n'en est pourtant pas ainsi, car son action dirigée sans cesse vers un point donné amène à la fin des résultats qui le surprennent lui-même, parce qu'il ne s'apercevait pas d'abord des effets qui ne se manifestent que lentement et peu à peu, et d'ailleurs, faute de connaissances, il était incapable de prévoir ce résultat.

Partout on trouve dans les caractères grandioses que la nature emploie pour écrire sa chronique, dans les forêts pétrifiées, les gisements de bois fossile, etc., ou même dans les observations plus mesquines des hommes, par exemple dans les livres de l'Ancien Testament (2), des preuves ou des indices démontrant que les pays actuellement déserts, sans végétation et sans eau, tels qu'une partie de l'Égypte, de la Syrie, de la Perse, etc., étaient jadis des pays fertiles couverts de forêts et traversés par des fleuves aujourd'hui taris ou devenus des ruisseaux. L'ardeur du soleil et surtout le manque d'eau réduisent actuellement la population à un petit nombre d'hommes.

Celui qui des hauteurs du Johannisberg plonge ses regards sur la vallée du Rhin, le plus noble des fleuves de l'Allemagne, et se rafraîchit avec un verre de bon vin de Rudesheim, doit sans doute sentir son cœur se gonfler de joie en se rappelant ce mot de Tacite que pas même une cerise et encore moins un raisin ne pourrait mûrir sur les bords du Rhin. Et si nous demandons les causes de ces remarquables changements, nous sommes ramenés à la dispa-

(1) Le seigle.
(2) Le plus ancien document du Vieux Testament, écrit immédiatement après Josué, c'est le livre de Josué, 17, 14-18, il y est dit : verset 15. « Josué dit à la maison de Joseph : Tu es un grand peuple, car tu auras la montagne ; et parce que c'est une forêt, tu la couperas, etc. »

rition des forêts. En détruisant sans discernement les forêts, l'homme s'immisce d'une manière violente dans les conditions naturelles d'un pays. En effet, nous récoltons aujourd'hui sur le bord du Rhin un des vins les plus nobles qui existent, là où, il y a deux mille ans, la cerise ne mûrissait pas; mais, par contre, les pays où jadis une nombreuse population de juifs trouvait d'amples moyens d'existence ne forment plus aujourd'hui qu'un aride et triste désert. La culture du trèfle exigeant une atmosphère humide s'est propagée de la Grèce en Italie; de là elle est montée vers le sud de l'Allemagne et commence déjà à présent à fuir les étés qui deviennent de plus en plus secs, pour se retirer vers le Nord où la température est plus humide. Des fleuves, qui jadis exerçaient pendant toute l'année leur bienfaisante influence, laissent maintenant les champs à sec, tandis qu'au printemps, des inondations provenant de la fonte des neiges accumulées pendant l'hiver, recouvrent au loin les propriétés des habitants désolés.

Si l'éclaircissement et la coupe des forêts occasionnent au commencement une température plus douce, produisent un climat plus méridional, une plus riche végétation de plantes délicates, ce résultat tant désiré est bientôt suivi d'un autre qui circonscrit de plus en plus les contrées habitables. Aucun Pythagore n'aurait besoin de défendre aujourd'hui à ses disciples de manger des fèves. (*Nelumbium speciosum*, Wild.) Depuis longtemps le pays n'en produit plus. Le vin de Mendis et de Mareotis, qui égayait les hôtes de Cléopâtre, et dont Horace même a vanté les qualités, ne vient plus en Égypte. L'assassin ne trouve plus le bois sacré de sapins de Poseidon, où il aimait à se cacher et à guetter les villageois se rendant à la fête. Depuis longtemps le pin à pignon (*Pinus pinea*, L.) s'est retiré devant un climat aride sur les hauteurs des montagnes de l'Arcadie. Où sont donc les pâturages, où sont les campagnes qui entouraient jadis la citadelle de Dardane située au pied du mont Ida, qui étaient abondamment arrosées et capables de nourrir trois milles juments (1)? Qui oserait encore parler du Xanthe mena-

(1) Homère, *Iliade*, 20.

çant et de ses vagues (1)? Qui enfin pourrait comprendre aujourd'hui qu'Argos élevait des chevaux de bataille?

Je termine cette esquisse, sinon avec les paroles, du moins avec les idées de l'un des plus nobles vétérans de notre science, du vénérable Elias Fries.

Une large zone de terres dévastées suit peu à peu les traces de la culture. Si celle-ci prend de l'extension, elle meurt dans son berceau, et ce n'est que sur sa circonférence que ses branches verdissent. Cependant il n'est pas impossible, mais bien difficile, que l'homme, sans renoncer aux avantages de la culture même, répare un jour les dégâts qu'il a causés ; car il est destiné à être le maître de la création. Il est vrai, des ronces et des chardons, des plantes laides et vénéneuses, appelées par le botaniste plantes radicales, marquent le chemin que l'homme a suivi à la surface du monde. Devant lui est la nature dans toute sa beauté grandiose et sauvage. Derrière lui il laisse un désert, un paysage triste et abîmé ; car l'envie de détruire ou de dissiper sans réflexion les trésors de la végétation a partout effacé le caractère de la nature, et l'homme effrayé fuit le théâtre de ses dévastations pour l'abandonner à des barbares ou à des animaux sauvages ; et il en agira ainsi, aussi longtemps qu'il existera un endroit encore paré de sa beauté virginale. Partout son égoïsme, qui ne cherche qu'à tirer profit de tout, suivant l'abominable principe d'une morale pleine de méchanceté, « après nous le déluge, » commence son œuvre de destruction. C'est ainsi que la culture, marchant toujours en avant, abandonna aux hordes barbares l'Orient et probablement dans un temps plus reculé le désert qu'elle avait dépouillé de sa robe de verdure, comme elle a fait avec la Grèce jadis si belle et si fertile. C'est ainsi que se poursuit avec une effrayante rapidité cette conquête de l'Orient vers l'Occident à travers l'Amérique ; et à présent déjà le planteur abandonne le sol épuisé et un climat devenu stérile par la destruction des forêts, pour entreprendre une révolution semblable au fond de l'Occident. Aussi nous voyons que des hommes véritablement

(1) Idem, 12, 310.

instruits commencent à élever leur voix et entreprennent avec leurs faibles mains un ouvrage formidable, celui de rétablir la nature dans son ancienne vigueur, de la porter même à un degré plus élevé de perfectionnement. Ils veulent la soumettre à des lois d'utilité données par l'homme lui-même, d'après des plans basés sur le développement de l'humanité. Il est vrai que pour le moment tout cela reste à l'état d'un travail impuissant et mesquin, comparé à l'ensemble grandiose de l'entreprise ; mais nous avons confiance dans la vocation de l'homme et dans les moyens qu'il possède pour exécuter ce grand projet. Un jour l'homme réussira et doit réussir à délivrer la nature de l'esclavage tyrannique auquel il l'assujettit encore, et dans lequel il ne peut la maintenir que par une lutte incessante, en la conduisant et en la protégeant tour à tour. Nous apercevons dans un avenir très-éloigné un empire de la paix et de la beauté sur la terre ; mais avant d'y atteindre, l'homme doit encore longtemps fréquenter l'école de la nature, et avant tout se délivrer des liens de son propre égoïsme.

QUATORZIÈME LEÇON.

ESTHÉTIQUE DU MONDE VÉGÉTAL.

Il y a déjà longtemps, bien longtemps que, considérant encore le monde à la légère, sans réflexion, je fus conduis par le hasard au cimetière de Saint-Jean, à Leipzig. La vue des tombes, qui portaient encadrée dans des couronnes et des bouquets la légende des familles qui y reposaient, produisit sur moi une impression profonde et ineffaçable. Ici une guirlande de feuilles pâles et argentées enlevée du cercueil d'un enfant pendait sur la parure de noces depuis longtemps fanée de son aïeule; là les myrtes encore verts et les roses suaves d'une couronne de mariée se mêlaient à des couronnes de sombres feuilles de cyprès. Rien n'était plus propre à rappeler que les fleurs sont l'ornement significatif qui accompagne l'homme à travers la vie, depuis le berceau jusqu'à la tombe; qui revêt ses joies de brillantes couleurs et donne à sa tristesse un aspect plus doux.

Depuis longtemps déjà ce cimetière a disparu avec ses tombeaux, mais l'usage existe toujours d'orner les tombes, le jour de la Saint-Jean, avec des couronnes et des fleurs fraîches. Ce n'est pas la seule fête pendant laquelle l'homme a recours au symbole des fleurs, quelle que soit la signification qu'on y attache selon les pays et les coutumes populaires. La question de savoir si cette interprétation est soumise à une règle de la nature ou non, serait l'objet d'une science que nous ne possédons pas encore, c'est-à-dire de l'esthétique des plantes. J'ai réuni quelques idées sur ce sujet, je les présenterai sous forme d'esquisses dans la leçon qui va suivre.

14

ESTHÉTIQUE DU MONDE VÉGÉTAL.

La signification des formes,
Je voudrais pouvoir fh développer en professeur,
Mais ce qui est incompréhensible
Je ne saurais pas non plus l'expliquer.

A cela je reconnais le savant seigneur :
Ce que vous ne pouvez palper est loin de vous ;
Ce que vous ne pouvez comprendre n'existe pas ;
Ce que vous ne pouvez calculer, vous ne le croyez pas ;
Ce que vous ne pouvez peser n'a aucun poids pour vous ;
Ce que vous ne pouvez monnayer, n'a, d'après vous, aucune valeur.

FAUST.

L'essence de la beauté est indéfinissable. L'âme impressionnable ne la reconnaît qu'à l'aide du sentiment, et toujours elle continue à former un domaine étranger à la logique, à la science synthétique et théorique. Mais ce que la raison de l'être intelligent ne voit pas, l'âme naïve de l'enfant le comprend dans son ingénuité. Quand, au moyen d'observations et d'expériences, d'analyses, de raisonnements et de preuves, nous sommes parvenus à décomposer l'ensemble de la nature en une série de forces et de matières combinées, sa beauté et sa sublimité apparaissent à nos yeux ; elles refont un tout de ce que nous venons d'analyser et se moquent des efforts que nous faisons pour comprendre ce qui est éternellement incompréhensible. Nous n'expliquons rien, et pourtant cela est vrai ; nous ne comprenons pas, et pourtant cela est. Le sentiment nous indique sans hésitation ce que l'intelligence la plus vive ne peut découvrir.

« Les cieux racontent la gloire de Dieu, et le firmament montre l'œuvre de sa main. Le jour le dit au jour, et la nuit à la nuit. »

39

Quoi qu'il en soit, ce que nous ne pouvons ni comprendre ni définir, peut cependant être susceptible d'explications et de démonstrations, en ce sens que nous expliquons comment et pourquoi certaines choses dans le domaine de notre vie intellectuelle deviennent nécessairement incompréhensibles. Bien que nous ne soyons pas en état de développer l'essence de la beauté, il n'est peut-être pas impossible de découvrir dans quels rapports elle se trouve vis-à-vis de nous autres humains, sous quelle forme elle se présente et quels en sont les éléments actifs.

Le naturaliste ne connaît et ne comprend d'autre développement que le progrès du simple vers le complexe, de l'imparfait vers le parfait, et de cette manière il ne conçoit pas cette autre doctrine, mise en avant et soutenue à maintes reprises, d'après laquelle l'homme serait sorti parfait de la main du Créateur et ne serait devenu insensiblement ce qu'il est aujourd'hui que grâce à la corruption et à la démoralisation. J'ai dit le progrès de l'imparfait vers le parfait, mais il me faut ajouter que ce n'est qu'une parabole, une simple idée de l'homme, qui, en réalité, ne peut être appliquée aux produits de la nature et encore moins aux choses créées par un divin auteur.

« Quoique les créatures paraissent différentes, dit saint Chrysostôme, elles sont cependant toutes d'une égale valeur. »

Pour arriver à comprendre ce progrès, nous devons prendre une autre voie. Le monde végétal entier, comme la plante individuelle, provient d'une cellule. C'est la cellule qui renferme la vie végétale dans toutes ses modifications, dans tous ses détails les plus compliqués ; mais, dans son intérieur, tout est encore simple et facile à discerner. La cellule végétale continue son développement individuel, et, peu à peu, quelques-unes de ses parties prennent une signification différente des autres. La cellule est au commencement l'organe tout à la fois de l'absorption, de la sécrétion, de l'assimilation et de la reproduction. D'abord, quelques-unes de ses parties spéciales sont destinées exclusivement à la fonction de la reproduction, à la formation de nouvelles cellules. Peu à peu, un plus grand nombre de cellules se groupent à l'entour d'une plante, et c'est alors que les diverses fonctions se répartissent entre des cellules spéciales dans lesquelles elles se manifestent de préférence. L'acte de la nutrition est d'abord très-simple; la matière absorbée est transformée directement en substance assimilée et le superflu est rejeté. Plus tard, des substances étrangères viennent s'y ajouter de plus en plus, et l'acte simple et immédiat de la nutrition se divise en une série d'actes individuels dont le résultat final est la production de la substance végétale, tandis qu'un nombre de produits secondaires, sans nulle importance pour la vie de la plante, se forment en même temps. Mais à quoi bon pousser plus loin la comparaison; ce qui nous paraît un progrès n'est en réalité qu'un développement dans le vrai sens du mot, une division, une analyse du simple en un plus grand nombre de parties composant l'ensemble. Le nombre de 100 est un nombre simple; en se développant, il peut devenir $99+1$, $3\times33+1$, $3\times(32+1)+1$, $3\times[(4 \text{ fois } 8)+1]+1$, etc. Nous pouvons analyser les proportions qui y sont contenues, et, au lieu de 100 unités, établir un calcul très-compliqué dont le produit final sera toujours 100. C'est la marche que suit tout développement dans la nature.

Le Grec malade s'adressait au prêtre d'Hercule ou d'Esculape. Une herbe que celui-ci cultivait près du temple servait de remède, et le sacrifice qu'effectuait le prêtre inspirait au mortel de la confiance dans le secours des dieux immortels. Qu'est-il sorti avec le temps de cet état simple de la nature? toute la hiérarchie compliquée de notre état ecclésiastique et théologique d'une part, la médecine et la chirurgie, divisées en une infinité de branches, les sciences naturelles et toutes leurs divisions d'autre part; les pharmaciens et les droguistes sont les successeurs des prêtres d'Esculape; les jardins des plantes, les jardins zoologiques, les contrées entières où des hommes industrieux cultivent des plantes médicinales, sont des développements de ce jardin du temple. Des centaines de personnes réunissent actuellement leurs forces physiques et intellectuelles pour atteindre d'une manière plus complète, plus sûre et plus développée le but que remplissait le prêtre d'Esculape, mais peut-être avec moins de succès. Car nous devons avouer que, s'il n'en est pas ainsi pour l'œuvre de Dieu, l'œuvre de l'homme commence par l'imparfait et marche vers le parfait, et que dans les actions de l'homme l'état simple et rudimentaire est effectivement un état imparfait. Néanmoins, nous trouvons aussi dans le développement humain une série d'éléments isolés qui, réunis et confus dans le principe, forment une espèce de chaos. Mais pour nous faire mieux comprendre, nous nous arrêterons à un seul exemple et nous examinerons uniquement la position que prend l'homme vis-à-vis de la nature.

Au début du développement, nous trouvons toujours un mélange. Nous trouvons dans le principe du développement une réunion intime et complète de physique et de contemplation religieuse du monde, et cette manifestation primitive des sentiments religieux de l'homme n'est qu'un culte de la nature. C'est ainsi qu'en Égypte les cultes d'Isis et d'Osiris cachaient immédiatement, sous la forme de l'adoration de Dieu, la vénération pour les forces physiques les plus efficaces et les plus bienfaisantes pour l'Égyptien ; c'est ainsi que se forma, dans la nature luxuriante de l'Inde, l'histoire naturelle si pittoresque du culte de Brahma, et sur les brillantes hauteurs de l'Iran et du Turan, l'homme adore le soleil et le symbolise par le feu ; tandis que, dans la mythologie du Nord, on reconnaît sans peine la lutte de l'hiver glacé et de ses ouragans avec l'été, qui y est si court. Mais, chez les Grecs, la religion de la nature nous paraît la plus belle, la plus sublime et la plus spirituelle.

La prospérité du monde organique dépend dans leur pays, qui possède un climat sec et serein, presque entièrement de la distribution locale et annuelle de l'humidité ; de là leurs divinités personnifiées, Zeus à la mine sereine, Hère qui amène les nuages, Apollon qui distribue la chaleur, Hephaintos qui lance les éclairs, etc., et ainsi de suite, de manière à former un mélange heureux de religion, de physique et de poésie, une mythologie dont la richesse et la beauté plastique constitueront à jamais une source intarissable de jouissance. Mais cet état de choses ne peut subsister qu'avec un certain degré de civilisation. La curiosité investigatrice de l'homme le pousse à soulever le voile d'Isis, et à mesure qu'il réussit dans cette

tentative, les dieux disparaissent de la terre et enfin du ciel ; toute
la nature, avec son immense variété de forces et de matières, tombe
dans le *domaine vulgaire des choses*, dans celui de la physique. Il ne
reste plus dans la nature une seule substance, un seul atome, qui
ait besoin d'un dieu ou qui renferme un dieu ; l'horloge se déroule
en vertu de lois immuables et se remonte sans besoin, mais aussi
sans beauté et sans joie. — Chose étrange ! le naturaliste démontre
d'une manière irréfutable qu'il n'y a pas de couleurs dans la nature,
mais bien des ondulations de l'éther de différente longueur ; qu'il
n'y a pas de son, mais des vibrations de l'air qui se succèdent avec
plus ou moins de vitesse, et, néanmoins, il est ravi du jeu des couleurs de l'arc-en-ciel ; le chant plaintif du rossignol remplit son
cœur d'un sentiment langoureux ; il est impossible de se séparer de
toutes ces masses inanimées qui s'étendent devant lui sous forme de
paysage, des vapeurs dorées de l'aurore par lesquelles la nature parle
à son cœur et entraîne son âme au delà des limites de la réalité. Où ?
il n'en sait rien ; un sentiment intérieur lui dit qu'il existe un autre
monde ; mais ce monde, où est-il ?

Il n'existe ni dans l'espace ni dans le temps. Il est vrai que le
paradis des peuples, comme celui de l'individu, peut se réaliser,
sinon dans l'espace, au moins dans le sens du temps. L'Éden des
hommes est ce degré primitif, où il n'était pas encore à même de se
rendre compte de son état. Sa position à l'égard de la nature lui
permit de la considérer comme intimement liée à la Divinité, parce
que les idées qu'il en avait conçues étaient fausses et qu'elles durent
leur origine à une appréciation trop exagérée de l'une et trop
restreinte de l'autre. Mais la situation de cet autre monde que
recherche l'homme plus civilisé ne peut être déterminée d'une
manière précise. Aussi longtemps que la nature sera une énigme
pour l'homme, il cherchera derrière elle ce qui est inaccessible à
son intelligence, c'est-à-dire un être spirituel semblable à lui, en
d'autres termes il peuplera le côté obscur de la nature d'esprits et
de fantômes qu'il s'est créés, mais qui s'évanouissent promptement
à l'aspect de la lumière. D'ailleurs, le besoin de son cœur lui fait
chercher après une puissance qui dirige les événements et lui

assure une protection contre le hasard et la tyrannie du sort; et
cette puissance, il se la représente d'après ce qu'il a connu de plus
élevé jusqu'alors, d'après le meilleur et le plus sage des hommes, et
il donne à cette image le pouvoir de dominer et de gouverner les
événements qui lui avaient appris à craindre le hasard et le destin,
c'est-à-dire les forces de la nature. Mais avec ses idées de Dieu,
l'homme restera toujours dans le cercle purement humain; aussi se
croit-il toujours assez parent du Dieu de son imagination, pour
revendiquer, non pour lui-même, mais pour ses ancêtres plus heureux, une descendance directe des dieux, ou des rapports, des
liaisons immédiates avec eux. Plus l'homme avance dans son développement intellectuel, et plus la nature devient pour lui claire,
transparente et intelligible, mais plus grandit la distance qui le
sépare de Dieu, et plus celui-ci devient incompréhensible. Pour
l'homme très-instruit, Dieu est tout à fait indéfinissable, car il sait
que, quelle que soit l'idée qu'il pourrait se former de l'Être suprême,
il ne pourra jamais lui ressembler. Bien peu sont appelés à atteindre
ce haut degré d'intelligence et de développement, bien peu sont
parvenus à se connaître assez eux-mêmes pour se contenter de
savoir que l'intelligence humaine ne peut atteindre au séjour de
Dieu et de l'immortalité. L'homme, dans son stupide orgueil, plutôt
que de reconnaître sa nullité, préfère attirer l'Être suprême dans la
poussière de sa science.

Mais comment nous orienter dans ce labyrinthe et comment
revenir à notre sujet?.. Quels sont les éléments, quelles sont les
combinaisons qui éveillent en nous le sentiment du beau et du
sublime?...

Nous devons d'abord faire remarquer que dans aucun travail on
n'a apporté moins d'esprit et de goût que dans l'esthétique de la
botanique; ce que nous en possédons sous ce rapport n'est qu'un
composé de fragments incohérents, et c'est là ce qui excusera, nous
osons l'espérer, l'esquisse incomplète que nous allons donner.

L'ensemble du matériel qui se trouve ici à notre disposition se
divise en trois groupes, d'après l'importance des plantes. Le premier
est le symbole des plantes prises individuellement. L'homme, dès

qu'il se fut arraché à la grossière existence de chasseur pour se
livrer à la vie pastorale beaucoup plus douce, fut conduit par cela
même et plus encore par le degré de civilisation qui se rattache à
l'état d'agriculteur-propriétaire, à l'observation des plantes en particulier; il étudia leur germination et leur mort, leur vie et leur
propagation, et enfin les influences favorables ou délétères de la
nature, du soleil, de la rosée, de la pluie et du sol auxquelles elles
sont soumises. L'homme qui s'est éveillé au sentiment de sa propre
liberté, qui a senti qu'il est « l'auteur de ses actions » supposera
facilement qu'il y a de l'action là où il voit du changement, de la
liberté là où il voit de l'activité et, par conséquent aussi, de la vie
intellectuelle. C'est ainsi qu'au commencement chaque plante, chaque fleur fut symbolisée et représentait un dieu. Des Dryades habi-
taient les forêts, des Sylphides légères exécutaient leurs danses sur
l'herbe agitée par les vents. — Plus tard la poésie, symbolisant la
vie, s'empara d'une manière plus précise encore des plantes et
tressa, ainsi que le culte, de riches couronnes empruntées au règne
paisible de Flore. Le désir ardent d'être immortel, de continuer
l'existence après la vie imparfaite de ce monde, saisit avidement
chaque trait de la nature qui révèle l'immortalité. Le sévère cyprès
ornait chez les Grecs les tombeaux de ceux qu'on avait aimés, et les
prairies des Champs-Élysées d'Homère sont ornées d'asphodèles,
dont la fleur d'un bleu clair renaît tous les printemps de la bulbe
cachée dans le sein de la terre et désignait une résurrection éternelle, une véritable immortalité. — Sur les ondes bienfaisantes du
Nil, du fleuve d'Isis, l'influence vivifiante du dieu du soleil (Osiris)
féconde le lotus dont les fruits volumineux, semblables à l'amande,
offrent une nourriture salutaire à la plus ancienne race du genre
humain; et par un sentiment profond de reconnaissance, cette
plante fut dédiée à ces divinités charitables; elle devint le symbole
de la fertilité, de la force bienfaisante, du développement dans la
nature, et plus tard l'usage de ce fruit, réputé sacré, fut défendu aux
mortels qui avaient d'autres aliments pour se nourrir. Animé de la
sagesse des prêtres égyptiens, Pythagore interdit à ses disciples de
manger ces fèves. — C'est Athénée, la déesse qui présidait à la séré-

nité de l'atmosphère, qui fit cadeau aux Grecs de l'olivier, qui aime
les lieux exposés au soleil, et c'est Poseidon qui couronnait leur
front des branches du pin maritime (*Pinus maritima*, Mill. Bocage
de pins de Poseidon).

Malheureusement l'érudition philologique laisse encore trop à dési-
rer pour qu'il soit possible de poursuivre la symbolisation du monde
végétal à travers toutes les formes du culte chez les diverses races
du genre humain. Ce sont précisément les anciens mythes dont la
liaison avec la vie de la nature est la plus intime, qui ont été le plus
négligés jusqu'ici, et il n'y a pas de doute qu'on y aurait trouvé les
points de départ les plus sûrs pour les expliquer, tandis qu'on leur
a substitué, pour les interpréter, les fantaisies les plus absurdes.

Nous trouvons par conséquent très-naturel qu'il existe encore
entre le mythe religieux et le monde végétal une foule de rapports
que nous sommes en ce moment hors d'état d'expliquer. L'interprétation de la rose et du myrte, familière aux peuples les plus
anciens, comme symbole de l'amour et de l'hymen, ne se base certainement pas sur un simple caprice esthétique, mais bien sur un
rapport intime avec le culte naturel des Grecs, dont la connaissance
pourrait également nous expliquer pourquoi deux des Grâces sont
représentées avec une rose et une branche de myrte, la troisième
avec un dé! L'arc de Kamadarva, le dieu indien de l'amour, confec-
tionné avec une canne à sucre, signifie nécessairement autre chose
que la simple douceur de l'amour, ce qui d'ailleurs serait une allusion un peu froide. Et à coup sûr l'idée d'armer la flèche d'un
bouton de fleur d'Amra prouve chez ce peuple une méditation profonde de la nature.

Il faut avouer que cette interprétation symbolique du règne végétal
ne finit point avec une certaine période de l'histoire du genre
humain, mais que la matière inépuisable en elle-même est continuellement exploitée par le génie poétique de l'homme; que l'origine
d'une pareille parabole se perd dans la masse du peuple, ou va se
rattacher à un génie isolé qui aurait poétisé le culte avec un tact tel
qu'il fit adopter sa pensée comme un bien acquis en commun. De
cette manière il devient souvent difficile à déterminer jusqu'où

remonte dans l'histoire la première production et le premier développement d'une allégorie devenue ainsi un bien commun et faisant
allusion à une plante bien connue ou à quelque épisode de sa vie.
Le lis brisé, la modeste violette, la superbe couronne impériale, etc.,
sont des images si naturelles et parlent si clairement à notre imagination, que nous les retrouvons chez toutes les nations civilisées, et
malgré cela nous n'en connaissons point les premiers auteurs. De
plus, nous ne savons pas encore d'une manière précise si la spécialité
du symbole renvoie à des lieux ou des époques déterminées de
l'histoire. Le musulman qui revient de la Mecque rapporte comme
un témoignage de son pèlerinage une plante d'aloès (*Aloë perfo-
liata*, L.) et la suspend, la tige tournée vers la Mecque, au-dessus du
seuil de sa porte, par laquelle dès lors aucun esprit immonde n'ose
plus pénétrer. Cet usage, dont la partie superstitieuse a passé aux
juifs et aux chrétiens qui habitent le Caire, se rattache, il n'y a pas à
en douter, à l'origine du pèlerinage à la Mecque et à la nature de la
plante, mais la raison nous en est inconnue.

Plusieurs des images et symboles, jadis très-répandus, se sont
modifiés avec le temps, et d'autres les ont remplacés, lorsqu'un
examen plus attentif de la nature avait démontré qu'ils exprimaient
la pensée d'une manière plus distincte. Quelques auteurs ont cru
découvrir dans ces substitutions l'esprit réparateur du peuple.
L'ancien panicaut des champs (*Eryngium campestre*, L.) est une
plante un peu grossière, rude et épineuse, mais conservant longtemps ses formes et sa couleur, et elle servit à représenter la fidélité
constante de l'époux allemand. Ce qu'on appelle aujourd'hui *fidélité
du mari*, est une petite fleur bleue qui se détache de son calice
aussitôt qu'on la cueille, et dont la jolie couleur attrayante, exposée
au soleil, se ternit en peu d'heures (*Veronica chamaedrys*, L.). Mais à
quoi bon faire ces citations, puisque tout homme bien élevé, qui est
familier avec l'esprit de sa langue maternelle, doit connaître ces
images et mille autres contes poétiques tirés de la vie des plantes?

Peut-être serait-il plus important et plus intéressant aussi de
rechercher sur une plus grande échelle les éléments du monde
végétal qui servent de médium à l'impression esthétique. Ce qui

40

nous frappe dans la nature, dans ces phénomènes constituant un
ensemble, en un mot dans le paysage, n'est autre chose qu'une
mosaïque composée de parties différentes qui, considérées isolé-
ment, sont insignifiantes. La forêt et la prairie se relèvent mutuellement par le contraste et déterminent ainsi la beauté d'une contrée;
elles sont en elles-mêmes sans importance pour la part qu'elles
prennent dans la composition de l'ensemble du paysage, des images
caractéristiques du monde végétal; mais l'une et l'autre sont composées d'espèces particulières de plantes destinées à produire une
certaine impression esthétique. On pourrait nommer des groupes
tels que les forêts, les prés, les bruyères, etc., des formations de
plantes, et elles méritent une description plus précise et un examen
plus approfondi que ceux qu'on leur a accordés jusqu'ici.

Cependant, en avançant, nous sommes conduits à reconnaître que
leur caractère spécial est diversement modifié par l'expression
physionomique des espèces dont elles sont composées. Dans l'histoire du développement des plantes, les botanistes distinguent,
d'après certains caractères les plus conformes aux principes de la
science et d'après certaines diversités ou ressemblances, des groupes
nombreux plus ou moins étendus, qu'on désigne sous le nom de
familles. Les végétaux qui y sont classés se rattachent les uns aux
autres par un lien commun, et celui qui s'entend aux détails de
l'étude physionomique ne se trompera jamais sur les traits de
famille sous lesquels tous viennent se ranger. Mais de même que
parmi les hommes se présentent des caractères de races et de
variétés qui sont indépendantes des affinités de famille, par exemple
des yeux de Kalmouk, un crâne de nègre, un nez aquilin, des cheveux blonds, des cheveux bruns, etc., de même parmi les plantes
ce ne sont pas non plus les ressemblances ou les dissemblances qui
sont provoquées par une véritable affinité naturelle, ce sont plutôt
des particularités plus générales de port et de structure, qui se rencontrent le plus souvent dans beaucoup de familles à la fois, et dont
dépend la signification physionomique de la composition des formations botaniques et par suite des paysages. L'observation de ces
qualités des plantes nous met à même d'établir certaines formes

générales d'après lesquelles, sans égard à l'affinité naturelle intime, les plantes sont rangées d'après l'impression esthétique commune qu'elles produisent sur nous et qui en même temps détermine le caractère saillant dans les formations ou en général dans la physionomie du paysage.

De cette manière nous n'obtenons qu'un petit nombre de formes de plantes, au lieu des 300 familles environ que les botanistes ont établies jusqu'ici, et distinguées par des caractères très-détaillés et étudiés avec soin.

Les lichens, ordinairement d'une couleur grisâtre et sèche, d'une consistance crustacée, d'une forme étalée ou à épines semblables à d'énormes cristaux de neige entrelacés, qui provoquent une sensation désagréable de froid, recouvrent les étendues désertes de la limite de la végétation, et forment pour ainsi dire le passage à la nature inorganique. La forme des mousses, au contraire, avec ses feuilles serrées et tendres, d'un vert jaunâtre, tapisse d'une verdure veloutée la surface nue des rochers. —Semblables aux deux familles précédentes, les nymphéacées (1) ou lis d'eau ne se redressent point librement, mais recouvrent la surface de l'eau et se développent dans les contrées riches en eau dónt elles contribuent tant à relever la beauté. En effet, de larges feuilles légèrement creusées, aux contours arrondis, qui s'étalent et flottent sur l'eau, des fleurs magnifiquement colorées, grandes et d'une belle conformation, qui s'élèvent un peu au-dessus de l'élément humide, sont les caractères les plus saillants de la physionomie de ces plantes. — La forme des graminées se distingue de toutes les autres par sa sociabilité; leurs tiges peu élevées portent des feuilles planes, étroites, flexibles, d'un beau vert gai, et leurs panicules délicates se balancent gracieusement sur des pédicelles grêles et filiformes. Jusqu'ici le monde végétal ne se détache encore que peu du sol, qu'il recouvre comme d'un tapis moelleux. — A ces plantes qui rappellent l'image du bien-être, la joie du pâtre, la nourriture des troupeaux, se rattache la sombre

(1) La plus magnifique de toutes, la *victoria regia*, avec des feuilles de quinze pieds et des fleurs nuancées de rose et de blanc, ayant quatre pieds de circonférence, attire maintenant l'attention de tous les amateurs.

forme des joncs : d'un sol marécageux et noir s'élèvent des feuilles
et des tiges raides, hérissées et arrondies, d'un bleu grisâtre, portant, par-ci, par-là, des glomérules de fleurs sèches brunâtres ou des
pelotes blanches de poils attachés aux fruits que le vent de l'automne
enlève et transporte dans les airs. L'agriculteur les appelle herbes
aigres et les bestiaux les dédaignent.— Sur le bord des eaux claires et
surtout sous l'influence du climat chaud et humide des tropiques,
les graminées s'élèvent sous forme de roseaux à larges feuilles (un
massif de bambous représente le type le plus noble de cette forme),
qui dépassent même dans l'Hindoustan la hauteur des arbres
(*Panicum arboresceno*, L.) et forment une prairie au-dessus de la
forêt. Dans le règne des lis aromatiques la tige regorge de sucs,
la feuille s'étend en largeur et en longueur, mais elle est si mince
que les vents la déchirent aisément en lambeaux ; la plante se colore
d'un vert foncé velouté et chatoyant ou d'un vert jaunâtre le plus
chaud, et les panicules de fleurs brillent des couleurs les plus vives.
De la même manière se produit la forme des bananiers, une des
plus caractéristiques pour ce qui regarde la luxuriante végétation
des tropiques. Le lis, qui leur ressemble par ses fleurs magnifiques,
comme il ressemble aux roseaux par la forme de ses feuilles, occupe
le milieu entre les deux familles. C'est la seule qui, dans le sens
étendu que nous y attachons, ait trouvé un artiste digne de la représenter, c'est le Français Redouté.— Enfin, une troisième forme vient
se placer à côté des précédentes, ce sont les *orchidées*. Des feuilles
triangulaires, sagittées, succulentes, portées sur de longues tiges et
des cornets étranges, souvent agréablement colorés, enveloppant
les inflorescences en massue, forment les plantes qui s'installent
souvent sur les troncs des arbres des tropiques et semblent constituer la transition aux orchidées.

Si, dans toutes les plantes nommées plus haut, la production des
feuilles prédomine, nous leur en opposerons maintenant quelques
autres qui montrent un plus grand développement de la tige. Je
mentionnerai d'abord les bruyères, qui constituent de petits buissons rameux, ligneux, dont les petites feuilles grisâtres ou d'un vert
mat sont si rapprochées, qu'elles nous apparaissent comme des

rugosités des rameaux, et sont cause que leurs couleurs souvent si belles sont incapables d'effacer la triste impression que ces plantes produisent partout où elles déterminent le caractère d'une contrée. Les casuarinas pourraient former un groupe secondaire et porter le nom des bruyères arborescentes formant dans l'Australie les singulières forêts sans feuillage et sans ombre. — Plus frappant encore est le développement des tiges dans les cactées épineuses, qui ne se composent que de branches charnues à formes bizarres. Cette forme, qui se rencontre dans plusieurs autres familles encore, par exemple dans les *euphorbia*, les *stapelia*, où elle présente, il est vrai, de véritables feuilles, conserve cependant la même expression physionomique dans la plupart des plantes grasses, telles que les aloès et les ficoïdes. — Nous devons mentionner en outre, non pour leur organisation, mais pour la part particulière qu'elles prennent dans la composition d'un tableau, les plantes à tige dénudée, ou plutôt celles qui produisent un effet particulier par la forme de leur tige et que nous désignons avec les colons espagnols en Amérique par le nom de lianes. Semblables à des cordes de vaisseaux, les tiges nues des *baubinia*, des *aristolochia*, des convolvulacées, des *bignonia* et autres, tantôt tordues ou fléchies, comme un serpent, tantôt aplaties et rubannées, ou garnies alternativement à droite ou à gauche d'excroissances en forme de crête; atteignent dans les forêts vierges des tropiques une longueur de 40 à 50, même de 100 ou plusieurs centaines de pieds, rampent d'arbre en arbre, grimpent souvent sur l'un en l'étouffant presque dans leur étreinte; sautent ensuite sur un autre; puis retombent, en décrivant un arc, pour grimper sur la cime d'un troisième arbre encore plus élevé, où elles vont balancer dans les airs une touffe énorme de fleurs magnifiques, tandis qu'elles n'offrent au voyageur dans la forêt que leurs tiges dénudées à l'aide desquelles elles rendent le fourré souvent impénétrable. C'est pourquoi nous ne savons presque jamais, malgré les soins extrêmes des collectionneurs, à quelle tige de forme bizarre appartiennent les fleurs qu'ils rapportent dans leurs herbiers.

La nature combine ensuite, sous une forme toute particulière, deux des éléments représentés dans les familles précédentes, à savoir : les faisceaux de feuilles et la tige dans les palmiers, qui étaient autrefois consacrés au culte dans l'antiquité et chantés par les poëtes. Mais cette forme se partage en plusieurs subdivisions, dans lesquelles la substance et la forme des feuilles déterminent le caractère physionomique d'une manière spéciale. La tige, en général, dans ces plantes, s'élève à des hauteurs différentes. Tantôt semblable à la masse ronde d'un mélocactus, elle parvient, en s'élevant comme une colonne gracieuse, jusqu'à l'élévation de cent pieds. Il va sans dire que l'impression produite par les *nipa* et les palmiers nains est bien autre que celle que font sur nous les majestueux palmiers à cire des Andes, qui ont près de 180 pieds de hauteur; l'arrangement et la forme de leurs feuilles sont surtout les organes qui modifient cette impression. Et sous ce rapport, nous distinguons encore, dans la forme des palmiers, comme subdivisions de la forme, les liliacées arborescentes et les agaves à tige fléchie et souvent divisée au sommet en un petit nombre de branches courtes et grosses, couronnées par une touffe de feuilles régulièrement étalées, liliformes, de consistance dure, roide et presque immobile; souvent elles sont colorées d'un vert mat et présentent ainsi l'image d'un repos imperturbable. Le cocotier de Thèbes, les gigantesques *fourcroya*, les *yucca* du Mexique, les *vellozia* et *barbacenia* du Chili, les grands aloès de l'Afrique, les *xanthorœa* de l'Australie, peuvent toutes trouver place ici, et la Polynésie fournit à son tour une forme particulière dans les pandanées à feuilles roides, tranchantes, dentelées, d'un vert luisant, disposées en spirales. Ce sont les *serew pine* des Anglais. — Par contre, les fougères, dont le feuillage tendre, infiniment découpé et étalé en éventail, rappelle avant tout le caractère de la gracieuseté, agitent leurs frondes sous le moindre souffle du vent et communiquent l'impression d'une mobilité remuante. Les palmiers, dont les formes accomplies ont été ébauchées par la nature dans les cycadées, déterminent la beauté imposante du monde tropical et tiennent, dans le sens le plus restreint du mot, le milieu entre ces deux extrêmes. Ils méritent que nous nous y arrêtions un moment; pour cela, nous ne pouvons mieux faire que de suivre M. de Humboldt.

Les tiges des palmiers sont tantôt faibles à la manière des roseaux, tantôt difformément grosses, renflées et ventrues, soit en haut, soit à la base, ou vers le milieu. Souvent leur surface est lisse, comme si elle était faite au tour, souvent couverte d'écailles ou armée d'aiguillons noirs et luisants de la longueur d'un pied, et parfois entourée d'un tendre réseau de fibres brunâtres. Ces tiges paraissent surtout bizarres lorsqu'elles sont soulevées au-dessus du sol et soutenues par des racines adventives qui naissent à différentes hauteurs et ressemblent à autant de pieds se serrant autour de la partie inférieure. Les grandes feuilles pinnées ou étalées en éventail, les pétioles roides, dont on fait à Gênes des cannes pour se promener, sont ou lisses ou rudement dentelées; le vert des feuilles est d'un luisant foncé, et souvent elles sont argentées en dessous. Quelquefois le milieu est orné, à la manière d'une plume de paon, d'une bande jaunâtre ou bleuâtre.

Dans le port et la physionomie de ces plantes se trouve en général un caractère élevé, mais difficile à exprimer par des paroles, provoqué surtout par la direction des feuilles. Les parties des feuilles, leurs folioles, sont disposées comme les dents d'un peigne et composées d'un tissu sec et roide, comme cela se voit dans le cocotier et le dattier, disposition qui produit un reflet admirable du soleil à leur surface, qui est d'un vert plus gai dans le cocotier croissant dans le sable du littoral, et plus mat et grisâtre dans le dattier qui aime les bords des déserts; le feuillage possède parfois, comme dans les roseaux, un tissu d'éléments plus délicats et plus flexibles, et souvent il est crépu à son extrémité. L'expression majestueuse des palmiers est surtout produite par la direction des feuilles. Plus elles sont dressées, plus l'angle qu'elles forment avec le bout de la tige est aigu, et plus grandiose, plus sublime en est la forme. Quelle différence entre l'aspect que produisent les feuilles pendantes de la *palma de Covija*, sur le bord de l'Orénoque, et même du cocotier et du dattier, et les branches élancées du *jagua* et du *pirijao* ! La nature a accumulé toutes les beautés sous la forme du jagua qui couronne les rochers granitiques des cataractes de l'Atures et du Maypure. Ses tiges vertes et gracieuses s'élancent à 60-70 pieds de hauteur, de

manière à surpasser les arbres qui forment des massifs autour
d'elles ; leurs cimes aériennes, sous forme de colonnades, contrastent admirablement avec les ceibas touffues et la forêt de laurinées
et de baumiers qui les entourent. Leurs feuilles, au nombre de sept
à huit, sont dressées presque perpendiculairement et ont au moins
16 pieds de longueur. Les extrémités en sont frisées à l'instar des
plumes d'autruche, et leurs pinnules, d'une texture membraneuse et
mince, s'agitent légèrement sous le souffle du moindre zéphyr. Dans
les palmiers à feuilles pinnées, le pétiole sort de la partie sèche,
rude et ligneuse de la tige, ou bien semblable à la tige principale,
mais poli, verte et grêle; une autre tige, en se superposant comme
une deuxième colonne sur une première, supporte les feuilles. Dans
le palmier à éventail, une couronne de feuilles vertes repose sur
une autre couronne de feuilles sèches, circonstance qui donne à ce
végétal un caractère sévère et mélancolique. Dans quelques espèces
de ce genre, la couronne se compose d'éventails portés sur des
pétioles longs et grêles. Les fleurs font éruption de la tige au-dessous de l'origine des feuilles, et cela dans tous les palmiers. La
manière dont cela a lieu influe nécessairement beaucoup sur la
forme générale du végétal. Parfois on voit le bouquet serré des
fruits, semblable à celui d'un ananas, surgir du centre d'une grande
spathe roulée et perpendiculaire, et qui, le plus souvent, a plusieurs pieds de longueur et est verte, rude ou d'une blancheur
éblouissante, qui permet de la voir au loin se balancer le long de
la tige.

Quant à la forme et à la couleur des fruits, il y a plus de variation
qu'on ne le suppose ordinairement. Dans les lépidocaryées et les
sagoutiers, les fruits sont écailleux, bruns, et ont l'apparence
de jeunes cônes de sapins. Qu'elle est grande, la différence entre
l'énorme noix de coco et la baie du dattier, ainsi que les
petites drupes du corozo qui ressemblent tant à nos cerises; mais
aucun fruit de palmier n'approche en beauté de celui du pirijao de
Saint-Fernando d'Atabapo; ce sont des pommes ovales, dorées à
demi-teintes de pourpre, formant une grappe serrée qui pend du
haut de la cime de ces arbres si remarquables par leur beauté.

Que ces quelques lignes suffisent pour caractériser ce genre de végétaux. Il nous reste encore à examiner une forme principale dans laquelle la tige et les feuilles se confondent de la manière la plus intime, et déterminent dans leur ensemble une impression totale, tant soit peu variée, il est vrai, par certaines modifications particulières que subissent ces organes. C'est la forme des arbres qu'on peut subdiviser dans des proportions plus vastes que nous ne l'avons fait pour les palmiers en plusieurs sous-formes caractéristiques.

Trois de ces formes sont si connues, qu'il suffit de les nommer. C'est celle des arbres à feuilles caduques, avec leurs branches étalées en tout sens, formant ainsi des massifs serrés et fort compactes. — La forme des saules avec leurs rameaux clairs, en guise de verges, garnis de feuilles étroites ou longuement pétiolées, vacillantes, dont la surface inférieure, ordinairement recouverte d'un duvet blanchâtre, prête à ce feuillage un reflet argenté chaque fois qu'il est agité par le vent; elle est représentée chez nous par les saules et les peupliers, dans le Midi par l'olivier qui est si précieux pour les habitants de ces climats. — Enfin, vient la forme des arbres résineux qu'on distingue à ses feuilles d'un vert grisâtre ressemblant beaucoup à des aiguilles plus ou moins longues; leurs rameaux sont disposés en verticilles et étalés, et la tige, d'un roux brun foncé, rappelle presque une végétation de jôncs devenus arbres. Ces trois formes sont remplacées, dans le Sud et dans les régions équinoxiales, par trois autres qui, bien que différentes par leur organisation, pourraient cependant leur être comparées sous d'autres rapports. La masse de nos forêts, et notamment nos taillis et nos buissons, sont caractérisés sous les tropiques d'une manière particulière par la forme des mauves, dont les grandes feuilles palmées, longuement pétiolées, mais comparativement en petit nombre, ne produisent par là même, et malgré leur ampleur, qu'un ombrage fort insignifiant; leurs tiges sont courtes, grosses et seulement au sommet divisées en branches peu rameuses et raides. Le géant du monde végétal, le baobab sacré, la masse difforme de la tige ventrue du rombax, les massifs formés par les *althaca*, à fleurs purpurines, et la *pau-*

41

lownia imperialis, d'une croissance admirablement rapide, appartiennent à cette forme (1).

Pour ce qui est de l'impression particulière que les plantes font
par la texture et la couleur de leur feuillage, la forme des lauriers
et des myrtes rappelle celle des salix du Nord et une foule de myrta-
cées de la Nouvelle-Hollande sont à peine à distinguer sous ce rapport des premiers. Il est vrai qu'en somme, des feuilles larges,
coriaces, raides, vernies, luisantes, caractérisent ces végétaux, et
il faudrait encore mentionner le duvet blanc et dense qui revêt la
surface inférieure des feuilles des protéacées et donne à leur verdure
brillante un aspect argenté. Je suis tenté de proclamer comme forme
la plus accomplie du monde végétal celle des acacias. Des tiges
grosses ou élancées, une ramification divisée, multipliée, souvent en
forme de parasol, ou réticulée et aérienne, ou bien encore noueuse
à la manière du chêne, tout cet ensemble produit une grande
richesse de formes et une grande somme de beauté relevée surtout
par l'élégance d'une moelleuse verdure. Leurs feuilles pennées,
souvent petites et gracieuses, se dessinent en effet sur l'azur du
ciel comme les broderies ou les dentelles les plus fines, ou s'étendent au loin en courbures et flexions pittoresques dignes de riva-
liser avec les palmiers. La robinia (*robinia pseudoacacia*), provenant
de l'Amérique du Nord, ne nous donne qu'une faible image de la
prodigieuse variété, de la délicatesse, de la magnificence et de la
majesté auxquelles atteint cette forme sous l'influence des rayons
vivifiants d'un soleil tropical.

Si nous nous bornons à cette simple énumération des formes
caractéristiques des plantes, c'est parce qu'ici nous nous sentons
incapables de dépeindre la richesse de la nature; il nous manque
surtout des dessins exécutés par une main de maître. Les voyageurs,
qui sont le plus souvent des collectionneurs sans discernement, se
sont encore trop peu occupés de cette partie de la science. Et parmi
ceux même qui l'ont fait, il y en a beaucoup dont le coup d'œil n'est
pas assez dégagé et juste pour distinguer ce qui caractérise le

(1) La *Paulownia* appartient à la famille des scrophularinées, mais elle affecte le port
d'une malvacée arborescente. (*Le Trad.*)

paysage et ce qui leur paraît remarquable ou intéressant. Beaucoup d'entre eux, dans le but frivole de dire quelque chose de nouveau, rangent, les uns après les autres, des mots ronflants vides de sens et d'idées, ou s'abandonnent à l'exubérance des sentiments ou au vol d'une imagination libre de toute entrave. Rarement on y trouve l'objectivité classique et la pénétration plastique qui distinguent les descriptions de la nature de Gœthe, de Sealsfield, et avant tout celles du maître de la science et de la langue, de M. Alexandre de Humboldt.

J'ai classé toutes ces formes d'après la manière dont elles revêtent le sol ou s'élèvent au-dessus de lui en constituant un extérieur indépendant. Je les ai rangées suivant l'impression qu'elles produisent sur l'observateur d'un paysage, soit par le feuillage, soit par les formes spéciales de leur tige, ou enfin par le résultat produit par le mélange de ces deux sortes d'organes. On pourrait cependant faire valoir d'autres motifs de classification plus importants, appropriés au point de vue de l'art. De même que nous divisons un paysage en premier plan, en plan du milieu et en arrière-plan, de même ces formes devraient être saisies dans leur différente signification pour les trois parties de ce tableau de la nature et dessinées par une main sûre et habile.

Les petites et humbles formes des graminées, qui n'ont point de signification lorsqu'elles sont en masse, ne perdent rien par la distance, tandis que les bananiers et les aroïdées, à cause de leurs belles formes et de leurs grandes feuilles, demandent à être placés sur le premier plan. Par contre, les lignes délicates des feuilles des mimosas se confondraient à l'arrière-plan en une masse verte confuse, tandis que les palmiers élevés, trop rapprochés, nuiraient à la perception totale du tableau, de manière que leur beauté ne produirait plus d'effet.

D'autres voyageurs augmenteront le nombre des formes des plantes en faisant ressortir davantage leur signification, et ils nous feront connaître les nuances distinctives qui permettront de subdiviser les groupes principaux. L'intelligence y gagnera d'autant plus que nous aurons à notre disposition une grande provision d'esquisses artistiques, telles qu'en a fourni avec une fidélité inimitable le baron de Kittlitz dans ses *Vues de la végétation*.

Je ne puis me refuser la satisfaction d'appeler l'attention de mes lecteurs sur un ouvrage du même auteur, commencé depuis quelque temps. Ces *Vues de la végétation*, dont la première livraison parut en 1854, représentent en planches coloriées les formes des plantes caractéristiques de l'Allemagne, autant qu'elles n'ont subi aucune altération par la culture. Les quatre premières vues, prises dans l'ouest des Sudètes, promettent un ouvrage aussi intéressant pour le botaniste que pour l'ami de la nature.

Ce qui est le plus digne d'étude, mais malheureusement ignoré presque entièrement, c'est le côté de ces formes qui présente des rapports avec l'homme, avec l'histoire de son progrès et avec sa manière d'envisager la vie. Ici, ces types naturels prennent une plus haute signification et deviennent plus importants encore pour le psychologue et pour l'ethnographe que pour le botaniste. La manière de concevoir le monde doit différer de beaucoup chez l'individu qui a reçu ses premières impressions dans les sapinières mélancoliques de la Suède, chez l'homme qui a grandi sur les plateaux tourbeux et les bruyères de l'Écosse, et chez celui qui a été entouré, dès sa tendre jeunesse, du feuillage luisant des lauriers et des myrtes, ou qui a respiré sous le ciel serein de la Grèce. Il serait superflu d'insister sur ces différences, qu'il est plus facile de sentir que d'écrire. Quoique dans la mythologie même le côté le plus vivant et le plus fertile n'ait point encore été approfondi, il nous sera cependant permis d'établir, en thèse générale, qu'il n'existe aucune science ayant un rapport quelconque avec les conditions terrestres, qui, si elle ne se fonde pas sur les sciences d'histoire naturelle, soit et puisse jamais être autre chose qu'une érudition de mots vains ou de visions bizarres et mensongères. On ne comprend pas l'âme de l'homme sans sa réunion avec le corps, et on ne peut comprendre le corps sans sa dépendance de la nature entière. Que reste-t-il hors de cela qui mérite de devenir un objet de la science?

Cette influence, que le monde végétal exerce sur le développement de l'homme, n'est point démontrée par des formes seules, mais bien par leur combinaison avec les formations des plantes dont nous venons de parler.

Qu'on n'attende ici de moi qu'une simple indication de la richesse infinie de la nature; le cadre étroit de cet ouvrage me défend de donner de plus amples esquisses. Si nous avions pris pour tâche d'épuiser complétement ce sujet, nous serions obligés de comprendre dans le cercle de nos études le monde animal ainsi que les éléments géognostiques. L'homme ne vit point avec tels ou tels autres corps naturels, mais avec l'ensemble de son entourage; le paysage avec tout ce qui le constitue agit sur ses sentiments et peu à peu sur toute sa manière d'être, et ce n'est que lentement qu'il progresse, qu'il lui devient possible d'analyser les parties constitutives du tableau et d'étudier l'impression générale qu'il subit dans ses effets isolés. Ce n'est point l'herbe, mais la prairie; l'arbre, mais la forêt; le buisson de myrte, mais toute l'étendue couverte de petits arbrisseaux toujours verts, qui comme une ceinture entoure les montagnes de la Grèce, contraste d'un côté avec des prés émaill.s, d'un autre côté avec de sveltes sapins, qui ont exercé leur puissante influence sur la satisfaction ou sur le mécontentement de l'homme. C'est ainsi que l'étude de la formation des plantes, d'après leur composition, devient plus significative, et cela d'autant plus que c'est précisément par là que se manifeste le caractère particulier des différentes contrées.

Parmi ceux qu'un génie bienveillant a conduits au milieu de la belle nature des tropiques et qu'il a ramenés sains et saufs dans leur patrie, aucun n'a pu se défendre de l'impression que la singularité de la Flore de ces régions a produite sur lui, et jamais il ne pourra l'oublier. Qu'elles sont faibles et insuffisantes, ces expressions vulgaires : richesse, exubérance, vigueur, etc., par lesquelles on a cherché à dépeindre ce caractère; elles sont même fausses, car celui qui a vu une forêt vierge du Nord avec ses énormes troncs élancés, ses milliers de cadavres de plantes en putréfaction, l'abondance des fougères et des mousses qui enveloppent et recouvrent tout ce qui est mort ou vivant, celui-là seul, disons-nous, doit pouvoir comprendre qu'il n'est pas possible d'imaginer une plus grande

abondance de végétation. Ce qui est plus frappant encore, c'est que
plus on approche des pays chauds, plus les plantes sociales se
perdent et plus le nombre des espèces distinctes augmente. Et
néanmoins, quelque vrai que soit cet axiome, il ne sera pas reconnu
comme tel par celui qui, tenant plus à la physionomie qu'aux règles
de la botanique, se rappelle certaines formes de forêts, de taillis ou
de steppes ; car on explique bien la cause fondamentale du phénomène, mais on ne parvient pas à comprendre la manière dont elle
parvient au résultat final. Si à la vue de l'ombrage sombre de nos
forêts de hêtres nous croyons pouvoir juger de celui que produit la
végétation plus luxuriante des tropiques, nous sommes étrangement
trompés, en la voyant si éclairée et inondée de lumières. Cette
richesse de la végétation retombe des cimes les plus élevées des
palmiers et des *bertholletia*, de la branche sur le rameau, du rameau
sur la tige ; elle recouvre la terre et se balance dans les airs en
riches festons. Et comment cela serait-il possible si la lumière tout
à fait indispensable aux plantes venait à manquer ou ne pouvait
pénétrer jusque dans les régions inférieures. L'épais ombrage de
nos forêts, que nos pins à feuilles si étroites produisent par le grand
nombre de leurs ramifications, à l'aide desquelles ils résistent aux
ouragans de l'automne et à la rigueur de l'hiver, empêche précisément la vie végétale de se développer au pied des arbres, contrairement à ce qui se passe dans les forêts des tropiques. Au reste, cette
ramification particulière, étendue et aérienne, réside dans la nature
de ces arbres ; elle est alliée à une disposition des feuilles, qui,
imitant celle des palmiers, ne se trouvent le plus souvent qu'au sommet des rameaux. Ajoutez à cela la grande diversité des plantes qui
se trouvent circonscrites dans un petit espace de terrain, et dont la
végétation est si inégale, que, vue de loin, une pareille forêt ne présente aucunement les contours et les masses arrondis d'une forêt de
hêtres ou de tilleuls de l'Europe. Et puis, pour achever le tableau,
disons encore que la fréquence des feuilles luisantes, qui réfléchis-
sent et projettent la lumière solaire, comme autant de petits miroirs,
et la renvoient dans la profondeur des ombres, y contribue pour
une assez grande part. Ces traits et peut-être une foule d'autres

encore composent l'image qui se présente à notre contemplation avec ce caractère étrange, mais néanmoins revêtu des charmes les plus attrayants.

Mais en parlant de *formations* de plantes, nous empruntons cette expression à une autre science, à la géognosie, et nous entendons par là, autant qu'il nous est permis de faire une comparaison, désigner quelque chose d'analogue; et de même que dans l'examen géognostique de la surface de la terre, on distingue le plat pays et les montagnes, nous pouvons, en appliquant cette distinction au monde végétal, établir deux formations principales : les plaines et les forêts. Chacune de ces deux divisions se subdivise en formations spéciales, qui, en se développant, en prédominant ou en s'effaçant, déterminent ici, comme dans la géognosie, le caractère de la végétation du paysage d'une contrée. C'est surtout la recherche et l'exposition de ces formations qui offrent ce charme que l'on attribue ordinairement à la phytogéographie, par une confusion d'idées. Mais celle-ci peut et doit poursuivre un but scientifique, poser des problèmes théoriques et les résoudre,—et « *la théorie, cher ami, a la tête grisonnante, mais l'arbre de la vie est toujours vert*, » et il a été démontré que ce côté esthétique de la nature, inaccessible à la sévérité de la science, est précisément celui qui, quoique difficile à poursuivre dans sa marche silencieuse, empiète néanmoins le plus puissamment, sous tous les rapports, sur la marche de l'histoire du progrès intellectuel. « Tel homme, tel Dieu » est un proverbe qui est certainement vrai, mais on doit aller plus loin et ajouter : l'homme aux premiers degrés de civilisation est comme la nature qui l'a vu naître.

D'autre part, nous ne devons pas oublier de faire ressortir une différence essentielle qui fait distinguer la formation géognostique de la formation végétale. La dernière est immobile et invariable, au moins elle est la même depuis un nombre de siècles incalculable; celle-là, au contraire, avec le cachet de la vie organique, suit à sa manière le jeu des forces puissantes et naturelles de la terre. Ses traits ne sont pas déterminés, immobiles; mais de même que le caractère de la nature change en grand, elle change aussi le sien et

regarde l'homme pour ainsi dire avec un nouveau visage; de sorte
que la formation qui aujourd'hui éveille en nous des sentiments
gais, accablera peut-être demain notre âme par l'image mélancolique de la désolation. Plus nous avançons vers les latitudes
septentrionales, plus la différence entre l'aspect que présente la
nature en hiver et en été devient grandè, et suivant que les conditions climatériques se fixent, nous trouvons qu'une, deux, trois ou
quatre saisons altèrent la physionomie du monde végétal, qui
tantôt apparaît déterminée et invariable, tantôt variée et changeant de différentes manières. Mais ce n'est pas sur telle ou telle
circonstance qu'est fondée l'influence irrésistible de la nature,
mais bien sur la manière dont son histoire et la série de ses changements agissent sur l'homme ou déterminent ses actions. Tandis que
le teint pâle, d'un gris verdâtre des feuilles des sapins sous la
lourde couverture de neige rend l'impression de l'hiver sombre et
mélancolique, la verdure des forêts du Sud produit l'illusion de
l'été, lors même que le corps tremblant de froid donne un démenti
à cette erreur météorologique.

Il est difficile de rendre par les paroles, d'une manière vivante et
claire, le caractère des différentes formations forestières. L'artiste
n'a aucune difficulté à représenter les paysages; il a à sa disposition le dessin, la feuillée, la couleur, l'effet de la lumière, etc.
Néanmoins ces différences sont faciles à saisir pour celui qui aborde
la nature, les yeux ouverts. Déjà les forêts de pins et de sapins offrent
des différences notables dans leurs traits; les premiers ont leurs
troncs droits et perpendiculaires, leur couronne conique formée de
branches verticillées; les autres reposent sur des troncs rabougris,
noueux, dont les lignes vues en perspective se croisent en tous
sens; leur couronne, étalée en plan, offre un extérieur qui se retrouve
dans toute sa pureté dans le pin à pignon du Sud. Ces forêts, semblables à celles qui recouvrent d'énormes étendues de terrain dans
la marche de Brandebourg, se répètent, mais sur une plus grande
échelle, dans les *Pinebarrens* de l'Amérique du Nord. Cet arbre,
qui recherche surtout un sol siliceux, forme des sapinières étendues
qui recouvrent une distance de plusieurs centaines de milles anglais

le long de la côte de la Virginie et du nord de la Caroline, et constituent par leur masse un trait saillant dans la physionomie du pays entier.

Plus frappante encore est la différence entre les diverses formations des arbres à feuilles caduques; les massifs touffus des hêtres, des tilleuls et des ormes forment des forêts à sombre ombrage, qui dénudent le sol de toute végétation, tandis que l'orgueilleux chêne, supprimant toute autre essence dans son voisinage immédiat, aime à croître seul ou en compagnie d'un petit nombre d'arbres de son espèce. Autour de lui le sol est couvert de graminées et d'autres herbes qui donnent tant de charme aux sites, tels que le pinceau immortel de Ruisdael nous en a laissé. L'effet brillant des forêtsde magnolias du sud de l'Amérique septentrionale produit une impression tout autre que le charme gracieux des bosquets d'acacias de l'Afrique ou la légèreté des bouleaux du Nord, et enfin le monde tropical exhibe des variétés dont la description fournirait un sujet inépuisable. Je veux appeler ici l'attention sur un singulier contraste qu'offrent quelques contrées des climats chauds. La rigueur du froid de l'hiver dépouille nos forêts de leur plus belle parure, et, dénuées de feuilles, les branches étendent leurs rameaux noirâtres qui contrastent avec la neige du sol humide ou se dessinent sur le ciel grisâtre du mois de décembre. En même temps le voyageur parcourt par une chaleur dévorante les catingas du Brésil : il pénètre dans les forêts que l'action brûlante du soleil prive de son feuillage au milieu de l'été. Partout leurs branches nues jurent singulièrement avec la belle verdure qui tapisse les bords d'un petit ruisseau, ou avec les masses charnues des cactées qui sont inaccessibles aux effets de la chaleur.

Mais souvent, sous le feuillage le plus frais, on voit les forêts prendre un caractère des plus sauvages et des plus effrayants. Souvent les feuilles par trop serrées empêchent l'accès de la lumière et le renouvellement de l'air tout en arrêtant la décomposition des substances végétales; souvent le sol uni et sans pente ne permet pas à la surabondance d'eau de s'écouler, surtout quand des débris de plantes obstruent les canaux, et c'est ainsi, en suite de la propriété

42

que l'humus possède d'absorber l'humidité, que se forment les marais tourbeux les plus étendus. Par le dépôt incessant des débris de végétaux, le sol s'exhausse de plus en plus, et souvent il arrive que cette masse détrempée, demi-liquide, se trouve de beaucoup au-dessus du niveau du terrain qui l'environne, et que le soleil ne peut dessécher ni limiter dans sa croissance, quand même le vent parviendrait à en enlever la couche protectrice. Un pareil marécage existe en Virginie, entre les villes de Suffolk et de Waldon, et s'élève à 12 pieds au-dessus du sol environnant. C'est le *great-dismal* ou le grand lugubre, comme l'appellent les habitants, et qui alimente un assez grand nombre de rivières. Le cyprès de l'Amé-·rique du Nord (*Taxodium distichum*, Rich.), grâce à son feuillage fin mais touffu, joue le rôle principal dans la formation de ces maré-cages. Le même arbre forme les fameux et terribles marécages de cyprès dans la Louisiane, sur les bords du Red-river et du Mississipi. Des troncs gigantesques, d'une puissance fabuleuse, se serrent les uns contre les autres; leurs rameaux s'entrelacent et répandent en plein jour un sombre crépuscule. Le sol consiste en blocs amoncelés, à demi putréfiés, dont les interstices remplis d'une bourbe sans fond servent de repaire à des alligators voraces et à des tortues dange-reuses, seuls maîtres de cet enfer fumant sous un soleil presque tropical. Voilà l'état des choses en été; mais au printemps, les rivières débordent et déversent leurs flots bourbeux à travers cette végétation funeste. — Ces marécages de cyprès, dont Sealsfield a tracé une image si frappante, correspondent entièrement aux man-grovières de l'intérieur du pays, lesquelles bordent les embouchures de tous les fleuves des tropiques. Elles sont composées d'un petit nombre de plantes différentes et presque en totalité de mangles, arbres qui excitent l'étonnement par le grand nombre de racines adven-tives qui naissent de la partie supérieure de la tige et les soulèvent ensuite au-dessus du sol. Cette plante se plaît dans des lieux alter-nativement baignés par l'eau douce et l'eau salée, selon que la marée est basse ou haute. Ses nombreuses racines forment un tissu si inextricable que les interstices en sont aisément obstrués par les feuilles qui en tombent en grande quantité, et qui, de cette manière,

ESTHÉTIQUE DU MONDE VÉGÉTAL.

forment une nouvelle couche de terre, destinée à une seconde végétation, au-dessus de laquelle la mer et le fleuve roulent leurs ondes,
selon les heures de la journée. Le plus souvent cependant l'action
des racines se borne à ralentir le courant de l'eau et à retenir les cadavres des animaux qui, par ce contact de l'eau de mer, entrent
promptement en décomposition. C'est là dans ces contrées l'origine
du gaz hydrogène sulfuré, qui empoisonne l'atmosphère au point
que les naturels mêmes, accoutumés dès leur enfance à respirer ces
émanations, se traînent en été comme des spectres, tandis que les
Européens qui s'avisent de séjourner dans ces localités sont exposés
à une mort certaine. Ces forêts sont les ennemis invincibles qui,
jusqu'ici, ont fait avorter toutes les expéditions sur le Niger et ont
éclairci d'une manière si terrible les rangs des hardis explorateurs.
Moi aussi j'ai pleuré un ami, Théodore Vogel, mort à Fernando-Po,
victime de son dévouement pour la science.

De même que la colline forme l'intermédiaire entre la montagne
et la plaine, de même aussi le buisson tient le milieu entre les formations forestières et le pays plat couvert de bouquets d'arbres
épais.

Il faudrait encore citer ici les quasi-forêts de la côte nord de
l'Australie, lesquelles recouvrent une région immense qui s'étend
au sud de la baie de Raffles et du port d'Essington jusque vers l'intérieur. Elles ont une physionomie tout à fait particulière, qui se
rencontre partout dans ce pays étrange. Les arbres et les buissons
portent des feuilles coriaces; la plupart sont couvertes d'une poussière blanche et résineuse qui leur donne un aspect monotone, triste,
et un teint vert pâle. Les principaux de ces arbres sont des eucalyptus, des acacias, des leptospermun et des melaleucas. Plusieurs
autres plantes comptent à peine à côté de celles-ci; elles vivent à
l'abri de ces troncs élancés et grisâtres, placés à de grandes distances les uns des autres, et dont le feuillage maigre, toujours
oscillant, rappelle les saules pleureurs de nos pays. De belles touffes
de graminées à tiges grêles, très-élevées, croissent dans toute
l'étendue de ces buissons, où des kanguroos, des ramiers et d'autres
oiseaux établissent leurs demeures. Les rayons solaires plongent

sans obstacle entre ces feuilles étroites qui se balancent sans cesse sur leurs pétioles menus et produisent une lumière douteuse, mélangée à des ombres fugitives. L'œil qui se dirige au loin à travers ces dais de feuillages et de rameaux est arrêté, moins par l'épaisseur de la végétation, que par l'éclat vacillant d'une lumière incertaine et mystérieuse.

Partout où des espèces sociales de la famille des palmiers se groupent ensemble, leur masse clair-semée rappelle moins que toute autre la physionomie de nos forêts. De vrais bosquets de ces plantes qu'on trouve sur la limite septentrionale du Brésil et sur le bord des fleuves de ce pays, ressemblent plutôt à des colonnades supportant des voûtes perforées. Les yuccas, les fourcroya et d'autres liliacées à haute tige et qui vivent sur les plateaux arides du Mexique ont un extérieur tout à fait particulier; elles n'offrent aucun abri contre la fureur des vents et elles sont encore moins capables de modérer l'ardeur du soleil. Viennent ensuite les masses difformes des manguey avec leurs feuilles larges, épaisses, raides et dentées, épineuses sur le bord, offrant un ton vert grisâtre et des hampes florales hautes de 20 pieds, complétées par des cactus de toutes les formes disposés en massifs étrangement fantastiques et impénétrables.

Les chapparal épais qui occupent des étendues sans fin, entre le Nueces et le Rio-Grande, forment des buissons de mesquites hauts de 6 à 7 pieds et entrelacés de lianes; les champs de Palmetto, composés de roseaux et de palmiers nains sur le bord du Sabine, du Natches et d'autres rivières du Texas; les buissons nains d'acacias de l'Australia Felix, et enfin les immenses djungles aux Indes orientales, formés de bambous et d'autres graminées gigantesques, peuplés d'éléphants et de tigres, sont autant de formations particulièrement caractéristiques des buissons, qui souvent, n'atteignant pas la hauteur de l'homme ou ne la dépassant qu'à peine, semblent, au premier coup d'œil, n'offrir aucune résistance au passage qui ne s'opère qu'avec des peines inouïes et parfois devient impossible. Longtemps encore après que l'homme se fut établi dans leur voisinage, ces formations ne furent traversées que par des sentiers étroits que les bêtes sauvages s'étaient frayés. La variété, par le mouvement qu'elle provoque dans la perception ou dans la pensée, présente seule le moyen essentiel d'éveiller le plaisir esthétique ou l'intérêt. La ligne droite n'est pas belle, ou plutôt elle n'est ni belle ni laide ; mais la ligne courbe ou brisée, en ce qu'elle oblige à un mouvement de déviation, revendique déjà un jugement esthétique, et nous l'appelons belle lorsque le mouvement de l'œil n'est pas trop vivement excité ; laide, lorsque l'œil est souvent et brusquement détourné de sa direction, de sorte qu'il ne peut suivre la ligne brisée anguleuse par un mouvement continu, mais qu'il est obligé de prendre à chaque instant une nouvelle direction. Le sentiment du beau peut également être éveillé par le contraste et par l'opposition, du moment pour ainsi dire qu'on a satisfait à une loi latente (par exemple dans l'arrangement des couleurs complémentaires), et au besoin qu'on a complété l'ensemble idéal d'un phénomène capable de provoquer, par le contraste même, un sentiment satisfaisant de perfection.

Ces indications nous feront peut-être mieux comprendre l'ancien adage, qu'il manque aux pays chauds un des principaux charmes de nos paysages, c'est-à-dire des prés émaillés de fleurs. Des plaines couvertes d'herbes et sans arbres ne manquent aucunement sous les tropiques de l'ancien et du nouveau monde ; mais si nous parlons de la beauté de nos prairies, nous n'avons pas en vue la plaine couverte de graminées, mais le contraste si riche en formes variées et par là même le charme d'un tapis vert et velouté tranchant sur les beaux contours arrondis des buissons et des taillis qui en forment la bordure, et sur la haute futaie majestueuse qui compose l'arrière-plan. Les tristes bruyères — sapinières des Marches — n'y gagneraient rien en beauté, si ces plaines unies et sans fin étaient couvertes de la plus belle herbe et si les arbres en étaient exclus.

Si nous plaçons donc la *formation* des plaines à côté de celle des forêts, nous introduisons en même temps un nouvel élément esthétique dans l'étude de la nature.

A l'aide de la richesse des formes, du mélange agréable des dessins qui éveillent tour à tour l'esprit et le sentiment, il n'est pas

impossible de comprendre l'élément du beau qui réside dans les
forêts. Il en est tout autrement des vastes plaines couvertes de
végétation qui, à cause de cela même, produisent sur le sentiment
de l'homme une impression tout à fait particulière.

Quelle n'est pas la déception du voyageur qui parcourt les immenses prairies de l'Ouest? Au milieu d'une plaine uniformément
recouverte de graminées élevées, il se sent peu à l'aise, et nulle part
la moindre colline, la moindre éminence ne vient reposer à l'horizon
ses regards fatigués de cette triste monotonie. Il marche et marche
toujours à travers l'étendue sans fin qui l'entoure de tous côtés de sa
morne uniformité.

L'infini, qui jusqu'ici s'était dérobé à sa vue, qui écrase l'homme
en lui prouvant toute son insignifiance, s'offre maintenant devant
lui, et avec elle un sentiment désolant s'empare de son esprit. Un
jour suit l'autre, de l'Orient vers l'Occident, et autour de lui se développent de plus en plus toutes les idées qu'il avait conçues autrefois
de la grandeur ; son amour-propre se rétrécit, le sentiment du néant
s'appesantit sur son âme émue qui la paralyse et l'étouffe, et avant
qu'il ait atteint la limite opposée, le désespoir ou un sentiment de
profonde piété a pris possession de son cœur. Si toutefois l'uniformément grand est capable de produire une impression esthétique,
c'est bien celle du sublime, devant lequel l'homme se jette dans la
poussière pour l'adorer.

Une modification particulière de ces prairies a été appelée par
les colons *Rolling prairies* (ou plaines mouvantes), dénomination
fort significative qui indique une mer sans fin couverte de vagues de
terre de 20 à 30 pieds de hauteur. Je n'entreprendrai pas de décrire
la face rouge de colère de ces plaines, lorsque en été la flamme a été
mise à l'herbe séchée et la roule avec une vitesse pleine de furie
semblable à un océan de feu ; ce serait, après un Cooper ou un Sealsfield, porter des hiboux à Athènes.

Situées sous des latitudes et des conditions climatériques identiques, les pampas de Buénos-Ayres offrent aussi un caractère analogue aux prairies de l'Amérique du Nord, avec cette différence que
l'homme, par son intervention active, leur a imprimé un cachet

tout particulier. Le chardon et l'artichaut, importés par les Européens, se sont rapidement emparés du sol et ont recouvert en peu de temps une étendue de plusieurs lieues carrées de leur végétation épineuse, d'une vigueur inconnue en Europe. C'est ainsi que ces déserts de chardons sont devenus un terrible fléau pour le pays. A l'égal de brigands, ces plantes détruisent une meilleure végétation et servent de repaire à des tigres carnassiers ou à des bandits plus terribles encore.

On pourrait presque soutenir que les steppes proprement dites, plus près de nous, nous sont cependant moins connues que ces formes de la nature des pays éloignés; car nous sommes devenus extrêmement familiers avec elles par les descriptions qu'en ont données des hommes de génie. En effet, on n'entend que trop souvent parler des fausses idées que certaines gens se sont formées de ces immenses plaines qu'on désigne ordinairement sous le nom de la bruyère du nord de l'Allemagne. Depuis les limites occidentales de la France, à travers la Belgique, le nord de l'Allemagne, la Russie et presque jusqu'à la limite orientale de la Sibérie, s'étend une large plaine rarement interrompue par des chaînes de collines et offrant encore plus rarement un sol convenable au développement des arbres, que l'on ne rencontre que dans des endroits épars, humectés par des rivières voisines. Sur la limite méridionale de cette plaine s'étend une chaîne de collines et de montagnes qui descendent tantôt dans la plaine, sous forme de promontoires, ou se rétrécissent sous forme d'anses plus ou moins étroites, plus ou moins larges, qui représentent les échancrures des côtes rongées par la mer, laquelle recouvrait jadis cette énorme surface de terrain. Sur toute cette étendue, une seule espèce de plante s'est assuré la domination presque exclusive : c'est *la bruyère*, qui a donné son nom à cette région.

Des conditions analogues à celles qui, dans le nord de l'Amérique, provoquent la différence entre la bruyère-sapinière et les marais de cyprès agissent ici pour déterminer une différence essentielle. La grande uniformité du terrain et dans certains endroits des conditions géognostiques, en ce sens que des élévations peu importantes du sol produisent des bassins, rendent dans beaucoup d'endroits le libre écoulement de l'eau impossible, et la bruyère aidée et protégée par l'humidité, grâce à l'accumulation incessante de la matière végétale, qui, sous l'eau, ne se carbonise qu'à un certain degré, sans se décomposer entièrement, forme ces masses de débris d'une couleur brun foncé qui, sous le nom de tourbe, jouent un si grand rôle dans l'économie des habitants. C'est ainsi qu'alternent d'une manière irrégulière les bruyères sèches siliceuses avec les bruyères tourbeuses humides et spongieuses, ou les marécages. Sur leurs bords, et rarement au milieu d'eux, une végétation de beaux arbres aime à s'établir, et il n'est pas rare de rencontrer dans la bruyère de Lunebourg des groupes de beaux chênes qui ombragent d'agréables habitations couvertes de chaume. L'arrière-plan de la scène formée par la bruyère brillant de son rouge particulier, produit alors une vue charmante et délicieuse à laquelle on serait loin de s'attendre. A ces grandes tourbières se lient celles de quelques montagnes élevées du Broken, du Rœhn et de quelques autres, ainsi que les *mousses* de l'Allemagne méridionale et de la Suisse.

Des conditions tout à fait analogues se rencontrent sous un autre climat et dans une zone de végétation particulière vers le nord extrême de l'Europe. Là aussi on distingue la bruyère sablonneuse, sèche et celle des marécages, là également des régions arides alternent de différentes manières avec un sol trempé d'humidité. C'est le règne de Wahlenberg, zone des lichens et des mousses. Les endroits secs sont recouverts à perte de vue de lichens secs, frisés d'un gris de plomb, parmi lesquels le renne choisit sa nourriture chétive; et sur le sol détrempé à une grande profondeur et ne supportant pas la plus légère pression, s'étend une végétation luxuriante de mousses qu'on prendrait au loin pour le tapis verdoyant de magnifiques prairies. Malheur au voyageur imprudent qui s'y engage; il s'enfonce dans l'eau que cache la mousse trompeuse. Quant aux plaines à lichens, appelées *tundras* par les Lapons, chaque pas sur ce sol calciné devient un tourment insupportable.

De même que, dans les formations forestières, les catingas de l'Amérique du Sud représentent les forêts à feuilles caduques du

Nord, de même aussi les llanos des plaines du Vénézuéla représentent les steppes de la Russie. Dans ces climats dont M. de Humboldt a tracé une image si vivante et si attrayante, le sommeil de la nature arrive en été pendant la saison chaude et aride : la végétation se dessèche et tombe en poussière, laissant le sol à nu ; les animaux fuient et se retirent dans leurs repaires, et les crocodiles et les boas s'enfoncent dans la vase des rivières qui ne tardent point à tarir, et s'y engourdissent jusqu'à ce que la première averse fasse paraître brusquement une végétation nouvelle et fraîche et les réveille à leur tour. Il en est tout autrement dans les steppes qui s'étendent vers l'est de la Russie méridionale et à travers l'Asie centrale. Je ne ferai que mentionner les steppes salines fort singulières qui produisent des plantes tout à fait spéciales. L'efflorescence du sel qui recouvre le sol lui donne en été un aspect si brillant qu'on le dirait couvert de neige fraîchement tombée. Pour ce qui est des steppes peu peuplées, il est vrai, mais habitées par les Tartares du Pont, je ne puis me refuser d'en essayer la description. Partout elles offrent une plaine interrompue par les durrinas ou groupes de buissons, composés d'aubépines, de pruniers et de rosiers sauvages et de ronces. Le reste de la végétation est classé par les Petits-Russes, d'après l'utilité qu'elle offre aux bestiaux, en deux groupes essentiellement distincts : la *truwa* ou le gazon et le *burian*, les herbes élevées et rabougries qui à cause de leurs tiges ligneuses sont peu propres à l'alimentation des troupeaux. Entre autres graminées on distingue l'herbe plumeuse (*stipa pennata*, L.), *scholkowoi truwa* (herbe soyeuse), comme la principale. Immédiatement après sa floraison, ses arêtes, semblables aux plus fines plumes de marabout, s'allongent de leur épi au-dessus des touffes des feuilles étroites desséchées ; et plus la steppe est ancienne, plus son rhizome ligneux s'élève au-dessus du sol, au grand chagrin des moissonneurs. Celui qui n'a fait que quelques lieues dans l'intérieur de la steppe doit déjà être familiarisé avec le nom de *burian*. Le pâtre avec ses troupeaux de bêtes à cornes et ses chevaux enrage contre le *burian* ; c'est la désolation de l'agriculteur, la malédiction du jardinier, mais la consolation de la cuisinière. Car dans ce sol, si particulièrement

43

favorable au développement des mauvaises herbes, on les voit parvenir à une hauteur prodigieuse partout où la culture a ameubli un peu le sol compacte ; tout ce qu'on peut en faire, c'est de les sécher en automne, et alors elles offrent le seul combustible qu'on puisse se procurer dans ces contrées solitaires. Puis viennent en première ligne, comme dans les pampas de Buenos-Ayres, les chardons dont la ramification extraordinaire et le développement vigoureux parviennent à une hauteur prodigieuse. Souvent ils ressemblent à de petits arbres et croissent à côté de la cabane de terre des paysans, ou bien ils forment dans les bons terrains des massifs très-étendus qui dépassent la tête du cavalier monté. Dans des massifs pareils le voyageur éprouve plus de peine à s'orienter que dans une forêt, car ces plantes l'empêchent de regarder autour de lui et nulle part il ne trouvera d'arbre sur lequel il pourrait monter afin de reconnaître la route. A côté du chardon s'élève, à la hauteur de l'homme, l'absinthe entremêlée de bouillons-blancs gigantesques, appelés par les Petits-Russes le *flambeau des steppes*. La petite mille-feuille atteint ici plusieurs pieds d'élévation, mais n'est pas entièrement dédaignée par les habitants, à cause des propriétés calorifiques supérieures qu'elle parait posséder. De toutes les plantes comprises sous le nom collectif de burian, la plus caractéristique est celle que les Russes appellent *perekatipole* ou *sauteuse*, et les colons allemands, *sorcière du vent*; c'est une espèce chétive de chardons qui éparpille ses forces en divisant sa tige en mille rameaux étalés et entrelacés en tous sens. Plus amère que l'absinthe, elle est rejetée par les bestiaux même pendant les années de disette. Les pelotes qu'elle forme dans le gazon, s'élèvent souvent à trois pieds de hauteur, ont 10 à 15 pieds de circonférence, et se composent d'une infinité de rameaux menus et délicats. En automne, la tige de la plante pourrit, la pelote se dessèche et forme un ballon aussi léger que la plume que le vent d'automne enlève dans les airs. Un grand nombre de ces ballons voltigent ainsi sur la plaine, avec une rapidité telle qu'un cavalier bien monté ne saurait les atteindre : on les voit tantôt rouler par soubresauts, tantôt tournoyer en s'entre-choquant ou danser en quelque sorte sur le gazon, puis, saisis par un tourbillon subit, ils s'élèvent par centaines dans l'air. Souvent une de ces sorcières des vents s'accroche à sa voisine, vingt autres s'y associent et toute la masse s'envole balayée devant le souffle du vent d'est. Pas n'est besoin ici de gouffres, d'ouragans hurlants ni de précipices pour alimenter la superstition des hommes. De véritables désastres n'affligent que trop souvent ces malheureuses régions. Quand un paysan vient de nettoyer son habitation, c'est-à-dire quand il met le feu au burian et aux restes de vieille paille, de foin, qui servent d'abri à des nuées de souris et d'autre vermine, les flammes atteignent parfois l'herbe sèche de la plaine. Dans l'herbe ordinaire l'incendie n'avance qu'en serpentant ou avec une vitesse modérée ; mais du moment qu'elle atteint un buisson de burian, on entend aussitôt un bruit petillant extraordinaire, semblable à celui de milliers d'armes à feu : les flammes s'élancent vers le ciel, et atteignant ensuite une étendue couverte d'herbe plumeuse, celle-ci se convertit en un clin d'œil en flammes délicates et blanches ; le feu alors se propage avec une vitesse effrayante, consumant en peu d'instants des millions de tendres épillets. Quelquefois resserré entre deux chemins ou entre deux ruisseaux, l'incendie se calme et est près de s'éteindre ; puis, atteignant brusquement une nouvelle plaine d'herbe sèche, il gagne de nouvelles forces et se transforme en une mer de feu et de fumée, au milieu de laquelle des colonnes de flammes consument les habitations. Un pareil incendie sévit souvent pendant huit à dix jours, de la manière la plus capricieuse, obéissant aux moindres changements des courants d'air. Il se rit parfois de l'essai le mieux combiné des malheureux pour se sauver par la fuite. Survient enfin la pluie, seule capable de dompter l'élément puissant du feu.

Mais la steppe n'en est pas moins dévastée et privée de sa végétation ; ce que la flamme a épargné est déjà dévolu au souffle glacé de l'hiver. Les nuages s'amoncellent de plus en plus serrés, de plus en plus sombres ; la neige tombe à gros flocons. Le voyageur attardé a beau presser ses chevaux et les exciter à la course ; le vent continue à hurler et à siffler, l'air se remplit de particules de glace ; le tout devient une masse épaisse et sombre qui avance dans une direction déterminée, jusqu'à ce que, saisie par le tourbillon, elle tournoie ou rebondit sur les points culminants de la plaine. C'est le buran ou l'ouragan de la steppe; depuis longtemps déjà le conducteur effrayé a reconnu les signes qui l'annoncent et fouetté ses chevaux avec un effort plein de désespoir. Les tourbillons de neige se succèdent avec plus de violence et avec plus de rapidité, et finissent par l'envelopper complétement. Dès ce moment il ne peut plus s'orienter et il s'abandonne entièrement à l'instinct de ses chevaux, qui dévorent la plaine, et c'est à peine s'il distingue à travers la neige un troupeau épouvanté dont la course rapide a dépassé son traîneau et qui vole aveuglé par la terreur, se précipitant au fond d'un abîme où le soleil du printemps blanchira des squelettes innombrables.

Tout espoir semble évanoui et la perte certaine, lorsque, à la nuit tombante, la tempête faiblit; les masses de neige soulevées retombent sur le sol, et le buran se calme aussi brusquement qu'il s'était formé après avoir sévi pendant une demi-journée. L'air finit par s'éclaircir, et, à la faveur du crépuscule, le voyageur épuisé arrive devant une misérable habitation humaine. Bien qu'elle n'offre qu'un médiocre dédommagement pour tant de fatigues qu'il vient de supporter, elle lui accorde au moins quelques heures de repos et de sommeil. Un doux rêve vient le transporter dans son pays natal bien éloigné de lui. Sur les bords de la rivière qui roule mollement ses eaux paisibles, il se promène dans les prairies émaillées! Des vapeurs rafraîchissantes s'élèvent du sol à travers les aulnes qui garnissent les deux rives. Tout à coup un doux son se fait entendre à travers les airs vaporeux de la soirée : la cloche du village invite au repos celui qui est enfin revenu de ses longs voyages dans le monde de Dieu; celui qui, après une foule d'expériences, d'aventures, de fatigues et de jouissances prodigieuses, est revenu, malgré tous les obstacles, dans les bras de sa mère, sous le toit paternel, dans le paradis de la jeunesse, dont jamais on ne perd le souvenir.

TABLE.

PARIS,
SCHULTZ & THUILLIÉ.

BRUXELLES,
AUGUSTE SCHNÉE.

SOUS PRESSE :

LES MERVEILLES

DU

MONDE VÉGÉTAL

OU VOYAGE BOTANIQUE

AUTOUR DU MONDE

PAR LE D' K. MULLER,

Professeur à l'Université de Halle, rédacteur au journal la Nature.

Deux volumes petit in-4° illustrés de plus de **300 gravures sur**
bois, pour faire suite à « *la Plante et sa Vie* par Schleiden. »

SOMMAIRE DES PRINCIPAUX CHAPITRES.

PREMIÈRE PARTIE. — *Instructions préliminaires au voyage botanique.* — Les affinités végétales. — Les communautés des plantes. — Les conditions des sociétés végétales. — Rapports des végétaux avec le sol. — Les formes des plantes. — Les plantes et les climats. — De la colonisation des végétaux. — La végétation aux divers âges du globe. — La physiognomie végétale. — Les régions botaniques. — Les zones botaniques. — Les lignes botaniques. — Le monde végétal et le monde animal.

DEUXIÈME PARTIE. — *Voyage botanique* dans les contrées polaires. — Les deux Amériques. — L'Asie. — L'Afrique. — L'Océanie, et enfin dans les contrées européennes.

Les Merveilles du Monde Végétal

PARAITRONT EN **40** LIVRAISONS AU PRIX DE **25** CENTIMES CHACUNE.

A partir du 1er décembre prochain il paraîtra 1 livraison par semaine.

Imprimé en France
FROC021531200120
23227FR00018B/195/P